2006年度国家社会科学基金

“傣族传统灌溉技术的保护与开发”项目成果

《云南少数民族科技与文化》丛书

# 傣族传统灌溉制度的现代变迁

秦 莹 李伯川/编著



中国科学技术出版社

·北 京·

**图书在版编目（CIP）数据**

傣族传统灌溉制度的现代变迁 / 秦莹，李伯川编著．—北京：中国科学技术出版社，2015.3

（云南少数民族科技与文化丛书 / 诸锡斌主编）

ISBN 978-7-5046-6923-0

Ⅰ．①西… Ⅱ．①秦… ②李… Ⅲ．①傣族－灌溉制度－研究－西双版纳傣族自治州 Ⅳ．① S274.1

中国版本图书馆 CIP 数据核字（2015）第 115924 号

策划编辑　王晓义
责任编辑　王晓义
装帧设计　中文天地
责任校对　刘洪岩
责任印制　张建农

出　　版　中国科学技术出版社
发　　行　科学普及出版社发行部
地　　址　北京市海淀区中关村南大街16号
邮　　编　100081
发行电话　010-62103130
传　　真　010-62179148
投稿电话　010-62176522
网　　址　http://www.cspbooks.com.cn

开　　本　720mm × 1000mm　1/16
字　　数　280千字
印　　张　17.5
印　　数　1—1000册
版　　次　2015年6月第1版
印　　次　2015年6月第1次印刷
印　　刷　北京京华虎彩印刷有限公司

书　　号　ISBN 978-7-5046-6923-0 / S · 587
定　　价　70.00元

# 《云南少数民族科技与文化》<br>丛书编委会

## 秦　莹

QIN YING

汉族，陕西西安人，民族学博士，云南农业大学教授，现任云南省自然辩证法研究会副理事长，云南农业大学科学技术史研究所所长、科学技术史一级学科硕士学位授权点负责人。长期从事少数民族科学技术史研究，公开发表学术论文 80 余篇，主要著作有《“跳菜”——南涧彝族的飨宴礼仪》(独著)、《中国饮食娱乐文化史》(合著)、《高原绽放小康之花》(合著)、《半边天的高原特色农业梦》(合著)，主编《科学技术史理论及相关问题研究》，副主编《云南农业科学技术史研究》《云南民族民间传统工艺研究》等。

## 李伯川

LI BOCHUAN

云南曲靖人，云南农业大学副教授，科学技术史专业硕士研究生导师，现任云南省自然辩证法研究会理事。长期从事科学技术哲学、科学社会学研究。公开发表论文 50 余篇，主持、参研课题 20 余项。主要著作有《农业合作组织与发展》(合著)，主编《科学技术史理论问题及相关问题研究》《云南农业科学技术史研究》，副主编《云南民族民间传统工艺研究》等。

# 《云南少数民族科技与文化》丛书序

生活于云南的各个少数民族是中华民族的重要组成部分，其中一些少数民族，如壮族、傣族、布依族、藏族、彝族、傈僳族、景颇族、哈尼族、佤族、怒族、拉祜族、独龙族、苗族、布朗族、德昂族、京族以及在中国目前还未确定为单一民族的克木人等作为跨境民族，其文明影响具有国际性；还有一些少数民族，如佤族、景颇族、傈僳族、独龙族、怒族、德昂族、布朗族、基诺族等则是直接由原始社会进入社会主义社会的少数民族，其文明状况具有明显的特殊性。正因为如此，云南作为认识和探索人类社会发展和人类文明进步的“宝地”，受到我国以至世界各国的关注。然而长期以来，对云南少数民族及其文明的研究，大多集中在经济、政治、宗教、风俗、语言等方面，而对其传统科技的研究相对薄弱。事实表明，云南少数民族作为中华民族大家庭中不可或缺的成员，他们所创造的传统科技与文化，曾为中华文明做出了重要贡献。然而遗憾的是由于历史、自然、社会、经济等各种原因，很多少数民族的传统技术以口授言传的方式保存和应用于民间。随着我国经济建设的快速发展，城市化进程的增速，加之现代市场经济的冲击和传统技人的相继去世，保留于民间的传统技术以及与之相随的文化面临着加快消失的危险，如何保护和开发云南各少数民族优秀传统技术及其文化已不是讨论其是否具有意义的问题，而是一项十分紧迫的任务了。

当前，非物质文化遗产保护越来越受到各国政府和人们的重视，云南少数民族的传统科技与文化也日趋受到关注。尽管一些国内外学者已开始把眼光转移到对云南少数民族传统科技与文化的研究上来，在资料和文献的收集、整理方面取得了较好的成果，发表和出版了一些有价值的专著与论文，并且在关于中国少数民族科技史以及人类学的国际学术讨论会和国内的各种会议上，云南少数民族的传统科技与文化也一直是人们关注的兴奋点。但是面对如此广阔的研究领域，如何抢救、保护和开发云南少数民族优秀传统技术的研究却一直较少。由于云南少数民族传统科技与文化不仅大量属于非物质文化遗产，而且许多还是物质文化遗产，是亟待加强研究和开发的领域，它需要自然科学、社会科学、人文学科以及与这些学科相关的技术等各方面的相互配合，开展综合性的研究，其难度显而易见。尽管如此，我们必须明确，既然中华文明是中国各民族创造的文明，那么发掘与弘扬云南各少数民族的传统科技文化，就是事关中华文明之大事，不能因难而退，而应看清自己作为一个中国人身上所承担的责任，这也是具有良知的学者之本分。

为此，一批有志于为少数民族的传统科技与文化做出奉献的工作者，无论是官员、教授，也无论是年轻的学者，还是一般的工作人员，他们在共同理想的推动下，走到了一起，或借助各类科研课题和项目，或利用各种机会和业余时间，深入基层、农村，进深山、下田野，走村串寨，采访调查，进行了艰苦的研究和探索。开展这一工作的重点，就是要将云南少数民族传统科技放到不同民族特定的文化背景中去，不仅形成抢救性的学术研究成果，而且力图把对云南少数民族传统科技与文化的开发利用作为重要支撑点，以此来提高研究成果的可应用性，使其在新的时代背景下，发挥多方面的效用。这套丛书的出版，正是基于这样的目的，凝聚了各位作者的心血和期盼。

值得庆幸的是该丛书作为一个开放的体系，并不因为业已完成著作的出版而结束，而是期待着更多这一方面优秀的作品加入，使之在不断的发掘与探索中完善、深化和发展。我们期待着这棵稚嫩的小苗，能够成长为参天大树，为前行的开拓者遮风避雨，使他们能够由此得到启发，毅然前行。

《云南少数民族科技与文化》丛书编委会

2014 年 6 月 12 日

# 序一

西双版纳傣族自治州位于云南省南部，地处北纬21°08′～22°36′、东经99°56′～101°50′，属北回归线以南的热带湿润区，境内江河纵横，澜沧江纵贯南北。“泡沫跟着波浪漂，傣家跟着流水走。”因此，世居西双版纳的傣族被誉为“水的民族”。对于傣族的水文化，不同的学者从各自的角度进行了一定的研究，民族学博士秦莹教授与她的同事李伯川编著的《傣族传统灌溉制度的现代变迁》就是研究傣族水文化的力作之一。

书稿开篇为我们展开了一幅西双版纳傣族稻作文化的历史画卷，使世界上最早栽培水稻的民族之一——傣族跃然于画面之上。为了保证稻作生产有充足的水源，傣族先民很早就在美丽富饶的西双版纳开沟挖渠，每年傣历五六月开始耕田插秧之前，分管水利的议事庭长都会专门下达修水沟的命令，责令各正、副水利官“板闷”和全部管理水渠灌溉的“陇达”严格遵章行事。首先，要计算清楚各村各户的田数，然后动员百姓带上圆凿、锄头、砍刀以及粮食去疏浚沟渠；其次，完工后，用猪、鸡祭水神，举行“开水”仪式，即从水头寨放下一个筏子，筏子上放着黄布，板闷敲着铓锣，随着筏子顺水而下，在哪一处搁浅或遇阻碍，就责令负责该段的寨子另行修好，并对其外加处罚。筏子流到水尾寨，把黄布取下，去祭白塔。这种试水筏子就是傣族检查沟渠质量的一种质朴、简便的方法。随后，在修好的沟渠分水口安放自制的“分水器”，根据田亩数，用“楠木多”（输水管）数量和“根多”（竹筒塞）组合来合理公平地分配水量，对任何破坏沟渠或偷水的违规者实行罚银、罚槟榔等严厉处罚。正是依据科学严格的检验制度和公平合理的分水制度支撑起了具有西双版纳傣族独特的灌溉管理方式——“板闷制”。

1950年，西双版纳解放，1953年建州，传统的“召片领”独享土地所有权时代被农合互助组和人民公社取代了。伴随内地建设大军的到来，解决粮食短缺成了当务之急。在广泛采用内地农业科学技术的基础上，20世纪50年代末到60年代中后期，西双版纳掀起了兴建、修建水库和渠道的热潮。在党和政府关心支持下，一大批引水、蓄水、提水工程纷纷上马，一些中型、小（一）型水库、小（二）型水库也出现在美丽的西双版纳，为解决各族人民的生产生活用水及防汛抗旱保丰收发挥了重要作用。为了确保库渠的正常运行，建立了与之相适应的统一管理体制，即“库渠制”。依据库渠规模大小和有关法律法规，县、乡、村各司其职，受益或影响范围在一个村民委员会、一个乡（镇）和一个县（市）之内的，分别由所在村民委员会、乡（镇）、县（市）负责管理；受益或影响跨行政区域的由上一级负责管理，或由上级委托主要受益的县（市）、乡（镇）村民委员会管理；州内中型和部分小（一）型水库灌溉工程都是县以上设立专门管理机构和专职人员进行管理；绝大多数小（一）型水库、小（二）型水库工程基本上是由所在乡（镇）管理，部分小（二）型水库工程属村民委员会管理，小坝塘及小型抽水泵站、小水闸属于村民小组管理，农户自建、各级财政补助建设的小水池由农户或承包者自行管理。由此建构起的现代“库渠制”取代了傣族传统的“板闷制”。

全书史料翔实、内容丰富，既收集、挖掘、整理了西双版纳有记载的大量史料，又对新中国成立以来的有关水利灌溉制度进行实地调研、总结分析。既从水利科技史的角度展示了西双版纳水利灌溉制度发展变迁的历史，又从文化生态的角度分析了傣族传统灌溉制度合理因素的传承与保护问题。本书对正确把握民族地区经济社会发展规律、充分利用当今加快发展的好政策、构建新型产业水利保障体系具有重要的现实参考价值。

尽管该书中对有些问题的探讨还不够深入，但能够读到这样一本详尽丰富的傣族水利灌溉制度史，无疑是一件十分高兴的事情。期望本书出版后，与各位读者一同分享。

云南省水利厅副厅长、云南省水利学会理事长　王仕宗

2013年4月于昆明

# 序二

2013年新年伊始，云南农业大学的秦莹教授前往西双版纳地区开展“傣族传统灌溉制度的现代转型”课题研究，并完成了《傣族传统灌溉制度的现代变迁》一书。我作为一个在傣族地区从事水利工作近半个世纪的水利工作者，通过此书能够系统地了解傣族古今水利灌溉史，深感荣幸。在此，感谢秦莹及其合作者为傣族地区所做的这一奉献。

1950年，西双版纳地区人民从千年的封建领主制度中解放出来。为促进人民当家做主的新型社会主义制度下的生产力发展，首要的、与广大民众息息相关的头等大事就是解决吃饭问题，因此，发展农业水利灌溉就成了迫切需要解决的问题。西双版纳地区有广阔的肥沃土地和丰富的水资源，适宜种植水稻。但是，由于受当时制度和社会发展的制约，傣族人民只能利用山间溪流开渠引水灌溉，形成了独特的农业灌溉用水的“板闷”灌溉制度。虽然那时依靠群众的自身努力解决了部分区域的农田灌溉问题，但原来的水利灌溉远远适应不了广阔土地的用水需求。新中国成立后，新型社会主义现代农业迅猛发展，在中国共产党的领导下，在国家的大力扶持下，西双版纳傣族自治州各级人民政府领导民众掀起了兴修水利的高潮，开展了轰轰烈烈的“蓄引提”并举的水利建设，农业灌溉也从单纯的开渠引用长流水，一跃为以兴修中小型蓄水工程为主的水利建设高潮，逐渐形成了农业灌溉从“板闷制”转为库渠结合的“库渠”灌溉制。新中国成立前，全州10万立方米以上水库建设蓄水工程仅有一座。经过55年的建设，至2005年，已建中小型蓄水工程344件，总库容31963万立方米，续修、兴建各类大小引水工程3781件，已建成1万亩以上灌区8个，有效灌溉面积 67.5 万亩，水利化程度达 43.53%。“蓄引提”建设方针的贯彻，使西双版纳的水利建设迈上了新台阶，以蓄水、引水灌溉相结合的库渠灌溉系统，为农业生产发挥出了巨大的作用。实践证明，单纯的引水灌溉形成的灌溉制度远远适应不了现代农业发展需求，只有使农业灌溉制度转为以蓄引为主的库渠制才能适应。有了可靠的水源，才能实现现代农业灌溉强有力的保障。因此，库渠制是农业灌溉制度的必由之路。

秦教授对该书倾注了大量心血，搜集、挖掘、整理了西双版纳傣族地区有史记载以来的大量史料，对新中国成立以来灌溉制度进行了深入的实地调研。该书以史为鉴，面对现实，对指导傣族地区水利发展将有着重要意义。

衷心祝愿该书早日出版，为傣族地区水利事业发展发挥更大作用。

西双版纳傣族自治州水利局原局长　沈永源

2013 年春节

# 目录 CONTENTS

## 第二章 “板闷制”的运行及其价值



## 第三章 从“板闷制”到“库渠制”

## 第四章 傣族传统灌溉制度的保护与开发

# 导言

人类社会的制度非常庞杂，在不同的领域有不同的定义。这里我们比较倾向于美国新制度经济学家道格拉斯·诺思的观点。他认为“制度是一整套规则、应遵循的要求和合乎伦理道德的行为规范，用以约束个人的行为”。我们所研究的西双版纳傣族传统灌溉制度中包括了正式制度和非正式制度，正式制度的典型形式是由国家权威机构制定和实施的法律；非正式制度有社会规范、宗教信仰、惯例、习俗、道德伦理等。制度变迁即制度的替代、转换与交易过程，是我们研究的切入点。

西双版纳傣族自治州（以下简称西双版纳州）地处云南省南部，位于东经 99° 56′—101° 50′、北纬 21° 08′—22° 36′，东西横距 190 千米，南北最大纵距 160 千米，下辖景洪市、勐海县、勐腊县。地处横断山系纵谷区最南端，东部为无量山脉，西侧为怒山余脉，中部为大小河流所侵蚀的宽谷盆地，各山系在境内纵横交错，形成大小河流 2760 余条，均属澜沧江水系。澜沧江由北向南纵贯西双版纳，境内干流 187.5 千米，另有罗梭江、南腊河、流沙河、南果河、南览河等 20 余条一、二、三干支流（见下页图：西双版纳州水系图）。全州国土总面积 19124.5 平方千米，分布面积在 1 平方千米以上的坝子有 63 个，总面积 133.5 万亩[①]，海拔在 500—1200 米。全州现有耕地面积 155.05 万亩。其中，水田 63.59 万亩，旱地 91.46 万亩。

生活在西双版纳的傣族先民，自唐宋以来就利用丰富的水资源开沟引

① 1 亩 =666.67 平方米。

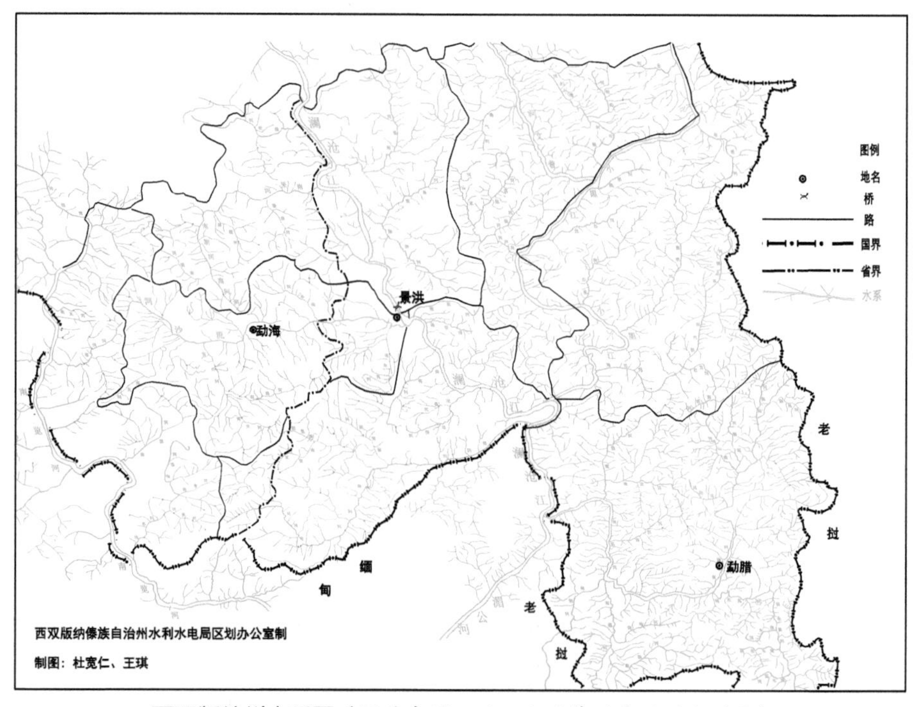


西双版纳州水系图（图片来源：西双版纳傣族自治州水利局）

水灌溉农田，逐步形成了较为完整的灌溉系统和管理制度。本书将西双版纳傣族传统灌溉制度作为研究对象，主要是因为傣族是我国历史上最早种植水稻的民族之一，在长期的水稻种植中，形成了一整套完整的水利灌溉制度，而这种制度在傣族稻作文化的形成过程中起着十分重要的作用。傣族稻作文化的发展离不开合理高效的水利灌溉措施。为获得水稻的丰产，在长期的水稻种植中，傣族总结并形成了一整套水利灌溉制度——“板闷制”。以“垂直的行政管理体系和‘家臣’管理体系并列、行政命令与治水法规并行、‘科学’严格的检查验收制度、公平合理的分水制度”为内容的“板闷制”对傣族农业生产力的提高和稻作文化的发展起到了非常重要的作用。傣族传统灌溉制度既是现代灌溉制度介入的基础，也是传统与现代融合变迁的实践前提。中华人民共和国成立后，由于人民当家做主，土地公有制改变了原来“召片领”权力独享的封建领主土地制度，加之内地建设者大量支援边疆带来了先进的水利灌溉工程技术，在政府的倡导和大力支持下，兴建、修建了引水工程、蓄水工程和提水工程，并在此基础上形成了现代水利灌溉制度——“库渠制”，进而取代了世代沿袭下来的“板闷制”。西双版纳水利灌溉从传统的“板闷制”向现代“库渠制”转变已成历史之实存。今天，反思这段历史的重要价值在于从傣族水利灌溉制度的现代转型中，发现传统“板闷制”与“库渠制”比较的特质，给予“板闷制”这种传统的农业稻作文化遗产以深度的理解，在现代化的语境中寻找保护傣族传统灌溉制度的价值和意义，并在探索中找寻与现代西双版纳稻作文化相适应的开发模式，最终体现“在保护中发展，在发展中保护”的科学发展观。

我国历代对水利的研究并不匮乏，当代对水利灌溉制度的研究颇多，但是，对传统水利灌溉制度的研究多半是附带研究，专门对西双版纳傣族传统灌溉制度的研究成果较少，尤其在现代化语境中对西双版纳傣族传统灌溉制度的历史变迁进行的研究较为稀缺。国内外水利界对此研究仍然缺乏集中关注，从而使这成为云南少数民族传统灌溉制度研究的一个史学空白。

就前人研究的成果看，对水利及水利管理问题进行宏观把握的主要有以下观点：第一，姚汉源在《中国水利发展史》中详细阐述了历代水利兴修的史实，比较注意水利工程的兴废，似工程技术史而又不全是，这对我们从史学角度整体把握中国历代水利的发展有益，也为我们研究西双版纳傣族传统灌溉制度提供了一条可资借鉴的历史线索。第二，由中国水利水电科学研究院水利史研究室所编的《历史的探索与研究——水利史研究文集》一书中，收集了包括基础研究、环境演变、防洪方略、水旱灾、文化与交流等方面的论文，是近20年来水利史研究成果的集中体现。第三，《中国水利百科全书》是全面总结中国和世界各国水利事业经验和水利科学技术成果的重要文献。《中国水利百科全书》分支齐全，水利成果得到更新充实，基本涵盖了与水利有关的方方面面，无论是基础科学，还是工程设施，都在该百科全书中有所收录。全书内容以中国为主，面向世界，全面地介绍了水利事业的历史与现状，汇集了有关专业的基本知识，反映了当代水利科学技术水平。其中的《地方水利分册》对各地的水资源开发利用、防洪工程、农田水利、水土保持、水环境保护等各领域的建设成就、作用和效果等进行了简述，对我们了解全国各地的水利状况提供了依据。《水利史分册》吸收了不少水利发展史的最新成果和相关论证，条目分类简明易懂，脉络清晰条理，叙述言简意赅。该分册比较适合于系统阅读，特别是已有一定水利基础知识的人员。《水利管理分册》侧重表述了全面管理的内容。其中有水行政管理、水域管理、水资源管理和水利工程建设管理等，较全面地反映了中国水利管理的内容和特点，有利于我们在了解水利管理全貌的同时，对西双版纳傣族传统灌溉制度进行更好的研究。

从水利技术史的角度看，由周魁一主编的《中国科学技术史·水利卷》是我国第一部系统的水利科技史专著。全书开宗明义地指出了中国水利发展史的总脉络，并结合运用科学哲学的思辨性和“历史模型”概念，对兴水利除水害以及人类与自然的互动关系进行了宝贵的哲学思考。全书从水利基础科学到水利工程技术，由理论到实践，有点有面地对水利理论及工程建设进行了全方位的审视与阐释。这对我们开展的西双版纳水利调查具有宏观指导意义，同时在细节上也给我们提供了详细的参照。

结合云南及西双版纳实际的研究成果主要有：《云南省志·卷三十八·水利志》，该书属于地方志，比较详尽地介绍了云南省的水利概况。但隶属于省志系列，就没有着眼细微，比较概括和系统，而且侧重于描述性介绍，基本不涉及理论分析。由著名傣学研究专家高立士先生所著《西双版纳傣族传统灌溉与环保研究》，是他所著《西双版纳傣族的历史与文化》的续编，着重论述了西双版纳傣族传统环境保护与水利灌溉的关系。以水利作为切入点，来剖析傣族社会传统灌溉制度的历史状况，为本课题的研究提供了重要的历史文献借鉴。在该书中，作者也涉及了西双版纳现代灌溉制度的一些内容，为我们提供了研究的思路，但就“库渠制”的介绍和分析还留有很大的空间，尤其对于从“板闷制”到“库渠制”的现代转型问题及“板闷制”如何在现代化语境下“保护中开发”的问题基本没有涉及。这也正是本课题力求突破的一个方面。郑晓云所写的《傣族的水文化与可持续发展》一文中，提到水与传统农业、水资源的保护等多方面，并指出在传统的傣族社会里，稻米种植是农业体系中最重要的部分。今天，绝大多数傣族人仍在种植水稻。傣族的这种农业体系数千年来一直依赖于高效的水利灌溉系统。在傣族社会里，灌溉系统的管理是一项极其重要的任务。郭家骥的《西双版纳傣族稻作文化的传统实践与可持续发展——景洪市勐罕镇曼远村个案研究》一文，运用内源发展观和可持续发展理论，对傣族传统稻作文化现代变迁的正负影响进行了评估，并提出了傣族传统稻作文化与现代化如何相互调适及内在整合的对策建议，其中也对傣族的水资源管理及水利灌溉制度进行了一定的探讨。这些探讨对我们研究傣族稻作文化与传统灌溉制度的关系提供了许多借鉴。

此外，耿明的《傣族封建经济法律制度初探》一文叙述了傣族封建统治者对农业水利灌溉予以重点保护和逐渐形成的有关法律规范，认为这些规范对维系西双版纳传统灌溉制度起到了非常重要的行为规约作用。李忠华的《试析西双版纳傣族封建法规的特点》一文中提到封建法规对破坏农业灌溉中水规的处罚，让我们从遵守法规的反面进一步认识到傣族传统灌溉制度对民众的行为制约作用。罗波的《水情结视野下的傣族文化》一文中提出，水因其灌溉作用而备受以农耕文化为主脉生息繁衍的傣族的重视，傣族人民的水崇拜实际上是一种植根于农业社会生活土壤中的自然崇拜。这些作者的观点对于本课题的研究都有一些细节方面借鉴之处。

本项研究的理论意义主要有两个方面：一是在新时期新形势下对灌溉制度演变的理性审视，有助于分析灌溉制度的功能转变和价值变迁，将对其他地区考察历史上存在的灌溉制度提供重要参考和借鉴，二是就局部地区而言，该项研究对西双版纳地区的农田水利建设及其灌溉管理制度的历史发展做系统研究，可丰富西双版纳傣族传统灌溉制度的理论研究。从现实意义看，一方面，有助于使传统与现代相结合，汲取传统灌溉制度的精华，进一步完善现代灌溉制度。另一方面，通过对西双版纳傣族传统灌溉制度的研究，有助于以史为鉴，在农业文化遗产保护行动中弘扬“保护中开发，开发中保护”的精神，探索适应现代社会变迁的西双版纳传统灌溉制度的保护与开发模式，为保护当地文化多样性及新农村建设服务。

# 第一章 傣族稻作文化与传统灌溉制度

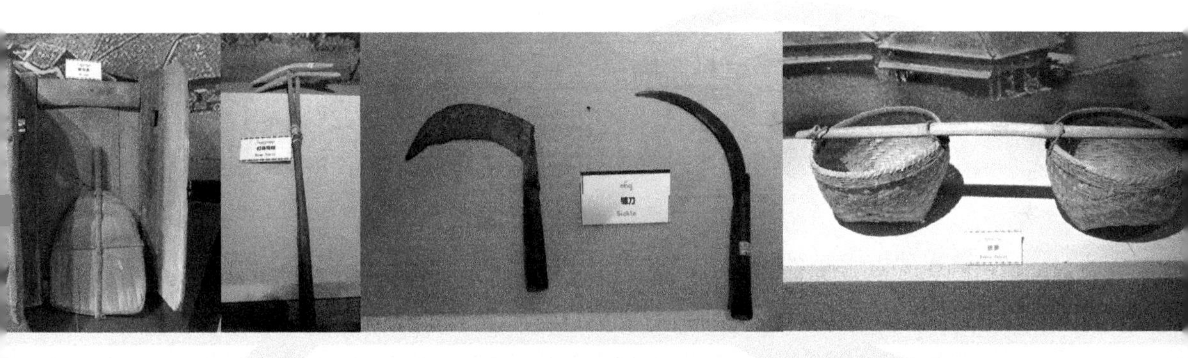

傣族的稻作文化源远流长，傣族也因此被誉为世界上最早培植水稻的民族之一。这不仅反映在考古学的发现中，也体现在傣族经年不衰的文献中，以及民族学的探索成果中。尽管早期的傣族先民种植水稻最初只是一种模仿自然现象的自发行为，不过，随着生产规模的逐渐扩大，开始出现了开沟挖渠的水利灌溉，它成了傣族稻作文化得以产生、发展及成熟的决定性因素。作为傣族经济生活的命脉、政权组织稳固的保障，以水稻种植为基础的水利灌溉事业不啻为西双版纳傣族传统农耕文化最集中的体现。

# 第一节 傣族稻作文化

傣族种植水稻的历史非常悠久，据有关专家考证已有3700多年，其研究成果显示，傣族是历史上最早栽培水稻的民族之一，在经历以锄头挖掘为主的农业时期、大象踩田的辅耕时期、铧犁耕田为主的农业时期（水利灌溉事业为主）等不同历史时期的过程中，随着生产力水平的提高，耕种农具也逐渐改进，耕作方法不断成熟，采用的稻谷品种也逐渐趋于稳定，而且形成了傣族独有的稻作文化。比如：人与自然和谐相处的粮食观、洗塔求雨祭水神的水文化、祭“谷魂奶奶”的稻谷崇拜、稻作生产所依赖的天文观、重视稻作生产的人生观和长期积淀而成的糯米文化，等等。

## 一、傣族稻作历史

中国稻作文化历史悠久，但稻作起源于何时？发祥于何地？仁者见仁，智者见智。1926年，著名的农业科学家、水稻专家、中国现代稻作科学主要奠基人丁颖在广州东郊发现野生稻，随后论证了我国是栽培稻种的原产地之一。继丁颖之后，语言学家游汝杰又从语言的角度进行了探讨，认为广西南部、越南西部、老挝北部、泰国北部是稻作文化的起源地带。西双版纳地区正处于稻作文化的起源地带之中。推测可知，西双版纳是水稻的发源地及种植水稻最早的地区之一。据考证，傣族稻作起源于3700年前的商代。作为傣族先民的百越，种稻的历史更久远，在河姆渡古文化遗址的考古发现中就有野稻种，距今已7000多年。在西双版纳的景洪、南糯山等地也曾发现疣粒野生稻、药用野生稻和普通野生稻3种野生稻种，这为我们追溯西双版纳傣族稻作文化漫长的历史提供了重要的依据。云南省社会科学院历史研究所研究员王懿之认为，傣族先民最早进行了野生稻的人工驯化和自觉栽培，对我国的水稻发展做出了重要贡献。

傣族的水利灌溉制度是建立在稻作灌溉基础之上的。从历史发展的过程看，尽管现今我们无法非常明确地给傣族的稻作历史一个明确的时间溯源，但却可以从考古学、文献学和民族学调查资料中推测一个较为能够解释的概貌。①

从考古学材料看，我国长江以南的古代百越聚居区，是人工栽培稻的主要分布区域。百越族群是我国稻谷最早的栽培者。“考古发现百越族群有一个共同的文化特征，是使用双肩石斧和有段石锛种植水稻，住干栏式房屋。”② 直到20世纪80年代，我国浙江、江苏、上海、福建、台湾、安徽、江西、广东、云南、湖北、湖南和河南等12个省、直辖市52处新石器时代遗址中，出土了古稻或发现了古稻的痕迹。除河南外，其余11个省、直辖市都是古代百越民族分布的南方省。③ 史学界公认傣族源于古代百越，而且是古代百越居于云南为中心的西南广大地区中的一个支系。居于滇池地区的称为“滇人”，居于滇西地区的称为“滇越”。④ 后来，由于政治、经济和自然选择等多种原因，秦汉以后，原居住于东南沿海一带的越人大量向西南迁徙，原居于滇中、滇西的越人也逐渐向滇西南直至境外迁徙，

---

① 王懿之. 傣族农业发展简论［J］. 云南社会科学，1994（2）：60—61.

② 刀国栋. 傣泐的稻作文化［M］// 刀国栋. 傣泐，昆明：云南美术出版社，2007：18.

③ 李昆声. 亚洲稻作文化的起源［C］// 云南省博物馆. 云南省博物馆学术论文集. 昆明：云南人民出版社，1989.

④ 王懿之. 傣族源流考［J］. 云南社会科学，1996（2）：68—75；张增祺. 滇王国主体民族的族属问题［C］// 云南省博物馆. 云南省博物馆建馆三十周年纪念文集. 1981.

逐渐形成了近代以来的分布状况。因而我们现在讨论的滇中古稻发掘的遗址中，大多数是傣族先民越人居住的地方，在新石器中，出土有肩石斧、段石锛、彩色印文陶等百越器物为特征。在云南，发现了栽培稻遗址的地区有宾川白羊村、元谋大墩子、滇池周围 10 余处、耿马石佛洞、小黑江等地。

从文献记载看，《山海经 · 第十八 · 海内经》记载："西南黑水之间，有都广之野，后稷葬焉。爰有膏椒、膏稻、膏黍、膏稷，百谷自生，冬夏播琴。"[①] 古代之"黑水"据考证即今之金沙江。金沙江以南的河谷平坝地区，自古气候湿热，土地肥沃，是夷越之民从事农耕的地方，即傣族居住之地已有种稻的农耕活动。因为百越民族已认识到天地之间，人最为贵；物质生长，谷为最贵。司马迁在《史记 · 西南夷列传》也说："西南夷君长以什数，夜郎最大，其西靡莫之属以什数，滇最大；自滇以北君长以什数，邛都最大；此皆魋结，耕田，有邑聚。其外西自同师以东，北至楪榆，名为巂，昆明，皆编发，随畜迁徙，'毋长处，毋君长'，地方可数千里。"[②] 这段记载明确告诉我们：居于滇池周围的越人先民"滇人"，聚居平坝，基本过着定居生活，从事农耕稻作；而滇池以西数千里地区有"巂"和"昆明"的氐羌民族分布，其特点是没有定居，没有君长，过着"随畜迁徙"的游牧生活。直至隋唐，有关傣族从事农耕稻作的记载越来越多了。樊绰在《蛮书》记滇南傣族先民"茫蛮"诸部时说："孔雀巢人家树上，象大如水牛，土俗养象以耕田，仍烧其粪"，"象，开南以南多有之，或捉得人家，多养之以代耕田也"。[③] 这说明德宏、西双版纳在唐代以前，傣族先民就役象、牛等动物踏耕农田了。至元明时期，傣族农耕稻作水平就比较高了。《西南夷风土记》说："五谷唯树稻，余皆少种，自蛮其以外，一岁两获，冬种春收，夏作秋成。孟密以上，犹用犁耕栽插，以下为耙泥撒种，其耕

① 《山海经》，先秦古籍，是一部富于神话传说的最古老的地理书。它主要记述古代地理、物产、神话、巫术、宗教等，也包括古史、医药、民俗、民族等方面的内容。全书 18 篇，约 3.1 万字。《五藏山经》5 篇、《海外经》4 篇、《海内经》5 篇、《大荒经》4 篇。

② ［汉］司马迁. 史记［M］. 延边：延边人民出版社，1995：295.

③ ［唐］樊绰. 蛮书校注［M］. 北京：中华书局，1962：105.

犹易，盖土地肥腴故也。凡田地近人烟者，十垦二三，去村寨稍远者，则迥然皆旷上。”① 可见，元明时期，傣族不仅在距村寨较近的肥沃土地上用犁耕田，用耙平整土地，播撒谷种，栽插稻秧；而且已经有了一年两熟的耕作制度：冬种春收、夏作秋成。

从民族学的资料看，傣族有许多关于远古时代驯化野生稻进行栽培的传说。在西双版纳的贝叶经中，记载着广为流传的“雀屎谷”的传说，远古时，傣族先民生活的地方“**遍山都是人／青草被吃尽／嫩叶被吃光／这山跑／那山奔……这时饿的人／见雀屎就捡吃／见鼠屎就捡嚼／嚼的有味道／比吃土要甜／比吃叶要好／吃了又耐饿**”。② 由于鼠雀屎中有未完全被消化的谷粒，人们吃了“有力气”，“有味道”，“饱肚子”。后来，人们发现在有鼠屎、雀屎处长满绿草苗，“苗棵上结小果……味道更好吃。”③ 鼠雀屎中携带的谷粒长出来的稻子为傣族先民找到了好吃的稻谷。傣族创世史诗《巴塔麻嘎捧尚罗》还记载着带领傣族先民开田种稻的英雄帕雅桑木底（古代傣族祖先的首领）④ 的传说，“**这时桑木底／率领着众人／用尖石翻土／撒下雀屎谷／撒下鼠屎谷／场地渐渐扩大／固定在一地种**”。⑤ 因当时人们没有经验，不知道哪里可以种，哪里不适合种，也不知道何时翻土才好，何时撒谷才对，他们便见到有空地就撒雀屎谷、鼠屎谷，撒了谷种也不去管。结果有时谷被晒干了，有时谷被泡烂了，有时谷被鸟吃了。人们带着“为何谷不生苗，生苗了不长粒”的问题，去问全知全能的帕雅桑木底，桑木底不仅回答了人们的问题，而且教会了人们稻作生产的基本方法，包括选地、选时节、耙地、除草、分田等。关于选地，有这样的记载：“**天下黄皮谷／离不开水土／和草木一样……大家别乱撒／把谷撒在潮**

---

① ［明］朱孟震．西南夷风土记［M］．北京：中华书局，1985：3.

② 傣族创世史诗．叭塔麻嘎捧尚罗［M］．岩温扁，翻译．昆明：云南人民出版社，1989：256.

③ 西双版纳傣族自治州人民政府，刀林荫．话说贝叶经［M］．上海：上海文艺出版社，2007：152.

④ 帕雅桑木底：“帕雅”是首领、王的意思，“桑木底”是推选或委任的意思，所以“帕雅桑木底”可直译为“推选或委任之首领”，以后就被用于对首领的称谓了。

⑤ 傣族创世史诗．叭塔麻嘎捧尚罗［M］．岩温扁，译．昆明：云南人民出版社，1989：400.

湿地／把谷撒在烂泥里／它就不受热／它就会长苗”；关于选时节，“撒谷要看天／神划了季节／为的是让人记住／雨季土潮湿／谷落地不死／撒谷选七月”；关于耙地，“有了潮湿地／有了稀泥巴／别忙撒下谷／先把绿草拔／用脚踩烂土／把稀土扒平／再把谷撒上／这样做才好”；关于除草，“草多有法除／绿草本有根／像树木一样／草先长土里／谷在草后撒／哪有草不高／哪有谷不矮”，“在块沼泽地／先把杂草拔／用脚踏烂泥／用手抹平土”；[①] 由于没有分田，等到谷子长高抽穗、谷子变黄时，就分不清谷子到底是哪家的了，谷多人心大，抢地互不让，都说这片是我种的，那片是我撒的，为此难免动手打架。为了防止斗殴伤人，帕雅桑木底“就率领众人／去划分田地／用细竹竿丈量／大小都一样／分得很合理／他把大片湿地／划分成无数块／以长十九庹／宽处为七庹／定为一畦田／沿天边栽桩／沿田边垒埂／把田分开来”。[②] 此后，傣族人民就各种各的地，各收各的谷，不再发生争地、争谷之事。正因为有了对自然生长规律的模仿和种植稻谷的自觉行为，人们不愁吃了，不再满山跑了，从游猎时代进入了农耕时期。

另据傣族民间故事《一颗萝卜大的谷子》记载，傣族祖先在远古时代主要靠打猎和捕鱼过日子。有一天，正在打猎的人们忽然闻到一股清香味，于是跟踪寻找，在山坳的水塘里看到许多又高又密的野生稻，剥开一看，稻米又香又甜，于是给它取了个名字叫“香稻米”。从此以后，人们肚子饿了就来摘香稻米吃。日子一长，人越来越多，香稻米就一天天地少了下去。这时，一个聪明的人教给大家：“你们看，落在土里的那些香稻米长出来了，我们为什么不学着种一些在田里呢？将来一颗结几百颗，我们就吃不完了。”于是，人们开始摘一些香稻种在田里，小心培育，香稻米不仅长出来了，而且比野生的还要壮实。[③] 尽管这个故事带有传说的猜测性和虚构性，但却生动形象地记述了傣族先民如何发现野生稻并进行驯化栽培的过

---

① 傣族创世史诗．叭塔麻嘎捧尚罗［M］．岩温扁，译．昆明：云南人民出版社，1989：401，402，404.

② 傣族创世史诗．叭塔麻嘎捧尚罗［M］．岩温扁，译．昆明：云南人民出版社，1989：407.

③ 傅光宇．傣族民间故事选［M］．上海：上海文艺出版社，1985.

程，从民族学的角度进一步证明了傣族是最早在云南进行人工栽培稻谷的民族，很早以前就以种稻作为农业生产的主要活动了。

直至今天，中外学者曾多次在普洱、西双版纳等傣族聚居地发现了野生稻群落。日本著名学者渡部忠世经过亲自考察，得出结论："至于西双版纳是否是亚洲栽培稻起源的中心，现在谁都不可能明确地回答，然而至少在非常遥远的古代，作为云南一部分的西双版纳即已从事着稻作农业。这一点，可以说是几乎没有什么疑问了。"[①] 许多中外著名学者经过多学科的综合调查研究，一致认为云南是亚洲栽培稻的起源地，傣族则是最早栽培稻谷从事农耕的民族。

## 二、傣族水稻耕作

傣族水稻种植历史悠久，传统的耕作方式经历了人工锄掘农业时期、象牛踩田时期、犁耕农业时期（水利灌溉事业为主）等不同的时期，随着生产力水平的提高，耕种农具也逐渐改进，耕作方法不断成熟，采用的品种也逐渐趋于稳定。

### 1. 传统耕作方式

尽管傣族稻作的历史现在无法给予一个非常明确的时间，但是却能在追溯历史的过程中看到傣族农业耕种并不是一开始就有了灌溉技术。而是经历了"生荒耕作制"（"抛荒制"）[②] 阶段向"熟荒耕作制"（"轮闲制"）[③] 转变，由锄掘农业时期、象牛踩田时期向犁耕农业时期过渡后才逐渐形成的。

① ［日］渡部忠世. 西双版纳的野生稻和栽培稻——稻米起源论的新观点. 1984：44—46.

② "生荒耕作制"也称"撂荒耕作制"，即在未开垦的生荒地上垦殖，三五年后土壤变贫瘠、杂草滋生、产量降低时，即撂荒原耕种土地，而迁地再垦生荒地。待撂荒地的土壤肥力自然恢复后，再到其上垦殖。原始社会人口稀少，土地公有，工具原始，常采用撂荒耕作制。

③ 夏、商、周时期，熟荒耕作制普及盛行，而且技术上得到进一步发展，有计划地耕种和休闲，地力不像以前那样完全靠自然的过程来恢复，采取了"肖田"、"灌茶"、"烧剃行水"的措施，在休闲地里灾杀草木，以助地力的恢复。

傣族农业起源于新石器晚期，相传天神只准许魔王叭吁去开荒，叭吁便从勐阿腊峨出发，一路游猎，看到一只金鹿，遂张弓射之，金鹿负箭逃跑，叭吁紧追而至一平坝，即允景洪坝，看到那里水草丰美，随后带来部属一千男人，一千女人，开始种植耕作，开创了傣族农业。

傣族历史上的刀耕火种农业，是用石斧、石刀砍倒树木，并放火焚烧，然后再播种。播种以后，就游猎到另一地方去，直到收获季节才回到原来播种的地方收割。土地种植过几年后，地力降低，产量下降，便放弃这块土地，转移到另一个地方再进行开荒种植，这在耕作制度的演变上被称为"生荒耕作制"或"抛荒制"。这种耕作制度经过一段较长时期的发展，傣族先民从实践中认识到，种过的土地经过几年的抛荒，地力又可以恢复起来，于是就在几块土地上轮流种植，逐步进入了农业的定居生活。这在耕作制度的演变上被称为"熟荒耕作制"或"轮闲制"，是刀耕火种农业在技术上的一个重大突破。

杨文伟在其《傣族古代农业的起源与发展》一文①中指出，傣族的刀耕火种方法主要包括地块的选择、砍伐的季节、播种和田间管理等。对地块的选择不是根据土壤的质地，而是根据树木的种类和再生能力的强弱而决定的。在铁器传入以前，傣族先民刀耕火种主要是使用石刀、石斧之类的石制工具。他们学会了将坚硬的石头投入火中焚烧，使其碎裂，然后再选择其锋利的碎石片磨成石斧、石刀。刀耕火种焚烧的时间，一般在旱季的2—3月。由于种植不同的农作物的节令各有不同，焚烧时间也可以提前或者延后，但必须在雨季到来之前进行。至于播种方法，傣族先民最早是在放火烧荒后的土地上直接撒播，这样要等待雨水浇灌后才能出苗。后来改进为趁雨后土壤潮湿播种，但又发现种子落在地表没有覆盖，不仅会被雨水冲走，而且还会被鼠雀吃掉。经过一段较长时期的摸索，傣族先民发现用尖木棒在地上打洞播种，可提高出苗率。于是，播种时一人在前面持棒挖洞，另一人在后面点播。这种方法一般用于玉米、黄豆之类的作物，

① 杨文伟. 傣族古代农业的起源与发展［J］. 云南林业，2002，23（2）：28.

其他作物仍采用撒播的方法进行。轮种和间作主要适用于稻谷、玉米、棉花等几种作物：如第一年种棉花，第二年种旱谷，第三年种玉米。至于田间管理，主要是同各种鸟、兽危害作斗争。主人必须住在地旁，一面保护作物，一面进行狩猎。

傣族的刀耕火种农业延续了很长一段历史时期，据《蛮书》记载，直到唐代才进入了犁耕农业的发展阶段。自刀耕火种直至犁耕农业，据傣文史料记载和民间传说，曾经历过3个阶段：即人工锄挖、象牛踩田和犁耕农业。① 相传，在傣族先民的远古时代，出现了一个傣族首领叭桑木底，他从"蜜蜂酿蜜，小雀生蛋"受到启发，感到原来的生活"分散是死路，游猎饿死人"，必须"立寨盖房子，挖地种野瓜"。于是，他率领人们定居下来，划田地、分山水，开始了农耕生活。② 一开始，智慧的叭桑木底教给人们如何耕作："先把杂草拔光，用脚踏烂稀泥，用手抹平泥土，把谷种撒在平湿地上。"叭桑木底教人们耕作的过程，实际上也是将野生稻谷驯化进行人工栽培的过程。随后，人们逐渐用木锄、石锄挖田，耕作技术又前进了一步。两千多年前青铜器发明之后，又采用铜锄耕作了。

据《帕萨坦》傣族史籍记载，傣历181年（公元819年）茫乃政权的统治者傣泐王几达沙力带领傣泐民众在原12个"邦"的基础上建立了12个勐，任命他的随从为12个勐的"布闷"（即召勐——地方官）。随后，各勐"布闷"就组织民众开田挖沟，并将开出的天地分成产量为一百挑、一千挑、一万挑3种规格如数清点交给傣泐王。傣泐王又将这些开垦出来的田地交给百姓耕种，并规定应交的租谷数量。这时，西双版纳的傣族，不但饲养着大量的牛群，而且还饲养着不少的大象，唐代樊绰的《蛮书》就有用牛、象耕田的记载。据史学家考证，傣族饲养牛群、大象的初期阶段，主要是用其踩田成泥种水稻的。在《傣泐》一书中记载了先用大象后用水牛踏耕的稻作方式，在傣泐民间流传着一个傣族依靠大象，大象依靠傣族的传说："在农耕到来的时候，傣族放水到田里浸泡几天后，在田

① 王懿之. 傣族农业发展简论［J］. 云南社会科学，1994（2）：62.

② 祜巴勐. 论傣族诗歌·附录［M］. 岩温扁，译. 北京：中国民间文艺出版社，1981.

埂上摆了许多香芭蕉，吸引大象到田里踏田，踏得差不多后，就把田耙平、栽上秧，稻谷就长起来了。后来，人们就把这种办法称为象踏耕。从象踏耕这个传说看，傣族和大象的以来关系是真实的，也是傣族把野象驯养成家象的和谐过程。后来，随着水牛的大量饲养，傣族就以牛踏耕代替了象踏耕。牛踏耕的时间比较长，这是因为傣族还不能生产铜铁，不会生产铁犁。到唐代，傣泐首领带着人到洛阳进贡，在长江流域看到许多地区都用牛犁地。傣泐首领认为好，在返回的途中订购了一批犁带回来，进行试验，成功了以后就派人到成都请师傅来版纳落户，为傣族地区生产犁头并推广到其他傣族地区。这样，牛犁地就代替了牛踏耕。"① 在贝叶经中也记载着"一千多年前，傣族已广泛使用铁农具，并且使用牛耕和象耕。象耕不是用象来拖拽犁耙，而是驱象进田踩踏，使田里的土壤'糜易'，然后在上面播种"②（见图 1-1）。

图 1-1　**象踏耕**（图片来源：《画说贝叶经》）

① 刀国栋．傣泐的稻作文化［M］// 刀国栋．傣泐，昆明：云南美术出版社，2007：18—19.

② 西双版纳傣族自治州人民政府，刀林荫．话说贝叶经［M］．上海：上海文艺出版社，2007：153.

图 1-2 木犁、犁耙（秦莹 摄）

后来，随着铁犁等农具的普遍使用，就用水牛带犁耕田了（见图 1-2）。[①] 除铁犁之外，用于耕种稻谷整个过程的农具还有木耙、铁锄、砍刀、镰刀、劈斧、打谷板、打谷棍、撒秧平整板、谷扇、风车等。

唐代以后，傣族的熟荒耕作制度得到进一步的发展，靠近内地的傣族地区吸收内地较为先进的农业生产技术，出现了稻麦两熟制的耕作制度。同时，还出现了以一季中晚稻为主的“连作制”。[②] 这一阶段，水利灌溉事业逐渐发展起来，稻作农业主要依靠灌溉制度的保障才得以维系，整个傣族农业生产的发展进入了水利灌溉事业为主的时期。新中国成立以后，傣族农业进入了快速发展阶段，并逐步缩小了与内地农业的差距。由政府行为推行灌溉工程改造，用现代灌溉方式取代了傣族传统的灌溉方式，使傣族农业进入了以灌溉工程为主的新时期。

### 2. 耕作程序

西双版纳傣族地区，土地面积宽广，共计大小平坝 24 个，基本为傣族聚居区。耕地面积过去缺乏精确的统计，据 1953 年调查全区收获面积为 589667 亩。其中，稻田 487882 亩，稻谷总产量达 126696775 千克，每人平均占有水田 14 多亩。[③] 由于人均占有土地面积多，因而在客观上导致了

---

① 江应樑. 傣族史［M］. 成都：四川民族出版社，1983.

② 杨文伟. 傣族古代农业的起源与发展［J］. 云南林业，2002，23（2）：28.

③《民族问题五种丛书》云南省编委会. 傣族社会历史调查（西双版纳之一）［M］. 昆明：云南民族出版社，1983.

不可能精耕细作。

据郭家骥在《生态文化与可持续发展》一书中记载其实地调研、访谈和统计情况看，西双版纳傣族种 1 亩水稻需经 27 道工序并投入 31 个人工。其最有特色的是傣族人民独创的“寄秧”技术和“告纳”生产方式（傣语称犁大田为“胎纳”，堆捂杂草为“告纳”，翻堆杂草为“粉纳”，耙平田地为“些纳”，整田为“德纳”。因反复将亚热带地区滋生繁茂的杂草堆捂成肥，是傣族传统稻作农耕技术的一大特色，故这里通称为“告纳”生产方式）。寄秧是将已到移栽期的秧苗寄载到少数保水保肥的大田中，既保证了抢节令抗旱栽插，又将牛毛秧培育成抗倒伏、抗病虫害的壮秧。告纳生产方式系将大田中不断生长出来的杂草通过犁、捂、堆、耙、平等技术手段彻底沤腐成肥，使之田平泥化无杂草，促使秧苗尽快返青和尽早分蘖。具体而言，西双版纳傣族水稻耕作程序主要包括以下环节：

“黑纳”。一般是傣历 8 月中旬（公历 6 月）开始用水牛犁田，犁深约 4 寸（13.3 厘米），然后耙地两次即可插秧。水牛犁田也称“胎纳”，因犁过的田凹凸不平，故要人工耙平。傣族耙地并不是一次就把凹凸不平的田土耙平，前后需要 1 个月左右的时间。即先将田土弄成堆，称之“告纳”，经过太阳暴晒半个月左右，再将下面的田土翻成堆暴晒半个月，称之“坟纳”，之后才用耙把田土耙平，称之“德纳”。由于西双版纳地处亚热带，植物生长速度快，在两次翻堆的过程中，将长出的杂草埋于泥土当中沤烂成绿肥，既省去了额外施肥的工序，也有效利用了田地中的自然肥料。耙平田土的同时就开始栽秧。

稻种。在西双版纳，一般在傣历 9 月初（公历 7 月）撒秧。在撒秧前一般注意选种、浸泡。稻谷的品种直接影响着收获率和解决温饱的能力。西双版纳有稻谷品种 1600 多个，其中景洪市有 419 个，① 曼远村常种的有 18 个糯稻和 4 个黏稻品种。在这些丰富的稻种资源中，有种植面积最广、穗大粒多、抗逆力强的高产稻种“毫勐艮”（糯稻）；有价值高、可制作优

① 《西双版纳州农业志》和《景洪市农业志》，打印稿。

质米线、卷粉的“毫安董”（有韧性的籼粳稻型）；有出饭率高、味香爽口的“毫安荒姆”（香粳稻型）；有可水栽可旱植的“毫丕囡”（籼稻型）；有茎秆坚硬、极抗倒伏的“毫腊勐兴”（晚熟稻种。勐兴今属老挝，与勐腊县勐满镇接壤）；有水稻、旱稻和早、中、晚稻品种。[①] 不同的品种对田块高低、水旱程度和土壤肥力有不同的需求，傣族种植水稻的农民将不同的品种种植在的不同田块中，既有效发挥了土地的生产能力，满足人民生活对品种多样性的需求，也抑制了病虫害的产生、扩大和曼延。[②] 这种双赢的因地制宜选用品种的方式是傣族在长期的生产实践中的经验总结和合理利用。

“寄秧”，也称“教秧”，即培育壮秧。“寄秧”是傣族人民在长期耕作实践中总结出来的一种移栽育秧技术，主要有 3 个环节：①培育幼秧。傣族根据经验选择那些生命力旺盛的品种撒在田中培育。②拔移密植。待稻苗长到一定高度时（牛毛秧），将幼秧拔起移栽到水肥条件较好的田中，行距和株距比正常插秧要紧密 3—4 倍，以利于幼秧能在肥田里获得充足的养料。③大田移栽。寄植的秧苗长了半个多月才再次被拔起移栽到大田中，因为有了前期营养积累，所以经过大田移栽后的秧苗一般长势较直接移栽到大田中的秧苗更具抗病能力，生命力也更加旺盛一些，收获也更多一些。常言道：“庄稼一枝花，全靠肥当家。”一般说来，施肥是犁耕农业的一个主要生产环节，但西双版纳傣族种田较少田外主动施肥。[③] 究其原因：一是民主改革前土地多，自然条件好，人口少，因而不必为产量发愁。二是历史上有以牛踏田作为补充肥料的习俗，到民主改革前夕，仍有以牛踩踏水田的习俗。长达半年的休闲期使田地中长满杂草，当时家家都养着好几头牛放养在田里，让牛边吃草边踩踏收割后不要的谷草及谷草根，于是牛粪和腐烂的谷草便成了很好的肥料，[④] 如此，每亩稻田可获得 1000—2000 千

① 甘自知．西双版纳景洪地区丰富多彩的稻种资源［Z］．景洪农业参考资料：30.

② 郭家骥．生态文化与可持续发展［M］．北京：中国书籍出版社，2004：262.

③ 《傣族简史》编写组．傣族简史［M］．昆明：云南人民出版社，1985：141.

④ 资料由景洪县戛洒乡曼塞寨艾鹏提供。

克的有机肥。三是宗教禁忌。傣族是一个好洁而又笃信宗教的民族，他们认为如果用人畜粪便来肥田，长出的谷物用来祭神将会触犯“神灵”。四是当时仅种植一季肥力已够，加之当时的谷种不耐肥，[①] 肥多了反而使稻谷长势不好。

收获打谷（见图 1-3）。在水稻生长期间，有的除一次草，大多不除草。在西双版纳地区，由于气候湿热，一般都可种两季，早谷只需 120 天，晚谷只需 140 天便可成熟。但到民主改革前仍然只种一年一季的水稻，而且以糯谷为主，每户仅用 5 分（333.35 平方米）左右的田种饭谷，用来制作米干、米线。一家不管有多少饭谷，但只要糯谷不够便说缺粮。[②] 更有甚者认为饭谷是喂牲口的。究其原因是西双版纳当时地广人稀，可耕地多，可以广种薄收；另外，由于气候分干、湿两季，这种气候特点较为适宜种晚稻，再加上西双版纳自古有“瘴疠之地”之称，与外界交往甚少，所以尽管生态承载力还有很大潜力，但由于封闭的环境制约了生产的发展，仅仅是够吃就行了。因而当时的土司头人就有吃多少种多少的观点。[③] 在这

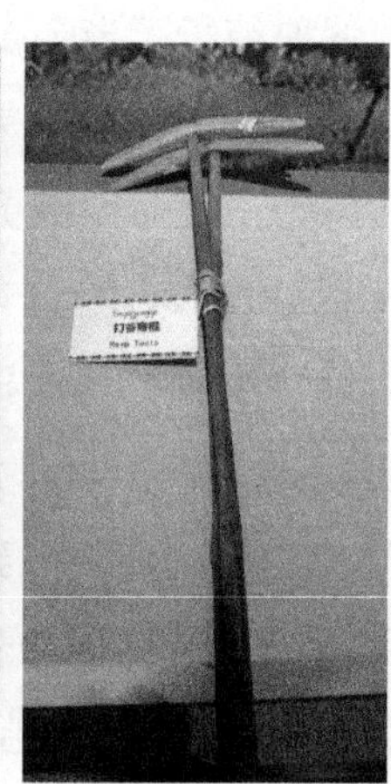

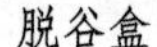

脱谷盒　　打谷弯棍　　扬谷扇

图 1-3　打谷器具（秦莹　摄）

① 资料由景洪县戛洒乡政府农科员岩温提供。

② 资料由勐海县民委主任岩光提供。

③ 资料由勐海县打洛乡公所支书康朗宰提供。

种背景下西双版纳傣族的农耕生产比较粗放，中耕管理差。[①] 在版纳傣历 1 月初（公历 11 月）开始收割（见图 1-4），收在篾席里，用打谷板或打谷棍敲打脱粒。扬净晒干后即收进竹篾编成的“屯子”里贮藏。每亩水稻平均产量约 150 千克，高的有 250—300 千克，因而每人占有粮食较多，有的富裕户种一年可吃几年。[②]

镰刀

谷箩

图 1-4　收割工具（秦莹 摄）

从上述傣族传统水稻耕作方式和耕作程序上看，傣族根据其所处的地理环境及水稻种植的特点，选择了适合本地区的水稻品种，而且在耕作过程中始终离不开水的使用，从放水浸田、牛象踩踏到撒秧插秧等各个环节都注重水的利用，无形中对水利灌溉提出了较高的要求，也为傣族水利灌溉事业的发展奠定了基础。

## 三、傣族稻作文化

稻作文化是指以水稻种植为主要生存和发展方式的文化。傣族稻作文化是傣族人民在长期稻作生产中逐步形成的依赖稻作生存和发展的文化。除上述稻作生产方式是最基本的稻作文化表征之外，傣族稻作文化还主要表现在人与自然和谐相处的粮食观、洗塔求雨祭水神的水文化、祭“谷魂

① 王文光. 西双版纳傣族糯米文化及其变迁［M］// 杜玉亭. 传统与发展——云南少数民族现代化研究之二. 北京：中国社会科学出版社，1990：377.

② 王懿之. 傣族农业发展简论［J］. 云南社会科学，1994（2）：63.

奶奶”的稻谷崇拜、稻作生产的天文观、重视稻作灌溉的农事观等一系列的农耕礼俗中。

1. 人与自然和谐相处的粮食观

傣族认为人是自然的产物，“森林是父亲，大地是母亲，天地间谷子至高无上”。[①] 将谷子置于天地之间至高无上的地位，可以看出傣族对稻谷的高度重视，这既与他们的生活与稻谷不可分离相关，也与他们对自然赋予之食物的莫大尊崇有关。在众多的食物中，傣族特别重视谷物。相传在创世之初，英叭神看到人类形成后，没有吃的，树皮被吃光了，草叶被吃光了，红土被掏空了，人天天挨饿，神可怜人类，对人发善心，撒下了谷种，“谷种类很多／多达百余种。有细谷／有甜谷／有包谷／有黄皮谷／有薄壳谷／有团粒谷”，“谷种是神给／它从天飞来／它是生存果／专养活人类／归人类所有”。[②] 谷物养活了人，而人为了争夺谷物，竟然纷争不断，“正是‘毫昔诺’[③]／正是‘毫昔奴’[④]／使人的心变厚／使人的嘴变馋／天下人／为争夺谷物／竟互相争吵／出现人类大斗殴”，为了赛抢谷物，背的背，扛的扛，抱的抱，拖的拖，边抢边送进嘴，边走边一路吃，连棵带穗，各人拿着就跑，有谷和没谷的为了各自的利益，相互打起来，“像一群凶兽／赛咬在林间／脸孔很可怕／双眼瞪起来／嘴舌已发青／头颅热气蒸／棍棒冒火烟／尸体横遍野／整整打了一万年。从此人不和／天下乱哄哄／谷子被吓跑”。为了调解人类的争斗，睿智的英叭神指派帕雅桑木底来当人类的首领，调解人类的纠纷，给人类分配谷物，“颗粒饱满的谷子／我来给大家分／一定分得合理／使每个人都有份。说完他就分／拾出一节空树筒／用它来做斗／舀谷分给人／分得很均匀／每人得两筒／男女都同等／老小都一

① 祜巴勐．谈寨神勐神的由来［M］//祜巴勐．论傣族诗歌·岩温扁，译．北京：中国民间文学出版社，1981：113.

② 傣族创世史诗．叭塔麻嘎捧尚罗［M］．岩温扁，翻译．昆明：云南人民出版社，1989：261，263.

③ 毫昔诺：傣语，“毫”是谷、米，“昔诺”是雀屎，连起来“毫昔诺”就是雀屎谷的意思。

④ 毫昔奴：傣语，“昔奴”：鼠屎。“毫昔奴”是“鼠屎谷”的意思。

样／不多也不少／众人齐称赞”。① 谷物分得公平合理，不仅赢得了民心，使傣族人民彼此之间和睦相处，而且也解决了人为谷物而争的人与自然之间的矛盾。

在人与自然的关系中，也有反映他们的人与粮食之间的观念。傣族认为，人与自然是和谐共处的关系，其排列顺序是：林、水、田、粮、人，“有了森林才会有水，有了水才会有田地，有了田地才会有粮食，有了粮食才会有人的生命。”② 在林、水、田、粮、人五者建构的关系链条中，粮在人前，说明傣族已经看到粮食对人之生命及其发展的重要性，无粮则无人。这种朴素的人粮观（见图 1-5）反映了傣族在追求人与自然和谐相处的同时，对粮食于人的先在性给予了高度肯定。不仅如此，“粮食是人类的生命”这一观念也深深地扎根于傣族民众之中。相传在南传上座部佛教传入傣族地区时，传教者就与“雅欢毫”（谷魂奶奶）就“谁是人类的救世主”有过精彩的辩论。传教者说：“释迦牟尼是人类救世主，没有释迦牟尼就不会有全人类。”而作为谷魂奶奶化身的中年妇女则反驳道：“释迦牟尼还没有出生以前，我们傣泐都活得好好的，为什么说没有释迦牟尼就不会有全人类呢？”“如果没有粮食，大家包括你佛祖在内，还能活到今天吗？没有粮食人类还会有生命吗？”如此犀利的质问让传教者无言以对，便以把谷魂奶奶赶走的下下策给自己找台阶下。结果，谷魂奶奶带领种粮能手离去之后，传教者非但没能获得理屈词穷之后的胜利，反而在自身无法活下去而

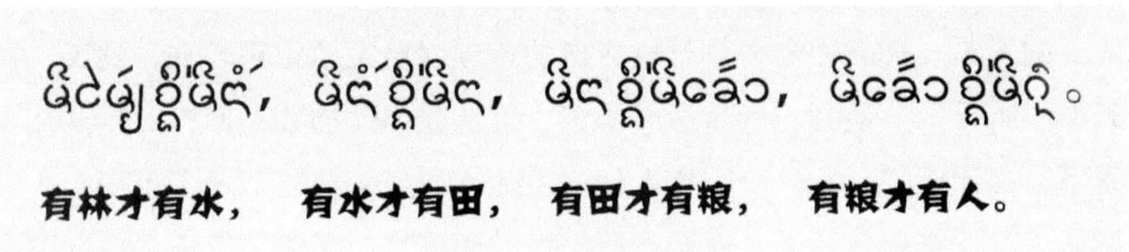

有林才有水，　有水才有田，　有田才有粮，　有粮才有人。

图 1-5　傣族的人粮观

① 傣族创世史诗. 叭塔麻嘎捧尚罗［M］. 岩温扁，翻译. 昆明：云南人民出版社，1989：361，364，370.

② 刀国栋. 傣族历史文化漫谈［M］. 北京：民族出版社，1992：5.

又必须完成传教任务的双重压力下，不得不向“粮食是人类的生命”这一基本常识低头，不但以把谷魂奶奶请回来的举动改错，而且将与谷魂奶奶争辩的内容及其事情的整个过程写入佛教经典。“为避免大家不重视粮食生产，写出来后编到佛教经典中，并分发到各寺庙，每年开展佛寺活动时都拿出来念给信教群众听，要大家牢记，只有粮食才是人类真正的生命。”①传教者将“雅欢毫”写入佛经并在佛寺活动中不断强化民众的观念，使得信教的傣族民众对“粮食是人类的生命”有高度的认同和实践。

2. 洗塔求雨祭水神的水文化

传说很古以前，世界上没有文字，人都不识字，只有天国里有文字。帕雅吾于罕萨的儿子帕雅宛，为了把文化知识带给人类，便自告奋勇到天上取文字，他背了3块石板上天抄字，但只到了勐帕雅英便累死了。地上所有的人为帕雅宛这种舍己为人的精神所感动，但却想不出用什么方式来纪念他。大家就跑去向他的父亲请教，其父帕雅吾于罕教给大家做高升和焰火以及向天空发射的技术。在燃放高升和焰火时，人们围着发射架，敲着铓锣、象脚鼓，边唱“吁腊喃”，边跳集体舞，使帕雅宛的在天之灵，能听到人间的声音，看到人间的火光。傣族还把新年的第一天命名为“帕雅宛来到之日”。据说，帕雅宛看到高升、火焰后，邀请风神、雨神及五谷之神一起到人间来欢度新年。因此，傣族的这一活动也有祈求雨水、企盼来年丰收之意。

另据佛经记载，很久以前，傣族居住的地区连续几年都不下雨，于是，地上的人类、兽类和禽类等万物各自的首领就自发地组织起来，到天上找天神“叭雅天”谈判。最后达成协议，每年雨季天神要下雨，而且要在夜里下，白天不下，不然会干扰人们的生活。如果插秧时节还不下雨，人们便认为是天神疏忽所致，就要举行洗塔求雨仪式。届时，家家户户都要预备好遮雨的雨伞和草帽，然后挑水到村子后山的佛塔去洗塔，佛塔便会将人们求雨的意愿转达给天神，雨水很快就会降临。

---

① 刀国栋. 傣泐的稻作文化［M］// 刀国栋. 傣泐，昆明：云南美术出版社，2007：23，25.

西双版纳傣族在一年一度放水犁田插秧时，都要举行放水仪式、祭祀水神，祈求风调雨顺，稻谷丰收。祭祀时要制备丰盛的祭品，诵读祭文，然后从每条大水沟的水头寨放下一个挂黄布的竹筏，漂到沟尾后，再把黄布拿到放水处祭祀。景洪县的傣族，每隔3年就要祭一次水神“南坡”，由板闷主持祭祀，祭时要祝福说：“3年的祭期到了，现在杀猪献给你，请你保护水沟的水流畅通，使庄稼获得丰收”。① 自犁田放水插秧时，都要祭祀水神“披罕难”。每年板闷带领人们修沟完工以后，都要用鸡、猪、腊条、饭团、槟榔和酒等祭水沟神，此为小祭祀。3年则大祭。除了祭祀水沟神外，还要祭与之相关的“田头神”。傣族认为，每家的田地都有“田头神”，能保佑农业生产顺利和农作物丰收。人们在田头栽一棵一丈多高的树枝或竹枝，上面挂一竹篓，篓内供有甘蔗、芭蕉、腊条、糯米饭等，还挂有用竹篾编的大鱼和两长串鸡蛋壳，祈求年有余粮，颗粒饱满犹如鸡蛋壳那么大。

从泼塔求雨祭水神的各种活动中，我们可以看到傣族人民对水与稻谷关系的高度关注，已经将生活中重大事件与它们相连，反映了傣族人民独特的水文化。

### 3. 祭谷魂奶奶的稻谷崇拜

传说，谷子是有灵魂的，西双版纳傣语称为“雅欢毫”，意为谷魂奶奶。佛教刚刚传入西双版纳傣族地区时，佛祖到处宣称自己如何如何了不起，无人比他高强。这时谷魂奶奶站起来反对他，他就把她赶走了，结果引起了3年大旱。谷子颗粒无收，百姓无米下锅，饿死者数不胜数。佛祖无奈，只好把谷魂奶奶重新请回来。这个谷魂奶奶与佛主斗法的故事，说明了稻谷在傣族人民的心目中具有非常重要的意义，将稻谷神圣化为“谷魂奶奶”加以崇拜和祭祀。种田时，人们要举行专门的祭谷神的仪式，而且要念诵《祭谷神词》：“双手举竹盘，低头顶供品，要献给人类的依存者，献给伟大的谷神，谷神创造了幸福的种子，恩情胜过了顶天柱。赕供品是

① 景洪的水渠管理和水规［M］// 魏学德，景洪县水电局. 景洪县水利志. 下册（评审稿），1993：535.

我们的本分，积功德是我们的心愿，请诸神来接供品，保佑健康，平安，避免人间灾难，逃离世间痛苦。”[①] 祷告谷魂奶奶保佑家人健康平安，快乐丰收。

傣族把谷魂推到了至高的地位。傣族古籍说：“我们封谷子的魂为王为主，因为谷子是人类的生命，寨神勐神虽然是至高无上了，可是没有谷子它就活不成。”因此，每年谷子收割时家家户户都要举行叫谷魂仪式，傣文经典中的叫谷魂词曰：“谷子黄了，‘牙欢毫’（谷魂）回来吧！今天从犁田开始，我们都不往地上吐口水，我们用金槽把圣洁的水引到田里，使秧苗成长，谷子黄了，不打不行，我们只好用刀割它，用脚踩它。因此，我们怕牙欢毫生气跑了，跑到龙宫，今年希望不要去了，明年依旧在。今年我们修了新仓，回来把，牙欢毫！”[②] 这种担心自身的行为会引起谷魂生气的想象，已经将谷魂拟人化了，赋予了谷魂一份特殊的使命和至高的地位。

对于稻谷的重视还反映在一些法规之中，《西双版纳傣族封建法规》第44条规定：“若水稻已成熟，被牛马吃着或田里睡觉打滚，除要牛马主人赔偿全部损失外，还要罚牛马主人出鸡一对，腊条一对，大米一盆，酒一瓶祭谷魂。”[③] 对于非正常对待稻谷的行为，责罚的不是牛马本身，而是牛马的主人，这种惩罚性的社会机制保证了稻谷在社会生活中的重要地位不容侵犯。

与稻谷相关的礼俗还有赕“谈木兰”和赕“豪迈”。赕“谈木兰”，通常在每年插秧后进行。届时，每家都要编制一个箩筐，箩筐口用竹条搭起一个“三脚架”，上插高高的山茅青草，再插上红、白、黄各色鲜花。箩筐里装一点米、一包饭、一碗肉和蔬菜瓜果以及零钱，送到寺庙去请大佛爷和小和尚念经祷告，祈求谷魂奶奶保佑栽下的稻谷如同野草和鲜花一样长得快，长得繁茂。念经结束后，祭品留给念经的小和尚，但必须把青草和

① 尹绍亭，唐立，等. 中国云南德宏傣文古籍编目［M］. 昆明：云南民族出版社，2002：65.

② 《民族问题五种丛书》云南省编辑委员会. 西双版纳傣族社会综合调查［M］. 昆明：云南人民出版社，1984：35.

③ 高立士. 西双版纳傣族的历史与文化［M］. 昆明：云南民族出版社，1991.

山花带回些许插在自家的稻田里。这种以山花和稻谷比拟的求神敬佛的行为反映了傣族人民对谷神的崇拜和朴素的信仰。赕“豪迈”，即赕新谷、新米。每年稻谷收打归仓后，由各家各户自择吉日赕豪迈：用一张小篾桌供上肉、菜、糯米饭和蜂蜡，然后一个人抬着桌子，一个人挑着新谷和新米各一箩，到佛寺赕佛。篾桌供在佛像前，新谷新米则倒入寺庙的箩筐中，自带的新米和新谷要注满佛寺的箩筐才吉利，说明当年的粮食吃不完；如果装不满，则说明当年要饿饭。因此，家家都会多带一些。这其实是一种非常朴素的类比思维，将佛寺中的箩筐与自家收获时盛装谷物的箩筐相比拟，虽然时空不同，但却有形似的推演，反映了傣族对稻谷丰裕的美好期盼。

4. 稻作生产所依赖的天文观

傣族是最早驯稻和种植水稻的民族，其天文历法的起源也相当古远。创世史诗《巴塔麻嘎捧尚罗》记载，天神麻嘎捧派神到地上制定年月日，流传至今的《泼水节的传说》也与制定历法有关。贝叶经中也有大量有关历法的典籍，比如《巴嘎等》《呼啦》《功顶》《苏力牙》《西坦》等。据有关学者考证，傣族先民从对天体的观察中，积累了方位知识，能分辨东、南、西、北以及东北、东南、西北、西南等方位，形成了辨别方位的方位图（见图 1-6）。傣族历法虽然产生于古代农业实践中，但它的发展和完善却是在汉族文化和印度文化的浸染中实现的。傣族历法也叫傣历（见图 1-7）。

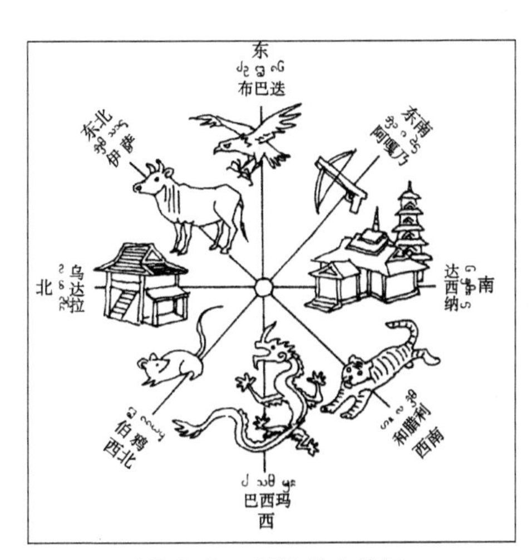

图 1-6　傣族的方位图

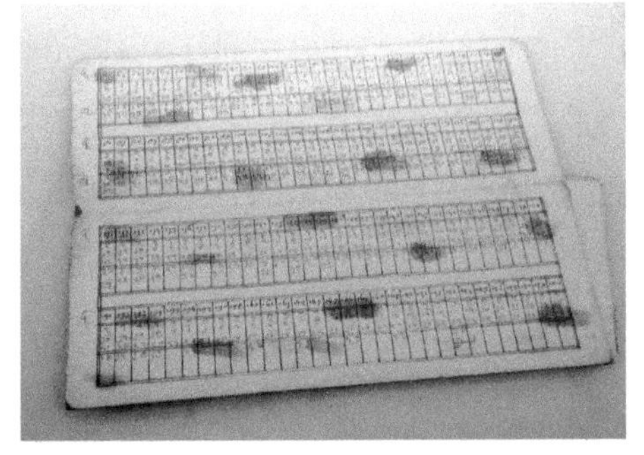
图 1-7　傣族天文历法书（秦莹 摄）

傣历开始于公元 638 年 3 月 27 日，傣历年为阳历年，而月为阴历月，即以月亮的 1 个圆缺周期为 1 月。1 年分 12 个月，单月 30 天，双月 29 天，但八月份一般只有 29 天，隔数年有一次“八月满”，即八月的天数为 30 天。每隔 3 年的九月为闰月。傣族先民在秦汉时期就吸收了汉族的干支纪时法和十二生肖纪时法。傣历中的干支纪时法和汉族是一样的，即以十天干配十二地支而成为 60 年为一周期的纪年法，只是将汉族年历中的猪改为象，龙改为蛇。此外，“傣历还受印度历法的影响，如一年分：冷季、热季、雨季三季，每月分为上下两个半月，初一至十四叫‘楞恨’（意为月上），分别称为楞恨一日、楞恨二日……至楞恨十四日。十五日叫‘楞丙’（意为月圆日），十五日之后叫‘楞笼’，分别叫作楞笼一日、楞笼二日……至楞笼十四日（当月二十九日），最末一天叫‘楞拉’（意为月尾日）。傣历还把黄道划分为十二宫。傣历在吸收汉文化和印度文化的基础上，不断完善自己的历法，使傣历发展到相当高的水平，运用也很纯熟。如对日食、月食的推算、预见已经相当准确。”① 由于各地气候不完全相同，栽插收获时令便各有差别，主要农作物水稻的耕作节令也不同。西双版纳按傣历安排农事，八月中旬开始犁田，九月播种，十月插秧，十二月下旬或次年一月割谷。傣族历法的建立及其使用对以水稻种植为主的稻作文化具有非常重要的指导意义，不仅每年可以依据历法的节令在相应时间进行耕种不误农时，而且可以运用历法中农闲时期进行各种与农事相关的赕佛活动，既满足了物质生产之需，也满足了精神世界的寄托。

5. 重视稻田灌溉的农事观

重视稻作不仅表现在生产活动中要举行各种祭祀仪式，而且也表现在傣族人民的人生价值观和农事观念中。是否有利于稻作农业的发展，是傣族人民衡量是非善恶的一条重要价值标准。主要体现在：①种田能手是青年男女择偶的首要条件，粮食满仓是家庭和睦的重要保证；②赞美勤劳、谴责懒惰；③鼓励生产劳动中的互助行为；④爱护庄稼，珍惜粮食；⑤农

① 云南大学贝叶文化中心. 贝叶文化论集［M］. 昆明：云南大学出版社，2004：23.

忙时应集中精力从事农业生产；⑥尊老敬老，因为生产技术主要依靠家庭世代传承。[①] 此外，重视稻作的人生观还体现傣族人民的人生价值观中，“盘田种好粮，积蓄盖新房，老有人送终，死后升天堂。”[②] 这 4 句话分别阐述了傣族人一生在青年、中年、老年和死后 4 个阶段不同的人生追求，其中，“盘田种好粮”起着决定性作用。要“种好粮”，首先要“盘好田”。对于“盘田”，相传有个大首领去世前向独生女说：“任何时候都要做到‘毫丁岱’（谷满仓）、‘来丁吞’（牛满楼，即每棵柱子都要拴上一头牛的意思）。”为了做到谷满仓、牛满楼，就必须做到“刻丁曼、纳丁勐”（地满寨子、田满坝子）。大首领的遗言成为傣族民众从事农耕的基本观念，人们都按大首领的遗言不遗余力地开挖农田从事水稻生产。[③]

盘田种粮的整个稻作生产过程中，都渗透着傣族人民对于水利灌溉的高度重视。对于稻谷与水、稻谷与田的关系，傣族很早就有“人靠食物，谷靠水土”、“树美靠叶茂，田好靠保水”，“没有水不能养鱼，没有田不能撒秧”等朴素认识；对于稻谷丰歉与灌溉的关系，傣族谚语早有“田好水好，穗大粒饱”的认知；稻谷生长对水的需求，傣族地区流传着“婴儿靠乳汁，秧苗靠水浇”、“水满埂，稻不旱”、“人怕老来穷，稻怕抽穗旱”的俗语；当自然浇灌不足时，傣族人民积累的人工修沟取水的经验：“坝牢水满沟，天旱也不愁”、“田头有沟，旱涝保收”、“修沟筑坝，无雨不怕”、“坝满沟水淌，田不盼雷响”、“水满塘，谷满仓，修沟好比修粮仓”；为了经年都能够使用沟水，傣族也重视水沟的管理，“种地勤薅锄，种田勤管水”，“立了秋，雨水收，有塘有沟赶快修”，“别人烤火我修塘，别人挑水我乘凉”；对于在用水时出现的纷争，傣族不仅认识到争水的问题所在，而且制定了解决问题的办法：“田头吵嘴，多为争水”，“填寨沟是犯寨规，填

---

① 高立士. 傣族谚语［M］. 成都：四川民族出版社，1990：76.

② 谭乐山. 西双版纳傣族社会的变迁与当前面临的问题［M］// 社会科学国家重点项目《云南少数民族前资本主义形态与社会现代化研究》课题组. 云南多民族特色的社会主义现代化问题研究. 昆明：云南人民出版社，1986.

③ 刀国栋. 傣泐的稻作文化［M］// 刀国栋. 傣泐. 昆明：云南美术出版社，2007：20.

勐沟是犯勐规”，“填沟犯罪，堵水源犯法”；用水纷争解决得好与坏是衡量一个地方领导是否有方的标准之一：“先有水沟后有田，先有百姓后有官”，“田好是有水沟送水，勐好是有贤明的领导治理”。[①]

6. 长期积淀而成的糯米文化

千百年来，傣族从事农耕，以糯稻的生产为主，在生活中形成了以糯谷为中心，糯米饭是每日不可缺少的主食；在节庆、婚、丧礼仪中又以糯米食品为礼仪食品；在宗教活动中糯米饭及一系列糯米食品又是沟通人与神的物质媒介。糯米像一根红线贯穿于西双版纳傣族的物质文化和精神文化中，也成了傣族稻作文化最直接的生活表现。糯米文化不但包括了傣族物质文化的主要部分，也决定着傣族精神文化的许多方面，所以说糯米文化是西双版纳傣族在热带河谷平坝中创造的以糯米为中心的物质文化综合体，它是西双版纳傣族文化的核心部分，它包容着大部分傣族的原生文化。[②] 西双版纳傣族除了主食糯米饭外，还用糯米制作香竹饭、紫米饭、黄米饭、“毫诺索”、“毫吉”、“毫崩”等糯米食品。“傣泐用糯米做的糕点食品名目繁多，不仅是日常生活中不可缺少的食品，也是庆典、贺新房、佛寺佛塔宗教活动以及婚、丧活动等的礼仪食品。”[③] 在“文化大革命”时期，借口“糯谷产量不高”，不准傣族农民种植他们世世代代喜爱的主食——糯谷，不尊重民族习俗，用行政手段代替经济规律，要消灭老品种，种植新品种，甚至把已经栽下的糯谷秧苗拔掉种饭谷。结果，从外地引进的“优良品种”因为不适应当地的气候和土壤条件而大大减产，使西双版纳这个号称“滇南谷仓”的地方，每年需从外地调进2055万千克粮食才能使州内人民生活维持下去，勐遮、勐海出现了前所未有的背着米袋找米下锅的农民。面对曾经在西双版纳提出“革糯米命”的口号，当时傣族群众议论说：“不准我们吃糯米饭，就是不承认我们是傣族。”大家都认为没

---

① 勐海县水利电力局. 勐海县水利志［M］. 昆明：云南科技印刷厂印装，1999：269—270.

② 王文光. 西双版纳傣族糯米文化及其变迁［M］// 载杜玉亭. 传统与发展——云南少数民族现代化研究之二. 北京：中国社会科学出版社，1990：377.

③ 刀国栋. 傣泐的稻作文化［M］// 刀国栋. 傣泐. 昆明：云南美术出版社，2007：26.

有了糯米，大米再多也算是缺粮。在当时的形势下，傣族敢怒不敢言，但始终相信党、相信社会主义，认为不准种糯谷只是暂时的行为，总有一天会允许的。于是，大家就把糯谷种藏起来。十一届三中全会后，傣族实行了家庭联产承包责任制，农民有了生产的自主权，政策宽松了，大家又开始种糯谷。把糯谷和民族连在一起，糯米成了傣族族群认同的象征。可见，糯米文化是西双版纳傣族在能动地适应自然生态环境、利用自然生态环境的产物，有其历史发展的合理性，在傣族生活中占据异常重要的地位。

# 第二节

## 水利灌溉制度

水稻离不开水，如果没有水利灌溉，傣族的稻作文化就不可能丰富多彩。因此，水利灌溉对于以种植水稻为主要农业生产活动的傣族人民来说显得极为重要。史学前辈江应樑先生给傣族水利灌溉事业以高度的评价和肯定。他认为："作为东方农业基础的水利灌溉事业，傣族在这方面就有着卓越的成就，不论西双版纳、德宏和其他傣族地区，对于利用天然河流和人工开挖河道灌溉田亩，自古以来就有一套传统经验和相当科学的知识，并且对于管理水利事业，也都有完密的组织制度。"① 西双版纳傣族种植水稻的历史非常悠久，由于特殊的气候和地理条件，加之过去没有深耕、施肥和除草的习惯，生产力水平低下，对水的依赖性很强。傣族先民在版纳地区打桩筑坝，开渠引水，灌溉农田。傣族历史上最早出现的司水利的人称"盘南"。随着社会发展，傣族形成了较为规范的水利管理形式"板闷制"，还制定了一些保证水利灌溉事业顺利进行的法规。傣历 1140 年（公元 1778 年），西双版纳最高政权机构议事庭发布过一道兴修水利的命令，内容具体，辞令坚决，如命令说："作为议事庭大小官员之首领的议事庭长，遵照议事庭帕翁丙召之意旨颁发命令，各勐当板闷和全

① 江应樑. 傣族史［M］. 成都：四川人民出版社，1983：474.

部管理水渠管理的陇达照办。”另有“各勐当板闷官员，每一个街期要从沟头到沟尾检查一次，要使百姓田里足水，真正使他们今后够吃、够赕佛。”这些都说明统治者对水利建设事业非常重视，更反映出水利灌溉的重要地位。①

## 一、传统水利灌溉系统

澜沧江是流经西双版纳最主要的河流，支流有江东的罗梭江、南腊河、南昆河及江西的流沙河、南阿河、南鄂河、南木卡河、南溪河、勐往河、南果河等，澜沧江与这些支流形成了澜沧江水系。此外，州内还有打洛江，流到境外缅甸，注入伊洛瓦底江。围绕这些水流，历代傣族人民修沟筑坝，逐步建成了相对独立的3个大的灌溉系统。

### 1. 景洪坝的传统灌溉系统

景洪，即黎明城。东部与勐罕相邻，南部与勐龙接壤，西部与勐海相连，北部是小勐养。据傣文手抄本《勐景洪志》记载，明天顺八年（1464年）景洪坝子已有8条水沟，灌溉农田76964纳（约合19241亩）。清代至民国期间水沟增至15条。1950年，全州有大小水沟471条。其中，勐海263条，勐腊110条，景洪98条。② 据傣文《勐景洪志》记载的主要引水渠道有：①闷纳勇。唐代修建引水工程，渠首在曼贺勐西北面，以南溪河为水源。水渠坝头在曼贺勐，坝高2米，坝长50米，为木马、木桩、竹笆坝。渠道顺南溪河左岸采用挖左填右的方法沿山腰等高线筑成，渠线经曼列、曼沙、曼暖坎、曼回索、曼腊、曼么隆、曼么囡、曼蚌囡一直到曼景兰，余水注入流沙河，全长25千米，公元1454年统计灌溉面积4240亩。②闷邦法。该渠建于唐代，坝头在曼海达目（今为曼飞龙水库库区），为木马、竹木桩，竹笆坝，坝高2米，坝长40米。引邦法河

---

① 刘荣昆．傣族生态文化研究［D］．昆明：云南师范大学，2006.

② 西双版配傣族自治州地方志编纂委员会．西双版纳傣族自治州志（中册）［M］．北京：新华出版社，2002：153.

水自南向东北流经曼飞龙、曼勉、曼岛、曼醒、曼景保、曼勐、曼真、曼英、曼贡、曼景勐、曼景法、曼贺蚌、曼贺纳等19个寨子，全长15千米，1958年统计灌溉面积4516亩。③闷湝濑。位于景洪坝子西南部、南凹河右岸，引南爱河水，渠首在曼磨协，流经曼养里、曼宰、曼校、曼广瓦、曼丢至曼坝过分为两支，一支向东流至曼蚌；一支向西北流至曼景栋，全长15千米，灌溉20个寨子的1.6万纳稻田。新中国成立后，经修扩建，灌溉面积增大，今称为曼么协大沟。④闷南辛。坝址在曼景康，为竹龙石坝，坝高约1米，坝长约30米，由曼达起，顺南洼河右岸经曼别至曼洒，渠长7千米，原灌溉面积450亩。新中国成立后，国家投资扩建，实际灌溉面积达3915亩，今称曼达大沟。⑤闷南哈。“南哈”[①]为流沙河的傣语名称。渠长4.7千米，引流沙河水灌溉曼迈、曼景傣、曼峦典等寨农田1058亩。⑥闷南端。位于嘎栋西部。渠首在曼纽村后，流经曼纽、曼令、曼栋，灌溉面积1000亩。渠首有两块巨石限制流量，1976年扩建后，实际灌溉面积达2078亩，今称曼栋大沟。⑦闷南坎。在嘎栋乡西南部，引南坎河水灌溉曼迈等寨的水田1235亩。“南坎”，傣语名，意为金水或圣洁之水，历代召片领登位，要用此水沐浴净身。⑧闷裴滇。傣语“裴”意为水坝，“滇”意为密实，以水坝特点为渠名，引班法河水灌溉嘎洒乡曼广等寨的水田843亩。⑨闷南肯。由嘎洒乡曼贯起，引南肯河水灌溉曼达等寨水田1720亩。⑩闷回广。意为铓箐渠，灌溉面积325亩。⑪闷回老。意为芦苇箐渠，位于嘎洒乡南部，灌溉曼嘎、曼景罕、曼冈、曼亥等四寨耕种的宣慰田共10823亩，唐大历五年勐泐王下令修渠。今改为曼飞龙水库左干渠。⑫闷回喀。位于嘎洒乡东部，引南联山流下之回喀箐水，渠首在曼贺蚌，流经曼贺纳等寨至曼书公，灌溉面积1183亩，有支渠名“闷回芥”（见图1-8）。[②]

① 勐海县人民政府．云南省勐海县地名志．1984：43，103.

② 魏学德，景洪县水电局．景洪县水利志（评审稿）[M]．1993.

图 1-8　景洪坝区解放前水利工程示意（图片来源：西双版纳傣族自治州水利局）

### 2. 勐海坝的传统灌溉系统

勐海，意为厉害之人居住的平坝或区域。东部接景洪，东北部与勐宋相邻，南部与勐混接壤，西部与勐遮、景真相连，北部是勐阿、勐康。南丹河、南海河、南短河流入勐海坝子注入流沙河，南翁河自曼裴村公所境内流入勐阿乡，流沙河（即南哈河）自西向东贯穿勐海坝子，流入景洪县内。1950 年以前，勐海坝传统的较大引水渠有 10 条，灌溉全勐 46 个寨子，3 万亩水稻田（见图 1-9）。这 10 条水渠是：①闷南短。坝头在曼稿，灌溉曼稿、曼嘿、曼打傣、曼真、曼喷龙、曼拉闷、曼赛龙 7 寨。②闷南丹。

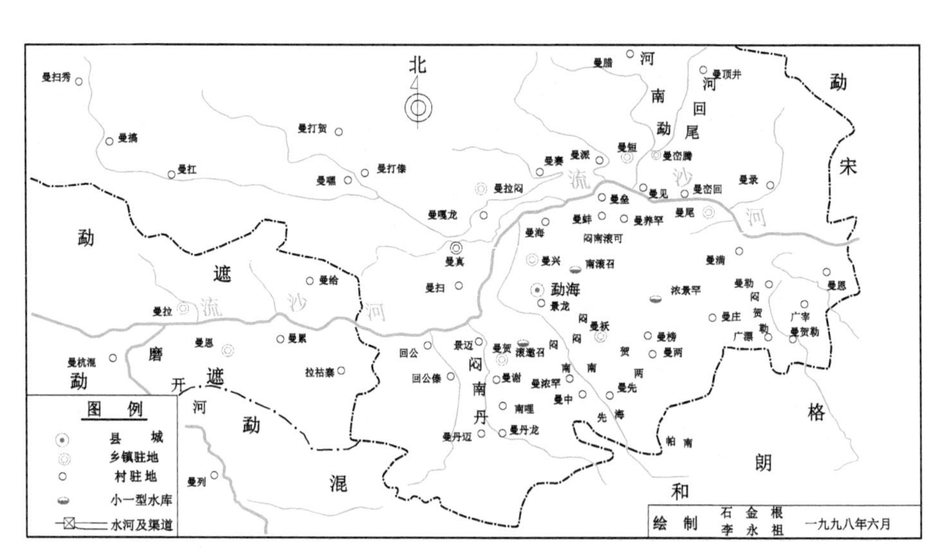


图 1-9 勐海坝子解放前水利工程示意（图片来源：西双版纳傣族自治州水利局）

坝头在曼丹，灌溉曼丹、曼谢、曼买、曼贺 4 寨。③闷南浓召。坝头在曼兴，灌溉曼兴、曼海、曼垒、曼蚌、养罕 5 寨。④闷贺两。渠坝址在曼两寨头，故名。灌溉曼两、曼榜、曼袄 3 寨。⑤闷南腊。坝头在曼腊，灌溉曼腊、曼短、曼峦腾、曼见 4 寨。⑥闷南回尾。坝头在顶井，灌溉顶井、曼鲁、曼峦腾 3 寨。⑦闷贺勒。坝头在曼贺勒，灌溉贺勒、曼勒岱两寨。⑧闷南浓亮。灌溉曼扫一片。⑨闷南先。坝头在曼先，坝名裴么董（即铜锅坝），灌溉曼先、曼中、曼浓喊、曼贺、曼龙、曼兴 6 寨。⑩闷南海。坝头在勐海城子，渠长 3 千米，经曼兴流入南哈（流沙河），主要灌溉召勐海的私庄田。

### 3. 勐腊坝的传统灌溉系统

勐腊，意为产茶叶之地，东与老挝接壤，南连尚勇，西与勐捧毗邻，北与勐伴及瑶区接壤。南腊河从东北向西南穿过勐腊坝子，并有以南腊河为水系的大小支流 20 条（见图 1-10）。勐腊年平均降雨量为 1523 毫米，80% 的雨量集中在 5—10 月，年平均蒸发量为 1638 毫米。1950 年以前，勐腊坝子较大水渠有 10 条。①闷龙南浪，即“裴捏姆”坝及由此形成的

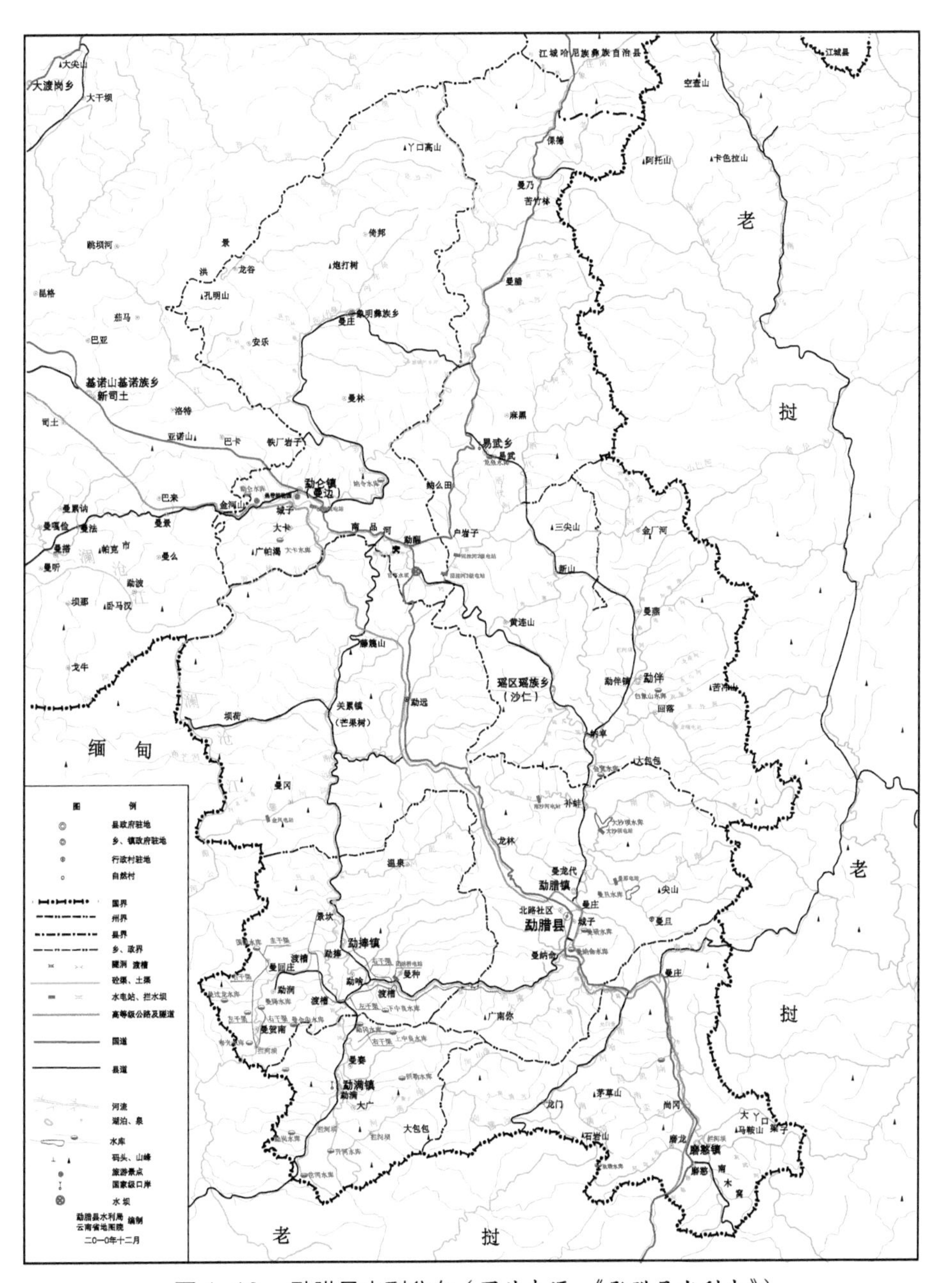

图 1-10　勐腊县水利分布（图片来源：《勐腊县水利志》）

渠。坝头在曼那，为木马木桩竹笆坝，坝长10米，坝高1.5米，渠长8千米。灌溉曼那、曼东、曼龙、曼浓、曼龙代、曼龙勒、曼冈纳、曼炸、么粉、城子、曼样、曼研12寨。②闷南回补过。坝头在补过箐，系木马竹笆坝，坝长6米，坝高1米，沟长3千米，主要灌溉勐腊城子曼寨的田、召勐腊的私庄田纳东囡及其亲族扎顶哉、扎塔纳翁、昆悍扎应西利等3户的田。③闷龙南岭。坝头在曼岭，坝长4米，沟长2千米。灌溉曼岭、曼庄、曼炸、城子、么粉5寨，经纳么入南腊河。④闷南细。坝头在曼暖叫，为竹笼石坝，坝长约10米，坝高约1.5米，渠长2千米。灌溉曼暖叫、曼嘿、曼贺、曼养、曼龙代6寨。⑤闷南回应。坝头在曼研达楞，系竹笼石坝，坝长约6米，坝高约1.5米，渠长约1千米。灌溉曼拼、曼龙勒、曼哈、曼养4寨。⑥闷南回门有两条，一条坝头在曼纳伞，系竹笼石坝，坝长10米，坝高1米，渠长500米。灌溉曼纳伞。⑦闷南回门的另一条坝长10米，坝高0.5米，渠长约500米，灌溉曼掌。⑧闷南回纪。系木马竹笆坝，坝长60米，坝高2米，沟长约500米。曼纳伞2/3的水田受益，既能灌溉，又能排水。⑨闷回冈景。系木桩、竹笼石坝。坝长10米，坝高1米，渠长约500米。灌溉寨曼纳连。⑩闷南回卯。坝头在曼列寨后，为石龙竹笆坝，坝长6米，坝高1米，渠长约2千米，灌溉曼列。

除上述10条较大的水渠外，还有闷南回贺、闷南回朗、闷南回恩、闷南项、闷南回林、闷南回卡姆、闷南回介、闷南回哄、闷南回蚌、闷南回郎10条较小的水渠，共同组成勐腊灌溉区，造福全勐36个傣寨15000亩稻田。

## 二、傣族水利思想

傣族是一个依水而居的民族，对于水有着特殊的情感和使用方式，尤其是在稻作生产过程中，历经千百年的实践活动而总结出了一套适合本地区、本民族的崇奉水、利用水为自身造福的“兴水利”思想。

在人类社会发展的历史上，依据人与自然的相互关系，可以将人们的治水活动划分为 3 个发展阶段。[①]

第一，人类利用水和听命于水的自然规律阶段。在中国，这一阶段大致相当于原始社会时期。那时以石制工具为主，社会生产力低下。当狩猎畜牧为主要经济部门时，为解决人畜生活用水，“逐水草而居”。原始公社末期，当农业成为基本经济部门时，农田水利的主要工作大约是采用传说中的伊尹传授的办法“负水浇稼”；为防止洪涝灾难，人们以氏族公社为单位，多集体居住在河旁阶地，即所谓“择丘陵而处之”。后来，又创造了保护居民区的护村堤埂，即所谓“鲧作城”。那时，人们对水的自然状态无力进行有效的改变，发生水旱灾难的时候，不得不乞灵于上天的恩典，听命于大自然的主宰。

第二，人类调节调度水资源和服从水的自然规律的阶段。在中国，该阶段大约相当于奴隶社会和封建社会时期，持续 4 个世纪。由于金属工具的使用和社会组织的进步，人们在一定程度上有能力控制江河洪水的威胁，也有条件兴建较大型的浇灌和航运工程。例如，出现了大禹领导的主要采用疏导的方法的大规模治水活动，发明了适应井田制的农田沟渠灌排系统，出现了短距离的人工运河。铁制工具的普遍使用促进了社会制度的大变革，人们在自然面前取得了较多的自由。在水利上，防洪进步到以堤防为主的时期；引水和蓄水浇灌已有相当的规模；开挖了使用船闸调整航深的跨流域运河。但这一时期的抗御自然灾难的能力有限，趋利避害地适应水资源消长和分布的自然状态仍是主要形式，以致严重的旱灾或水灾甚至成为改朝换代或重大社会动荡的直接原因。

第三，人类调蓄水资源，改造水环境与主动适应水的自然规律相结合的阶段。这相当于近代和现代以工业生产为主的时期。随着科学技术的巨大发展和生产力的迅速提高，社会提出了对洪水进行有效控制，对

① 周魁一. 兴水利除水害的历史体验与哲学思考［EB/OL］.［2009-05-09］. http://www.chinaA-B.com.

水资源进行大规模和大范围的重新调配的需求。人类支配天然水的能力远远超过历史水平。不过，总的来看，对于人类社会来说，自然力仍然处于支配地位，即使是科学技术进步有可能实现对水的充分控制，但从经济方面来看，也未必是可行的。此外，人类改造自然能力的提高，也深化了自然对人类社会的反作用。这种反作用又以新的变化了的形式加入到自然地理背景之中，增加了治水的复杂性，促进或制约着水利的发展。总结历史经验，从人与自然关系的哲学关系中引申出，人类社会的发展必须采取与自然协调发展的立场，例如，在防洪中引入非工程措施等。

由于独特的自然地理条件，西双版纳地区傣族的水利建设思想与中原地区汉族完全不同。兴利与除害是水利建设的两个相连的目的。中原汉族水利建设的主导思想是“除害第一，兴利第二”[①]，反映出中原地区水患频繁的事实——其地势平缓，排水不畅，农田容易被成片成片的淹没。而生活在西双版纳地区的傣族，本身属山中坝区，只有最靠近澜沧江边的几个寨子（其中，曼听、曼暖典在水位最低）及其周边田地易被水淹，产生一定水患，而这样的水患一般是在小区域、小范围内发生。由于地势因素，这些洪水几天之后就会自动泄去。比如，傣族竹楼一般在经历这样的水害之后还能完好地使用，极少出现竹楼倒塌毁坏现象。[②]其水田水患大多数也能自动解除。山中坝区，田地自动有一定的坡度，水害有限，然而却保水不便；同时，当地一年气候分为 3 个季节：冷季、热季（也称旱季）和雨季，傣历一月十五日至五月十五日为冷季，五月中至九月中为热季，九月中至来年一月中为雨季，降水集中。旱季正是其备耕之时，就要发挥水利之功，其岁修水利之命令的主体思想也见证了这一点。所以，傣族的水利建设思想就是“兴利”为其旨趣。从我们对当地的调查来看，也从未有“除害”之说。

---

① 董恺忱等. 中国科学技术史 · 农学卷［M］. 北京：科学出版社，2000：726.

② 高立士. 西双版纳傣族竹楼文化［J］. 云南社会科学，1998（2）：75—82.

## 三、傣族水利灌溉制度

制度是什么？许多研究制度的理论家都对“制度”下过互有差异的定义。在老制度主义者以及后（现代）制度主义者中间，对制度就有不同的定义。[①]较早的美国制度主义经济学家凡勃伦相当宽泛地定义制度是“大多数人共同的既定的思想习惯”。[②]康芒斯则认为制度无非是集体行动控制个人行动。[③]另一个制度主义经济学家沃尔顿·哈米尔顿对制度提出了一个更精确的著名定义：“制度意味着一些普遍的永久的思想行为方式，它渗透在一个团体的习惯中或一个民族的习俗中……制度强制性地规定了人们行为的可行范围。”[④]后（现代）制度主义者霍奇森则认为制度是通过传统、习惯或法律的约束所创造出来的持久的行为规范的社会组织。[⑤]

诺贝尔经济学奖获得者，美国新制度经济学家道格拉斯·诺思如此定义制度：“制度提供框架，人类得以在里面相互影响。制度确立合作和竞争的关系，这些关系构成一个社会……制度是一整套规则，应遵循的要求和合乎伦理道德的行为规范，用以约束个人的行为。”[⑥]日本新制度经济学家青木昌彦[⑦]从博弈论的角度出发概括了其他人对制度的 3 种定

---

① 张宇燕. 制度经济学：异端的见解［M］// 汤敏，茅于轼. 现代经济学前沿专题（第二集）. 北京：商务印书馆，1993：226—228.

② 转引自：乔弗瑞·M·霍奇逊：《西方制度经济学发展概况简述》，该文译自 The Econonucs of Institutions，Edited by Geofrey M Hodgson 1993 Published by Edword Elgar Publishing limited.

③ 同①。

④ Walton H. Hamilon（1932），Institution，in Eduin R. A. Seligman and Alvin Johnson（eds），Encyclopaedia of the Soda/Sc/ences，8，84—9.

⑤ 同①。

⑥ ［美］V. 奥斯特罗姆，等. 制度分析与发展的反思［M］. 王诚，等，译. 北京：商务印书馆，1992：134.

⑦ ［日］青木昌彦. 什么是制度？我们如何理解制度？［J］. 经济社会体制比较，2000（6）：29—39.

义，并提出了自己的定义。他指出，关于制度有三种定义，一是把制度定义为博弈的参与者，尤其是组织；二是把制度定义为博弈的规则；三是把制度定义为博弈的均衡解。他本人倾向于第 3 种定义，但提出了修正意见，把制度定义为关于博弈重复进行的主要方式的共有理念的自我维持系统。①

我们认为，制度的一般含义是指要求大家共同遵守的办事规程或行为准则，包含约定俗成的道德观念、法律、法规等。经济学家关于制度的定义为："制度是社会的博弈规则，或更严格地说，是人类设计的制约人们相互行为的约束条件。"该定义突出了制度的社会属性。人们依靠制度来衡量自己的行为。

灌溉制度为农作物高产、节水制定的灌水方案，包括灌水定额、灌溉定额、灌水时间和灌水次数等。灌水定额是指某一种作物单位面积上的一次灌水量。灌溉定额是指某一种作物单位面积上各次灌水定额的总和。二者均以水量（单位为米$^3$/亩）或以水层深度（单位为毫米）表示。灌水时间和灌水次数根据作物需水要求和土壤水分状况来确定，以达到适时适量灌溉。

灌溉制度是计算灌溉用水量和制定灌区引水、配水计划的基本依据，也是进行灌区水利规划，灌溉工程设计和灌区用水管理的依据。灌溉制度的制定是在全生育期内进行水量平衡计算，分析各时段农田水分状况，以确定何时需要灌溉和灌多少水量，以便保持最佳土壤水分条件。根据作物生理和生态特点对水分要求的不同，灌溉制度主要可分为两大类，即水稻灌溉制度和旱作物灌溉制度。水稻灌溉制度是根据水稻具有喜水耐水特性而常采用淹灌方式，是根据稻田渗漏损失水量大，灌水次数多，灌溉定额大的实际制定的。因此，灌溉制度应以满足不同时期稻田淹灌水层的深度要求为标准。

水稻灌溉制度随着水稻品种和栽培季节的不同而异，多采用浅—

---

① 张旭昆. 制度的定义与分类［J］. 浙江社会科学，2002（6）：3.

深一浅的灌水方法，即分蘖和分蘖以前采用浅灌，分蘖后期到乳熟前采用深灌，乳熟以后浅灌，黄熟以后落干（有时也在分蘖末期落干晒田一次）。灌溉定额南方一般为 300—360 米$^{3}$/亩，北方常在 500 米$^{3}$/亩以上。

西双版纳傣族水利灌溉制度虽没有明确的细节划分，但却是为适应传统农业生产的需要，围绕水资源的开发、利用和水利工程的维护活动中建立起来的一套约束村寨及村民的行为准则。它始建于原始农村公社时期，经过历代傣族统治者（召片领）的不断修订和完善，一直延续到 1958 年。水利是农业的命脉。在历史上，西双版纳的统治者有一套严密的系统，各村寨根据上级的命令兴修水利，挡坝修渠，而统治者则进行逐级管理。傣族的水利灌溉制度对傣族而言具有特殊的意义。**“先有水沟后有田”，“建勐要有千条沟”**。这些谚语说明在西双版纳地区，水利制度是先国家而存在的，而国家的建立必以一个庞大的水利构建为基础。在一定意义上可以说傣族的水利制度就是他们的国家制度。

从起源上说，水利灌溉制度是水利技术运行中产生的“自发的秩序”，并成为水利技术体系的重要组成部分。“自发的秩序”说明水利制度是一个内生的制度，它适应水利技术及其运用的需要而产生的，并非是人为的随意制造。农田水利灌溉技术不是一个单一的、孤立的技术，而是一个完整的技术工程体系。从技术自身内在环节说，它由一系列技术环节、技术过程构成，这些技术环节、技术过程之间有着内在的逻辑联系，是一个完整的技术系统。[①] 从技术的社会属性来说，水利灌溉技术是一种公共技术，涉及多方利益，需要多方力量的共同参与，具有较强的社会属性，是一种社会“合作”性质的技术，它与当地民族的社会结构有着直接的联系，如村社土地制度和村寨社会关系、土司制度等。水利灌溉制度直观地反映了水利技术的这种社会属性：社会合作、历史传统和多方力量的博弈。傣族村社土地制度和村寨社会关系、土司制度是长期维系当地传统水利

① 李伯川. 西双版纳地区水利灌溉技术体系研究 [J]. 古今农业，2008 (3)：43—49.

灌溉技术体系的直接因素。同时，水利灌溉制度也直观地表达了这些社会制度特征。

傣族的水利技术具有明显的民族性特征。地理、气候、环境等综合作用使傣族水利技术发展出本民族特色，在挡坝引水、开沟修渠中，对“垄林”生态保护、对分水技术的合理使用是傣族传统水文化的核心内容，也是傣族水利技术的核心内容。这种民族性特征也反映在水利制度上，如他们解决各种矛盾的方式、各种处罚规定以及具体原则上都有反映。这些将在后面讨论。

水利制度随水利技术发展必然呈现出一些变化。然而这种由技术的发展而导致的变化却很微弱，主要表现在一些具体的规定中，有的是很隐秘地反映在水文化观念上。傣族传统水利灌溉制度更明显的是随傣族社会制度的变迁而发展。在进入阶级社会前，可以肯定傣族社会在原始公社时期就有了水利灌溉事业和水利灌溉制度。作为一种“自发的秩序”，对这一时期的制度，今天我们无法对它进行观察，也缺乏文献记录，[①] 故知之甚少，只能做一些揣测。在进入阶级社会以后，特别是进入到封建农奴制社会以后时期，水利灌溉制度作为“自发的秩序”与封建农奴社会制度相结合，进入地方行政体制中，建立了种种规定、命令和法律，转变成“人为”的一种制度，成为土司政治统治的过程，其制度化特征更为明显。今天我们所说的传统水利灌溉制度就是指这一时期的制度，这一制度一直延续到 20 世纪 50 年代。

对西双版纳傣族传统水利灌溉制度，目前学术界的专项研究不多。其中云南民族大学高立士先生提出，傣族的水利制度是“板闷制”，[②] 并对其进行了具体的探讨。“板闷”是傣族村社对管理人员的特称。其中，“板”为铜锣，“闷”为水沟，直译为“沟锣”，意指管水员鸣锣开道，通知有关修沟、分水之事而得名，非常形象，原始古朴。把西双版纳傣族传统水利灌溉制度称为“板闷制”，很好地表达了它的制度特征和民族特征：以水利

① 据说，傣族文字是佛寺传入之后才有的，傣文是佛传授的，是用来写经的。

② 高立士．高立士傣学研究文选［M］．昆明：云南民族出版社，2006：71—92.

公共事业为主的公共事务管理制度和农村公社遗迹；同时它也间接地反映了傣族早期社会的灌溉制度的某些形式。本研究参考了高立士先生的研究成果，对傣族“板闷制”水利灌溉制度进行了更全面的概述和考察，并深入分析了这一制度的特征。

综上，水利灌溉事业是傣族整个社会组织建立的基础，也是傣族经济生活和政治生活得以维系的保障，没有水利灌溉事业就没有傣族悠久的稻作文化，水利灌溉事业是傣族人民生产、生活之本。

传统水利灌溉制度是为适应传统农业生产的需要，围绕水资源的开发、利用和水利工程的维护活动中建立起来的一套约束村寨及村民的行为准则。在传统农业社会中，水利灌溉制度具有十分重要的地位：它是农业社会的政治和经济大事，是一个国家的立国基础。傣族谚语说："先有水沟后有田。"又说"建勐（部落联盟）要有千条沟"。均说明擅长水稻农业的傣族先民，早在进入阶级社会以前，即以辛勤的劳动开发了版纳境内的盆地，利用丰富的水利

# 第二章
# “板闷制”的运行及其价值

资源，打桩筑坝、开渠引水、开田灌溉。至12世纪末（公元1180年）召片领一世帕雅真统一了西双版纳30余部落，建立起以景洪为中心的“景龙金殿国”，西双版纳步入了封建农奴社会。经过几个世纪的努力，在西双版纳地区，各勐均建成了蛛网状的灌溉水渠系统，不但发展了具有本民族特色的水利技术，还建立起具有自身民族特色和适合其社会发展的传统水利灌溉制度。

# 第一节 “板闷制”的运行机制

自召片领一世帕雅真建立“景龙金殿国”地方政权后，在传统农村公社公共事务管理“板闷制”基础上，结合自身封建农奴政权制度，形成了今天的“板闷制”水利灌溉制度。直到 1950 年解放时，西双版纳一直完好地保持着这种传统水利灌溉制度。这种管理制度的主要特点表现在以下几个方面。

## 一、垂直的行政管理体系和“家臣”管理体系并列

西双版纳傣族传统水利管理有两条线。一条是召片领各级政权机构，水利管理是召片领各级政权机构的重要工作。召片领最高议事厅“勒斯廊”总管全区水利事业，其中议事厅内务大臣龙帕萨又直接管理水利；各召勐议事厅“勒贯”管理本勐水利事业，勐级议事厅长帕雅贯、帕雅诰或帕雅龙帕萨又直接管理水利；同时，每条沟渠又设“板闷龙”（类似于正水利监）和“板门诺”（副水利监），正副水利监的设置一般遵循正职设在水尾寨，副职设在水头寨，这样既便于相互监督，也便于利益调整，每条沟渠就形成一个灌区；到农村基层每个村寨还设“板闷曼”（村水利员）。这是专管水利的一个垂直系统（见图 2-1）。

另一条管理线条是召片领与其家臣与各勐召勐家臣“波朗”派驻其领地督耕、催租的管事人员，当地称之为“陇达”，也负责管理当地水利灌溉的有关事宜。召片领政权中的各级官员都是召片领和召勐的家臣，这些家臣的年俸采用食邑的方式获取。“波朗”在任职期间有波郎田，是一种职田。由于所得地租的土地是明确和固定的，如果收成不好将直接影响官员的收益。所以，这些家臣必须派出相关人员到其食邑之地进行督耕和催租。任“陇达”者一般在1000纳田中得100纳不缴官租的田耕种。这些派出的人员多数就是当地村民，他们参与当地的水利灌溉管理事宜。由于有官家的背景而在当地有较大的影响力，有的“陇达”直接兼任寨中的“板闷”。如在勐景洪，“闷遮赖”大渠为当时景洪第二大渠，灌溉20余寨水田。其中，曼广洼、曼校、曼丢、曼坝过4寨的“板闷曼”由“陇达”兼任。

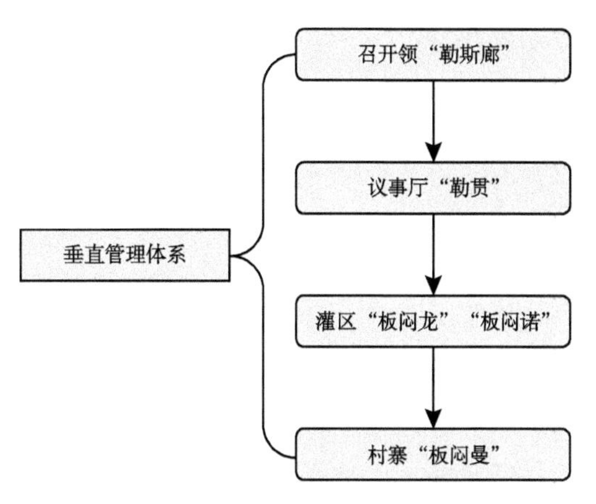

图2-1 西双版纳傣族传统水利垂直管理体系

勐景洪是召片领直接统治地区，属京畿之地，不再设地方召勐，直属“勒斯廊”管理。在景洪坝子中心点曼掌宰设帕雅龙办一人专管全盟的水利。据有关资料记载，景洪坝区1950年以前有引水渠13条，灌溉81个傣族寨子（宣慰街5寨不种田，未记入）4万余亩稻田，形成一个大的灌溉区域。13条水渠中有两条水渠每条仅灌溉1个寨子，[①] 其余11条水渠都灌溉多个寨子（具体情况见存文2-1：景洪坝区主要的11条水渠历史情况及其灌溉区域[②]）。

① 这两条水渠是：闷回解，渠长约500米，灌溉曼书公寨；闷裴典，渠长近千米，灌溉曼红寨。

② 存文2-2资料来源：《高立士傣学研究文选》，昆明：云南民族出版社，2006年版，第59—62页。该书中还介绍了勐海坝区、勐腊坝区当时的灌溉水渠系统，在此不再一一列出。

## 存文 2—1 景洪坝区主要的11条水渠历史情况及其灌溉区域

闷南永：水渠坝头在曼贺勐，坝高2米，坝长50米，为木马，木桩、竹笆坝。渠长25千米。灌溉曼贺勐、曼列、曼沙、曼浓罕、曼回索、曼东老、曼腊、曼么龙、曼蚌囡、曼景兰等寨。

闷遮赖：坝址在曼么锡，为竹龙石坝，坝高约1米，坝长30米，渠长20千米。灌溉曼达、曼么锡、曼养里、曼别、曼校、曼广洼、曼丢、曼八角、曼广卖、曼景栋、曼广龙、曼迈龙、曼景傣、曼暖典、曼么龙、曼么囡、曼占宰、曼难、曼真等20余寨。

闷南辛：坝址在曼景康，为竹龙石坝，坝高约1米，坝长30米，渠长10千米。灌溉曼贯、曼达、曼景康、曼咖、曼海、曼戛、曼红、曼广、曼洒、曼真、曼景蚌、曼醒12寨。

闷邦法：坝头在曼海达目（今为曼飞龙水库库区）为木马、竹木桩、竹笆坝，坝高约2米，坝长40米，渠长约15千米。灌溉曼飞龙、曼勉、曼岛、曼景蚌、曼真、曼勐、曼贡、曼庄海、曼景们、曼浓冯、曼景法等11寨子。

闷回卡：坝头在景法，为木马竹笆坝，坝高1.5米，坝长20米，渠长5千米。灌溉曼脑、曼景法、曼贺蚌、曼贺纳、曼树公5寨子。

闷回老：坝头在曼咖，为木马、竹笆坝、坝高1.5米，坝长15米，渠长3千米。灌溉曼咖、曼海、曼戛、景罕、曼洪5寨子。

闷南醒：坝头在“回醒”，距曼醒一里许，为木马竹笆坝，坝高1.5米，坝长30米，渠长3千米。灌溉面积曼醒、曼岛、曼景蚌3寨子。

闷回铣：坝头距曼迈后山一里许，木马、木桩、竹笆坝，坝长20米，坝高1.5米，渠长2千米。主要灌溉面积曼迈龙、曼景傣，曼暖典也有少部分受益。

闷南东：坝址在曼纽后山箐，为木马、木桩、竹笆坝，坝长 10 米，坝高 1.5 米，渠长 2 千米。主要灌溉面积曼纽、曼令，曼栋也有部分受益。

闷南哈：坝址在流沙河上游，筑坝不需竹笼木马，抬河床中的石头垒成一堤即行。坝长 100 米，渠长 5 千米。主要灌溉曼暖典、曼景傣，曼迈也有部分受益。

闷回管：灌溉面积 13000 纳，4 纳为一亩，计 3250 亩（具体灌溉村寨不详）。

景洪县水电局修纂《景洪县水利志（下册）》（评审稿）记载了刀学兴口述的《勐景洪的灌溉系统及其管理和官田分布》（详见本章附录 2-1），具体给出了勐景洪“闷杰莱”、“闷南辛”等 13 条水沟所灌溉的田亩数：

1. 闷杰莱（意为接南兴河的沟）——是指南兴河的下游，灌田 16000 纳。

2. 闷南辛（河沟名）——灌“纳按法”（招待汉官的田）和“纳洒田”（沙滩田）1600 纳，灌曼达的田 200 纳。

3. 闷邦法（以水源在“邦法”而得名，“邦法”是景洪到勐龙途中的一个地名）——灌纳隆东贡、纳隆东柯（大园田）、版毫西两等田，共 18000 纳。

4. 闷裴颠（意为不漏水的沟）——灌纳隆曼洪、纳曼迈等田共 3370 纳。

5. 闷回老（意为芦苇箐沟）——灌纳隆曼红（宣慰使的大田）。

6. 闷回喀（意为从埋喀树的箐里流下来的水沟）——灌纳掌、纳东广（纳勐的田）。

7. 闷回解——灌曼书公的田（是波勐的田，地点在皮角）、纳波勐贺（招待汉官的田）。

8. 闷南肯（河名）——由曼贯起灌纳东纳、纳东养，以上都在曼达地界；又灌版隆纳两（1000 纳秧田的水田）。

9. 闷南永（意为“菩萨划定的水沟”）——共灌田 16950 纳。

10. 闷南哈（意为流沙河沟）——灌曼峦典等寨的田。

11. 闷南坎（意为金色的水沟）——灌纳召戛（管街子的官的田，田在曼迈、曼景保等寨)。

12. 闷南端(意为叶子水沟)——灌曼郎等寨的田。

13. 闷会广(意为鎺沟)——灌田 13000 纳。

从所建立的管理架构看，我们对当地傣族的水利管理有以下几点认识。

其一，水利管理是最高级别的管理，均由地方政权中的最高行政官负责，反映出水利事业在传统农业社会中的重大意义，水利制度是傣族社会制度的根本。而国家的建立必以一个庞大的水利构建为基础，以景洪为中心的傣族“景龙金殿国”王朝的建立之历史就是最好的例证。

其二，水利管理是具体的，责任到人，由专人负责，各级政权机构都有具体的负责人，每条沟渠也具体到人。这是傣族社会的一项具体制度，也是它的一个传统。

其三，双线管理，“家臣”管理存在并与行政体系并列，反映了这种管理制度具有典型封建社会性质。“波朗”是官员，而“陇达”并不是官员。从现有的相关材料看，这样的管理似乎比较有效率。其原因可能是家臣系统强化了行政系统，使行政系统多了一条信息渠道，特别是对于高官和大贵族。他们往往是住在城中，其职田是派给各村村民种植，对水利灌溉情况并不能及时了解，而是由“陇达”传达。再有是这种管理架构也适应当地社会发展程度。傣族社会发展比较平缓，从原始公社而来的封建农奴制，还大量保留着原始公社的遗迹，无论是社会心理、思维习惯、制度建设都没有完全脱离原始公社的影响。

其四，京畿之地特别管理。“勒斯廊”直接管理本地所属的水利，有利于它在相关管理中对管理条例和法规的具体化。

## 二、行政命令与治水法规并行

在傣族水利灌溉制度中，既有因每年时节不同而上传下达的行政命令，也有根据常规的通则以法律形式明确的治水法规，二者并行不悖，相辅相成。

1. 行政命令的制定与贯彻

水利管理是“勒斯廊”和“勒贯”两级政权的重要职能。每年进入春耕生产之前，都要召开议事厅主要官员“细卡真”（四大宰相）、“别卡真”（八大宰相）及各级地方官员“召陇”（类似于如今乡长）、“召火西”（行政村长）、“奶曼”（自然村长即村中头人）参加的会议，专门研究水利灌溉及农业生产有关事项。会后，由文书用傣文书写修水利命令，通知到各村寨。命令发出后，又派出议事厅官员巡视，监督执行（见存文2-2：议事庭长修水沟命令）。

## 存文 2—2 议事庭长修水沟命令[①]

召孟光明、伟大、慈爱，普施10万个勐。作为议事庭大小官员之首领的议事庭长，遵照松底帕翁丙召之意旨颁发命令，希各“勐当板闷”和全部管理水渠灌溉的“陇达”照办：

一周年过去了，今年的6月（新年）又到来了，新的一年的7月就要开始耕田插秧了。大家应该一起疏通渠道，使水能顺畅地流进大家的田里，使庄稼茂盛地生长，使大家今后能丰衣足食，有足够的东西崇奉宗教。

命令下达以后，希“勐当板闷”及各“陇达”官员，计算清楚各村各户的田数，让大家带上圆凿、锄头、砍刀以及粮食去疏通渠道，并做好度水筏子和分水工具，从沟头一直到沟尾，使水流畅通无阻。不管是1000纳的田、100纳的田、50纳的田、70纳的田，都根据传统的规定来分，不得争吵，不得偷放水，谁的田有30纳也好，70纳也好，如果因缺水而无法耕耘栽插，即去报告“勐当板闷”及“陇达”，要使水能够顺畅地流入每块田

① 资料来源：魏学德，景洪县水电局．景洪县水利志（评审稿，下册）[Z]．1993年9月：536—537.

里，不准任何一块宣慰田或头人的田因干旱而荒芜。各“勐当板闷”官员，每一个街期（5天一街期）要从沟头到沟尾检查一次，要使百姓田里之水，真正使他们今后够吃、够赕佛。

如果有谁不去参加疏通沟渠，致使水不能流入田里，使田地荒芜，那么官租也不能豁免，仍要向种田的人每100纳收租谷30挑（750千克）。如果是由于“勐当板闷”等官员不分水给他，就要向“勐当板闷”收缴官租。如果是城里官员的子侄在哪一村种田，也要听“勐当板闷”的通知，按时到达与大家一起参加疏渠（见图2-2）。如有人贪懒误工，晚上喊他说没有空，白天喊他说来不了，就要按照传统的规矩给予惩罚，不准违抗，这才符合召片领的命令。

其次，到了10月以后，水田和旱地都种好了，让“勐当板闷”、“陇达”等官员到各村各寨做好宣传：要围好篱笆，每庹栽3根大水桩，小木桩要栽得更密一些，编好篱笆，使之牢固，不让猪、狗、黄牛、水牛进田来。如果谁的篱笆没有围好，让猪、狗、黄牛、水牛进田来，就要由负责这段

图2-2　修沟（图片来源：《画说贝叶经》）

篱笆的人视情况赔偿损失。有猪、狗、黄牛、水牛的人，要把牲口管理好。猪要上枷，狗要围栏，黄牛、水牛和马都要拴好。如不好好管理，让牲口进入田地，田主要去通知畜主。一次两次若仍不理睬，就可将牲口杀吃，而且官租也由畜主出。

以上命令希望各村各寨宣布照行。

傣历 1140 年 7 月 1 日写

这份命令原由傣文写成，后被翻译成汉文，现收藏于张公瑾先生的《傣族文化研究》。对这分命令的解读，可参见其著作，[①] 也可参见《高立士傣学研究文选》。傣历与公历相差 638 年。该命令距今（2008 年）已整整 230 年了。直到 1950 年，该地区还停留在这个社会历史阶段。这个命令真实地反映了西双版纳地区水利管理制度的真实面貌，对该地区传统水利灌溉制度的说明很有代表性。

命令由最高行政机关发布，并直接到各村寨宣传，具有较高的权威性，表明水利事业在当地社会的重要性和政府的重视程度。同时，该命令也成为我们今天认识和了解傣族传统水利灌溉制度的重要历史文献。

从命令的内容看水利制度管理有以下几个特点。

其一，这种命令每年一次，是议事厅机构正常的管理过程，均在傣历新年以前发布，实为全区的一个春耕动员令。所以，西双版纳的春耕生产是从修水沟开始。也表明传统水利制度管理是一种“常态”化管理，而不是“运动式”管理。

其二，命令对象既是各级官员，也是全区的百姓，各种规定都非常具体。这反映了少数民族具体化思维的特点，既便于具体操作，也便于百姓理解和遵行。

其三，对其常见的违抗命令的几种形式，不管是谁都有具体、明确的处罚规定。这反映出封建领主的治水理念以及其遵行的治水规则。

① 张公瑾. 傣族文化研究［M］. 昆明：云南民族出版社，1988：10—11.

适用于各灌区的通用命令下达了，贯彻到每一灌区又有各自的不同管理方式，现以景洪县水电局修纂《景洪县水利志》中《景洪的水渠管理和水规》（详见本章附录 2-2）所记载的景洪坝子闷那永、闷邦法、闷杰莱三条水渠管理为例，可见一斑。①

闷那永沟渠，全长 25 千米，受益村寨有曼贺勐、曼列、曼沙、曼伊坎、曼回索、曼东老、曼腊、曼么隆、曼么囡、曼蚌囡、曼景兰共 11 寨。每个村寨都设有“板闷”一人，各村寨管理水沟的“板闷”，正、副水利官设在水尾寨和水头寨。水尾寨曼景兰是宣慰使官所在地，正职水利官设在这里，被宣慰使司署封委为“帕雅板闷景兰”，即帕雅级景兰水利官；副职设在水头寨的曼贺勐，称为“乍板闷贺勐”，即乍级曼贺勐水利官。他们带领各寨的“板闷”，负责动员各寨农民修沟，检查渠道，灌田时分配水量，维持水规，处理水利纠纷等（见图 2-3）。

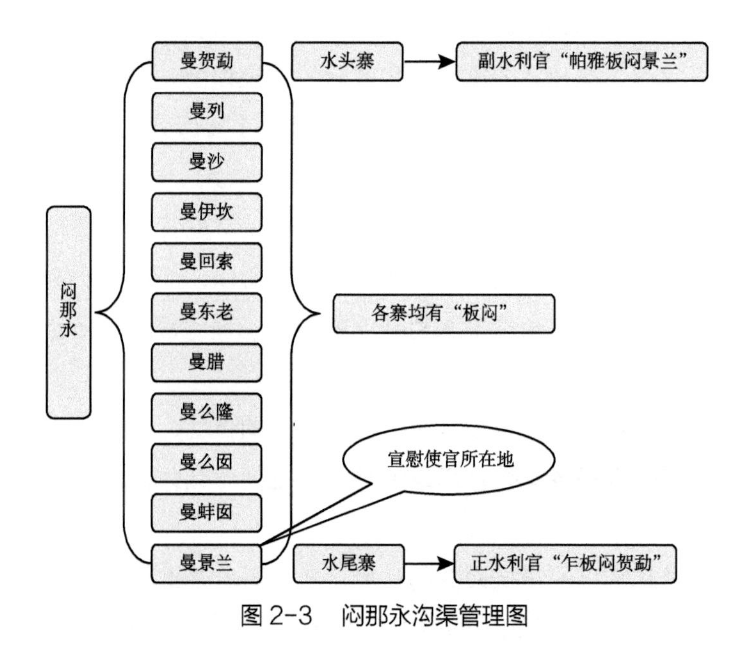


图 2-3　闷那永沟渠管理图

① 资料来源：魏学德，景洪县水电局．景洪县水利志（评审稿，下册）[Z]．1993 年 9 月：530—538.

闷邦法受益村寨为曼飞龙、曼勉、曼岛、曼景保、曼真、曼勐、曼共、曼庄嘿、曼景勐、曼景法、曼龙枫 11 寨。闷邦法水渠设“乍波闷”、“乍咩闷”二人。“乍波闷”为正职，设于沟头曼飞龙寨；“乍咩闷”是副职，设于渠尾曼龙枫寨。曼龙枫、曼共又有一条支沟，该支沟又设两个板闷，设在曼共的叫“乍板闷”为正职，设在曼龙枫的叫“乍咩闷”为副职。这条支渠的板闷由宣慰使召片领任命，傣历 7 月（即公历 5 月）是任命板闷时间。板闷到宣慰使司署接受指令，负责管理水渠。如召片领的官田用水不足而减产，板闷有赔偿的责任。有一年，曼龙枫的“乍咩闷”就曾赔谷 30 挑（即 750 千克）。管支渠的曼共、曼龙枫的板闷共有一个板闷委任状，由正职曼共板闷负责保管（见图 2-4）。

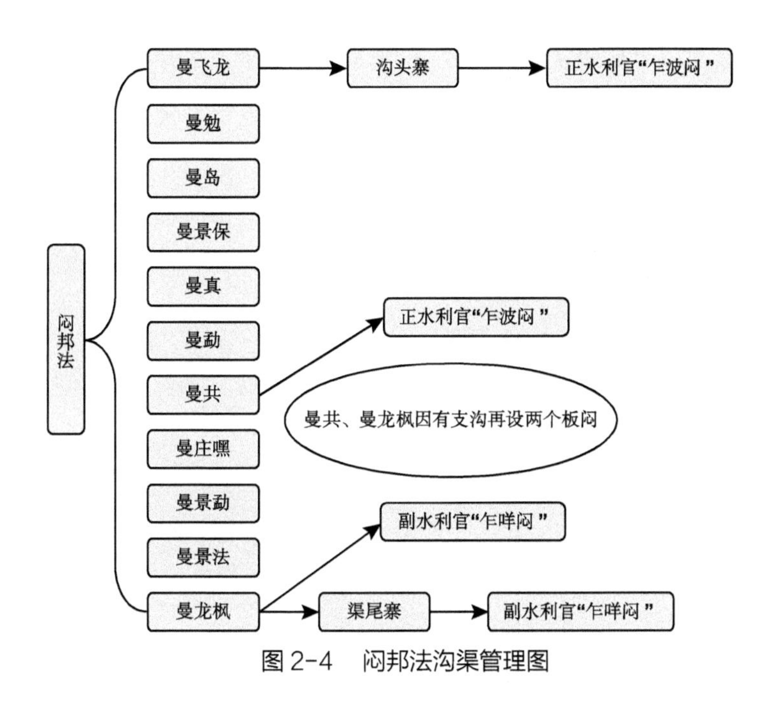

图 2-4　闷邦法沟渠管理图

闷邦法水渠管理人员的设置和南闷永略有不同，有的受益寨由负责为宣慰使收租谷的“陇达”兼任板闷，如曼柯松就是这样。“陇达”免上官租和服劳役。

闷杰莱水渠受益村寨有曼达、曼养里、曼宰、曼别、曼校、曼广瓦、曼丢、曼坝过、曼广迈、曼景栋、曼广龙、曼迈龙、曼景代、曼峦典、曼么龙、曼么囡、曼占宰、曼南、曼洼、曼真20寨，受益面积中职官田约16000纳。主渠全长12.5千米，由4个板闷管理。正职"帕雅板闷"设在曼洼，副职在曼广龙，职称也叫"帕雅板闷"，设在曼真、曼养里的称"乍板闷"。这条水渠的"板闷"，和其他水渠的"板闷"一样，由群众推选，由宣慰使司署任命，发给委任状。受委任的"板闷"，要按级别高低，向发委任状的召龙纳花（右榜元帅）送礼，帕雅级送半开15元，乍级9元，先级3元，外加槟榔一串，酒一瓶，腊条2对。这条水渠由召龙纳花代表宣慰使管理。"板闷"代其向种田户征收贡物，征收标准为：交槟榔一串，无槟榔者缴纳铜板6个；槟榔上缴召龙纳花，铜板归"板闷"收入。3个副职的分工：曼广龙的"帕雅板闷"分管曼广迈、曼景栋、曼广龙、曼景代、曼么龙、曼么囡、曼南；曼真的"乍板闷"分管曼占宰、曼洼、曼坝过、曼暖龙、曼丢、曼校、曼广瓦、曼别、曼宰；曼养里"乍板闷"分管曼养里。正职统管全面，兼管曼达、曼迈龙。每个寨有一个板闷，其中曼广瓦、曼校、曼丢、曼坝过四寨是由"陇达"兼"板闷"。（见图2-5）

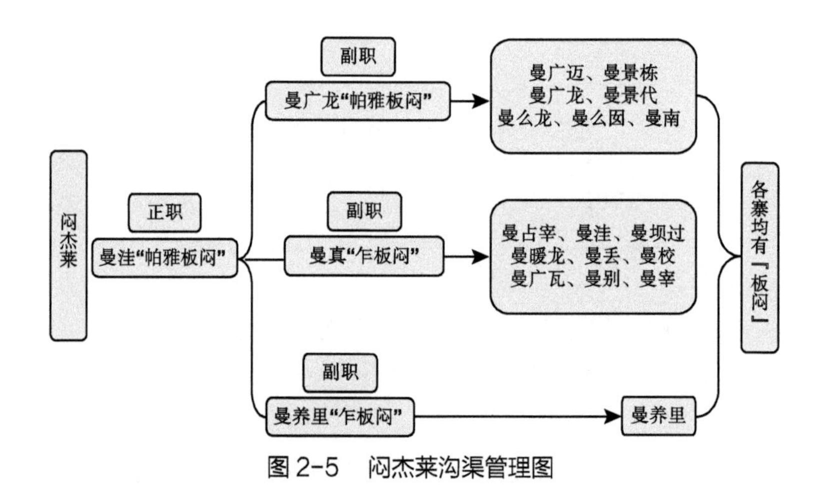


图2-5　闷杰莱沟渠管理图

### 2. 治水法规

法律是管理的最高形式，也是制度化的最高形式。封建领主政权为更好地维护水利灌溉现行的体制，建立了相应的治水法规，成为传统水利灌溉制度建设的一项重要内容。法律化说明其制度化建设进入高级形式，是封建农奴政权进入到了“依法治水”的阶段。高立士先生对傣族治水法规有具体研究，现转述如下。

封建领主政权“勒斯廊”议事厅制定的法规《西双版纳傣族法规》第三章第三节，对破坏农业生产中具体破坏水坝、水渠，破坏水规、偷放水及妨碍灌溉等如何处置均有如下具体规定：

第 30 条，破坏水渠，罚银 440“罢滇”；[①]

第 33 条，未经田主同意，用鱼笼安放在其灌沟中捕鱼，罚银 220“罢公”；

第 34 条，将鱼笼安放在田埂水口处捕鱼，在孕穗期，罚银 220“罢公”，在抽穗期，罚银 330“罢公”；

第 38 条，未经田主同意，挖沟从他人田里经过，罚银 220“罢公”。

在《封建法规译文》中，对有关违反水利的处置又有新的规定补充如下：

（1）派修水沟不去者，偷放别人田里的水者，都罚（空）银“怀伴”（即二两四钱二分）；

（2）在别人田里挖水沟者，罚（空）银“怀伴”（即 2 两 4 钱 2 分）。[②]

也有作如下记载的：

派修水沟不去者，即罚银 100“罢公”；

偷放别人田里的水，灌自己的田者，罚银 101“罢公”；破坏水规，偷放水渠的水，罚银 404“罢公”；

故意将水口放大者，水利监有权按情节轻重予以罚款。情节重罚干槟榔 1 串（1 千克）、猪 1 头（50 千克）；情节轻者罚干槟榔 1 串，银元 1—3 元不等。

“罢公”“罢滇”是傣语量刑专用词。“罢”是傣族清代以前的币制计量单位，1“罢”等于 3 钱 3 分银；“滇”意为实数，表明罚款要交足该数；“公”

① “罢滇”、“罢公”是傣语量刑专用词。“罢”是傣族清代以前的币制计量单位。

② 《民族问题五种丛书》云南省编辑委员会．中国少数民族社会历史调查资料丛刊——西双版纳傣族社会综合调查（二）[M]．昆明：云南民族出版社，1984：28.

意为虚，表明不足该数，约为实数的 2/3。

前文提及的《景洪的水渠管理和水规》一文中“水规”这一条目记载着：“水利官每 5 天沿沟检查一次，若发现有人偷水，有意将分水筒洞口放大者，水利官有权按情节轻重予以罚款。情节严重者罚槟榔一串（1 千克）、猪一口（50 千克左右）；情节轻者罚槟榔 1 串，半开 1 元、2 元、3 元不等。”[①]

可见，上述几条召片领治水法规，条文不多，却很具体、全面，量刑轻重层次分明，易操作。结合前面的议事厅长修水沟命令，封建领主的治水思想有 4 点。

其一，经济处罚。在上述的所有处罚中，我们看到的都是经济处罚，这些处罚针对的都是个人行为。个人行为中对水法的破坏又是由于不顾集体利益及他人利益的争水，也有的是行为散漫没有公德。其中没有我们今天所说的行政或刑事处罚。

其二，违者重罚。破坏水渠，罚银 440“罢滇”，440 罢滇合 14 两 5 钱 2 分。1950 年合 145.20 元半开，按当时粮价可买 4830 市斤（2415 千克）稻谷，合 100 挑（2500 千克）谷子，相当于中等农户年产量的 50%—70%，也是贫农全年产量。如此重罚之下，无人敢犯。

其三，贵族后裔与庶民同罪。

其四，执法者渎职，罚其代民交租。这两条反映出傣族原始质朴的公平观念，缺失公平支持的任何制度都是不可能长期存在的。傣族水法及整个水利灌溉制度遵循着自己的公平理念，在后面，我们将对其有更深入的探讨，在此不再赘述。

## 三、“科学”严格的检查验收制度

开沟修渠是水利建设的首要环节，其工程质量将直接影响未来的具体灌溉活动。传统的沟渠都是土质的，每年均须修理、疏通、加固。这些具

① 魏学德，景洪县水电局．景洪县水利志（评审稿，下册）[Z]．打印稿，1993 年 9 月：538.

体的工程技术活动，涉及沟渠深度、底宽或坡度、渗漏、牢固程度，又涉及各个村寨之间的分工、合作、各村寨劳力分配等，各项工作都要按时按量完成。在制度上，西双版纳的傣族创造性地发展出一套具有本民族特色的检查验收制度。

在前述的议事庭长修水沟命令中已有明确地阐述：“命令下达以后，希‘勐当板闷’及各‘陇达’官员，计算清楚各村各户的田数，让大家带上圆凿、锄头、砍刀以及粮食去疏通渠道，并做好试水筏子和分水工具，从沟头一直到沟尾，使水流畅通无阻。”即在议事厅长发布修水沟命令后，各灌渠的正、副水利监通知该渠受益的各寨“板闷曼”开会，确定修沟挡坝的具体日期；各寨根据受益面积多少，历史上早已分好的修渠任务，其起止段落均有明显的标志，各寨自己组织力量，按种田户每户出男劳力1人，统一指挥、统一行动，修好本村寨的沟渠。在工程完成以后，要举行放水仪式，杀猪宰羊祭祀水神，同时检查各村寨修理水沟、水渠的工程质量。

其他的相关文献记载的检查验收情况与上述议事庭长修水沟命令提及的内容大同小异，如《勐景洪的灌溉系统及其管理和官田分布》一文中载有：“每年傣历五、六月，修理水沟一次。完工后，用猪、鸡祭水神，举行‘开水’仪式；同时就进行一次对各寨修理水沟的工程检查；从水头寨（曼贺勐）放下一个筏子，筏子上放着黄布，板闷敲着铓锣，随着筏子顺水而下；在哪一处搁浅或遇阻挡，就责令负责该段的寨子另行修好，外加处罚。筏子到沟尾后，把黄布取下，又去祭曼贺勐的白塔。”①

这里的试水筏子就是傣族检查沟渠质量的一种科学、简便的方法。如何检查沟渠质量？云南农业大学的诸锡斌教授曾有过详细介绍，②将其简述如下：

以景洪第一大水渠“闷南永”为例，首先用15—16厘米粗的毛竹扎一

① 魏学德，景洪县水电局．景洪县水利志（评审稿，下册）[M]．打印稿，1993年9月：527.

② 诸锡斌．试析傣族传统灌渠质量检验技术[M]//李迪．中国少数民族科技史研究（四）[M]．呼和浩特：内蒙古人民出版社，1988：118—128.

图 2-6　检查验收沟渠
（图片来源：《画说贝叶经》）

个长 2 米、宽 1 米的竹排。经过一个神圣的仪式以后，将竹排由正负水利监及水利员 2 人（一人在前鸣锣开道，一人在沟中牵着筏子），由沟头顺渠而下（见图 2-6）。竹排在哪寨修的水沟受阻，4 人就在该寨住下，一日三餐，需杀鸡备酒，热情招待。该寨头人要连夜动员全寨男女劳力第二天出动，突击抢修合格，并接受罚款，直到将人、筏送出本寨沟段，畅通无阻才算了事。检查涉及 4 个方面：对沟底检查，看其是否平滑和渠流水面是否保持平衡；对渠宽的检查，看渠水的流速是否发生变化，或者变宽或者变窄，对会引起分水量的变化；对弯道曲率的检查，看竹排能否顺利转过弯道，它对水渠保护有重要作用，如果弯道过大，在雨季水流加速，会冲毁水渠；对沟渠沿岸空间的检查，主要看灌木、杂草根系有无清除干净，防止其对坚固的水渠堤边的疏松，导致渗漏发生或毁堤。

另外，在水渠修好并安放好各村寨分水口之后，水利监要每 5 天定期巡视与不定期突然袭击检查相结合，发现沟渠阻塞或坍塌，即令所属村寨及时修复。其间，该村寨要杀鸡备酒、盛情招待水利监，直至沟渠修通为止；若发现损坏水渠、偷放或多占水等违反、破坏水规水法行为，则及时处理，不徇私或拖延。

## 四、公平合理的分水制度

历史上，在全国各地因水发生的争水、抢水乃至械斗不胜枚举，皆因水资源的有限和制度不规范或不明朗或不公平合理所致。在西双版纳地区却看到另一番景象：水资源被公平合理地分配了。在西双版纳的傣族的分水制度和技术很好地解决了水资源有限和上下游之间用水的矛盾，是一种较好的分水制度。一条沟渠要灌溉十多个村寨水田，水是如何分配到各村寨的？这些分配的依据是什么？我们认为主要有3个因素：传统分水技术（分水器）的应用；科学合理分配水资源；对违规争抢水行为的及时查处。

### 1. 传统分水技术的应用：分水器

分水器是傣族人民在长期实践中的发明创造，为傣族传统分水制度提供了很好的技术支持。分水器由两部分组成，一部分是木质的配水量具，当地傣族称之为“根多”、“坚伴南”，汉译为竹筒塞；另一部分为配合水量的标准输水管道，为竹筒所制，当地傣族称之为“楠木多”或“多闷”。“楠木多”设置于渠底之下，但离渠底有一定高度防止淤塞，利用“楠木多”的不同数量和“根多”组合来分配水量。分水器能很好地确定水量，是傣族分水制度的关键技术。[①]

利用分水器分水有一些具体的技术环节。在灌溉中分水标准叫斤、两（荒）、钱（提）、颠等4个等级，[②] 计算水流量的单位是百水、千水，一斤水估计就是一千分水。据《景洪的水渠管理和水规》记载：“水利官‘板闷’掌握着一个特制的圆锥形木质分水器，上面刻着‘伴、斤、两、钱’的度数（所谓‘伴、斤、两、钱’是用来测定流量大小的特殊单位，并非重量单位）。各村寨都有分沟、支沟，纵横部分在田间，从主沟到分沟、支沟之间，从分沟、支沟到每块田的注水口，都嵌一个竹筒放水，按照水田受益面积应得的水流量，100纳的田分一‘伴’即二斤，50纳分‘斤’，30纳分‘两’，20纳分‘钱’，在竹节上凿开与之相适应的通水孔，分水器就

① 分水器在一些地方又称之为“颠”和“斗”，斗分为十格，每格为一百水，共一千水。

② 《民族问题五种丛书》云南省编辑委员会．西双版纳傣族社会综合调查（一）[M]．昆明：云南民族出版社，1983：36.

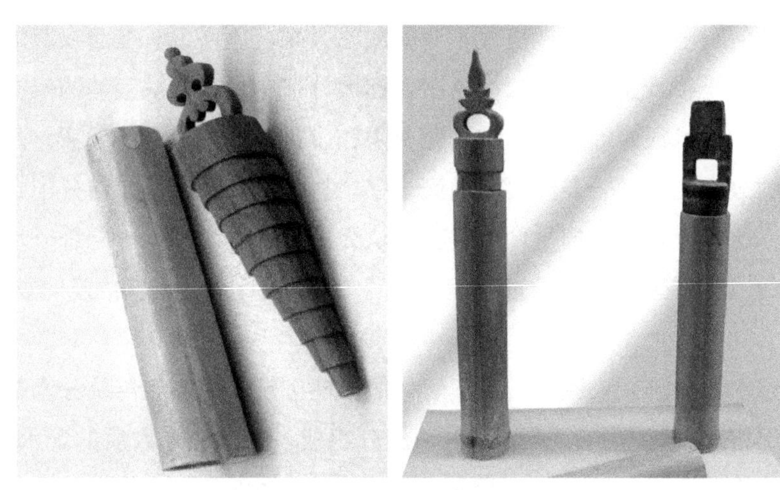

图 2-7　分水器（秦莹 摄）

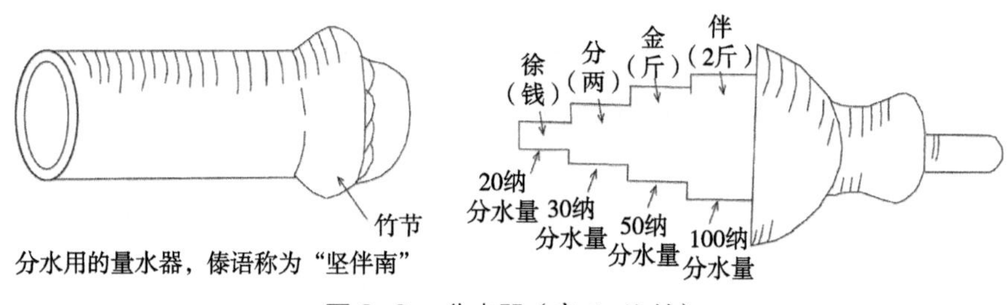


图 2-8　分水器（李云 绘制）

是用来测定通水孔的大小（见图 2-7、图 2-8）。”①

2007 年 9 月，我们到当地曼沙做调查，向多个当地傣族群众请教了如何调节水量。据当地傣族群众所说，一般使用手掌作为竹筒孔径的量具来确定水量：用 4 个手指、3 个手指、2 个手指、1 个手指（多为大拇指）作为竹筒孔径大小测定，而对水的流速、水压都没有考虑；具体 4 个手指、3 个手指、2 个手指、1 个手指各为多少水量村民说不清楚。另据高立士先生所说“1 指宽的方洞为 2 两，2 指宽的方洞为 4 两，5 指宽的方洞为 1 斤。”②

① 魏学德，景洪县水电局．景洪县水利志（评审稿，下册）[M]．打印稿，1993 年 9 月：526.

② 高立士．高立士傣学研究文选 [M]．昆明：云南民族出版社，2006：83.

可见，这种水的流量控制，都是经验性的，并未上升到理论层次，同时也是很粗糙的。当然，一般的水渠深度有限，流速也不是很大。对傣族传统水量计量，还需用现代科学计量规制进行厘定，才能有更深入的认识。

分水器不但是一种实用的技术，更是一种权利的象征。经召片领“勒斯廊”议事厅授权，分水器由“板闷龙”掌管，同时也就意味着掌管了该灌区分水大权，一经分定，就是法定，不许肆意更改，违者重罚。

2. 科学合理的分配和调配水资源

一条沟渠往往要灌溉十多个村寨水田，只有公平合理的分配才不会产生大的矛盾。这样分水必须公平、合理、细致，还要有权威性。在西双版纳的整个灌区，每条沟渠受益多少村寨，每寨有多少水田面积、每份田的田名、地形，水利员都了如指掌并用傣文登记造册。根据村寨所拥有的田地情况，每寨设置一定数量的水口分配一定的水量，每个水口应分几斤几两水均用傣文登记造册，正、副水利监各执一本，各寨“板闷龙”也有抄本。召片领议事厅及各勐议事厅也有相关范本存档，以备将来有争议时查察。各村寨因灌溉面积大小不同，需要的水量就有区别。对此，议事庭长在下达命令的时候就明确各村寨的板闷必须公平分水，“希各勐当板闷、陇达纳向百姓宣布：各寨不管 30 纳、50 纳、70 纳的田有多少，要多少水，都计算好……在分水时，不得争吵打架，如有哪寨 30 纳、50 纳、70 纳的田地，在撒秧时水还不到，寨上的头人应向板闷和陇达报告，陇达和板闷就应设法修好水沟和平均地分水，使能得到灌溉。不论百姓的、宣慰的田，1 纳都不能使它荒芜。”①

景洪县水电局修纂的《景洪县水利志（下册）》（评审稿）中的《景洪的水渠管理和水规》记载了景洪两条水渠“闷南永”和“闷邦法”在流经各村寨时的具体分水情况。②

---

① 魏学德，景洪县水电局．景洪县水利志（评审稿，下册）[M]．打印稿，1993 年 9 月：527.

② 魏学德，景洪县水电局．景洪县水利志（评审稿，下册）[M]．打印稿，1993 年 9 月：532，533.

（一）“闷纳水”水渠

闷南永受益的11个寨子各自分得的水流量如下。

（1）曼贺勐寨有分水洞10洞，其中两斤水的共8洞；四斤水的1洞；一钱五分的1洞。

（2）曼列寨有分水洞19洞，其中两斤的2洞；一钱五分13洞，一分五厘4洞。

（3）曼沙寨有分水洞25洞，其中一钱五分的17洞，一分五厘的8洞。

（4）曼侬坎寨有分水洞9洞，其中一钱五分7洞，一分五厘2洞。

（5）曼回索寨有分水洞19洞，其中两斤的4洞；一钱五分15洞（其中烤酒用水四分五厘）。

（6）曼东老寨有分水洞14洞，其中两斤的6洞；一钱五分8洞。

（7）曼腊寨有分水洞15洞，其中三斤的6洞；一钱五分3洞，一分五厘6洞。

（8）曼么龙寨、曼么囡寨共有分水洞10洞，其中两斤的8洞，一分五厘的2洞。

（9）剩余的全部流水归曼景兰、曼蚌囡使用。

（二）“闷邦法”水渠

据了解各受益寨的分水量为：

（1）曼勉有分水口两洞，每洞分到水流量8斤；

（2）曼岛有1个，分水流量为6斤；

（3）曼景保有3个分水口，每洞分水流量为4斤；

（4）曼真有分水口2洞，每洞分水流量为2斤；

（5）曼勐有分水口6洞，每洞分水流量为1斤；

（6）曼庄嘿有1个分水口，分得水流量6斤；

（7）曼共有1个分水口，分得水流量10斤；

（8）曼景勐有1个分水口，分得水流量6斤；

（9）曼龙枫有1个分水口，分得水流量14斤，其中曼景法有6斤。

傣族分水并不是完全恒定不变的，根据水田的具体状况有所调整。原则上，各村寨分多少水量，开多少个水口、每个水口个多少水量，一经分定就是法定，不得随意更改。实际上，傣族分水的依据主要是土地面积，由于各沟渠地形复杂，还需要考虑其他一些因素。如将水田分类为保水田和不保水田。一般认为每 100 纳水田需水量大于 2 斤的叫不保水田，小于 2 斤的叫保水田。大体上是比较平缓的水田叫保水田，坡度较大地区的梯田叫不保水田。同等面积的水田，保水田的需水量比不保水田的需水量要少，具体每一块田需水量多少，由管水员长期的实践经验并结合历史上的分水标准来决定，一旦定出标准后一般就不再改变。同时，近水渠的田与远水渠的田同等数量下需求水量（流量）也有一些变化，在分水时也考虑这些因素，因为传统水渠都是土沟，对水量的流失渗漏较大，考虑这种因素是很有道理的。如在《勐景洪的灌溉系统及其管理和官田分布》一文中就提到："分配水量是按各寨的田数计算，各寨再按每户的田数计算；并按距离渠道的远近，合并算出每处田应该分水几斤几两。如在曼景兰的'纳秀'、'纳档'（两块田的名称）同样是 100 纳，由于'纳档'的位置距离渠道较远，分出水来后，还要流经一条小沟才到田里，因此分得水量 2 斤；'纳秀'就在渠道旁边，分水后可以直接灌田，因此只配给 1 斤 5 两。"①

另据高立士先生介绍，在勐腊灌区，"用手指为分水器。在每个分水口上，横嵌一块木板，根据该分水口应得的水流量凿洞在木木板上，比如 1 指宽的方洞为 2 两，2 指宽的为 4 两，5 指宽的方洞为 1 斤水流量。与木质分水器一样，手指的多少就是测定木板凿洞的大小。为了便于操作，一般先凿好洞，然后再拿到分水口上嵌固；每到分水时，多由沟尾村寨的板闷负责沟头村寨的水利分配，以防渠头村寨多分水，占便宜"。

为解决多寨同时用水造成共时性矛盾，他们还使用分时、分期、分段用水方式。先将下段沟渠堵住，保证上段沟渠村寨的用水，然后将上段村寨的水口封住，不准放水，保证下段村寨用水。"沟头五寨栽秧时，沟尾六

① 魏学德，景洪县水电局．景洪县水利志（评审稿，下册）[M]．打印稿，1993 年 9 月：526.

寨阻水7天，支援我们五寨这一片完成栽插任务。今晚需各户将田埂关好，将水放满，从明天早晨起，我们须阻水7天，让沟尾6寨集中用水，整田栽秧，7天内不准偷放水，违者罚。”[①] 这种调配水资源，很好地解决了村寨之间同时用水的矛盾。

科学合理地分配和调配水资源，是傣族传统分水制度成败的关键，也是傣族传统灌溉制度的关键环节。西双版纳的傣族通过合理、公平分配水资源和科学调配，解决了传统用水中的矛盾。这一套分水制度，历经数百年实践和完善，具有很好的科学性和合理性。

### 3. 对违规者的及时查处

任何好的制度都会有不遵行者、破坏者。在上述的行政命令与治水法规中，对违规、违法者的处罚，都有具体的规定，在此不再赘述，仅对如何及时查处作一介绍。

迟到的正义就是不正义。任何违规如果不及时查处，就是对违规者的放纵，是对违规者的一种“激励”，只会导致更大范围违规的出现。这种经济学上所称的“破窗现象”表明，只有及时、认真地查处违规者，才能很好地执行既定的分水制度。在“勒斯廊”议事厅的规定中，就要求勐当板闷官员每5天到沟头和沟尾检查一次，从沟头走到沟尾；有个别不法分子钻定期检查的空子，利用板闷不检查的4天偷放水，“帕雅板闷景兰不辞辛苦，采取定期与不定期检查相结合，使偷水者措手不及，被抓获几起；偷水者又利用从渠尾……到该在水需时间空隙来偷水，他们摸清了帕雅板闷的规律……连连得手。正是魔高一尺，道高一丈，沟尾的板闷景兰与沟头板闷贺勐密切配合，由板闷贺勐每晚向沟头倒3—5次粗糠，谁偷水就会从分水口流入谁的田里。后来，干脆用粗糠拌入泥巴去阻塞分水口。以后……，只需逐个检查分水口，谁的分水口内一段田中有粗糠，即为偷放水之证据，违者无话可说，只好认罚。”[②] 这里，我们看到管理者与违规者的斗智斗勇的过程。如果管理者不能及时遏制违规行为，就是管理者不尽职、不尽责，其再好的分水制度都不能推行。

---

① 高立士．高立士傣学研究文选［M］．昆明：云南民族出版社，2006：88.

② 高立士．高立士傣学研究文选［M］．昆明：云南民族出版社，2006：87—88.

## 第二节 “板闷制”的支撑制度

“板闷制”作为傣族社会稻作生产得以长期维系的一种相对成熟的水利灌溉制度，在傣族社会经济发展中起到了至关重要的作用。它之所以能够如此成功地实行了上千年，除了“板闷制”本身具有切合傣族稻作生产实际的优点之外，还与“板闷制”有一套相对完整的支撑制度有关，正是垄林资源管理制度和土地利用制度的保驾护航，使“板闷制”的运转得以长期保持良好状态。

### 一、“垄林”管理制度

傣族是西双版纳的主体民族，他们居住在大森林的环抱之中。从他们那“森林是父亲，大地是母亲”的古朴信奉中可见他们对于森林有着强烈的依附心理。在长期与森林相互作用的生产生活中，傣族形成了对森林资源利用和管理的独特的方法和丰富的传统知识。其中，与稻作农业直接相关的就是“森林—水—田”的稻作生态系统观指导下的水利灌溉思想，不仅通过对神灵的敬畏这种无形的方式进行森林管理，而且通过法规民约的有形方式进行森里资源管理，从而对长期维护水利灌溉事业的发展起到了辅助作用。

1. “林—水—田”稻作生态系统

西双版纳傣族自治州拥有高等植物 5000 多种，占全国的 1/6；经整理鉴定的植物种类就有 3890 余种，归属 246 科，1471 属。森林面积为 113.78 万公顷。其中有自然保护区 360 万亩，原始森林 70 万亩。可再细分为用材林 43.7 万公顷，防护林 25.74 万公顷，薪炭林 2.38 万公顷，特用林 24.93 万公顷，竹林 9.15 万公顷，经济林 16.64 万公顷。具有经济价值的植物有 2000 多种；国家级保护的珍稀、濒危植物 58 种，占全国的 15%。山区茂密的森林植被为坝区民族传统文化提供了最基本的保障。① 森林作为一种自然资源，是人类生存环境中重要的组成部分，是傣族稻作文化得以维系的生产资料的重要来源，也是傣族长期积累农耕经验的物质基础。

据有关资料记载，早在古代，傣族人民就在开发利用自然资源的实践中，通过正反两方面的教训形成了自己的文化生态观，认为“森林是父亲，大地是母亲”。在选择寨址时考虑因素的先后顺序为“林、水、田、粮、人”。由此可见，森林在整个傣族人民的生活中占有非常重要的地位，傣家人利用森林，热爱森林，崇拜森林，很早就就形成了一套“林—水—田”的传统稻作生态系统的管理方法。

农田水利灌溉离不开水，而水除了老天下雨的恩赐以外，最终要的就是森林为水利灌溉提供的必要用水，尽管傣族先民并没有当今农业生态系统的观念，但从他们对“林—水—田”依附关系的朴素观念中可以看到他们传统的稻作生态系统观。

森林是“林—水—田”稻作生态系统的起点，它是整个稻作生态系统良性循环的首要环节。没有森林就没有水源，没有水源就没有水稻田，没有水稻田就没有鱼米，没有人们赖以生存的鱼和米，人类就不能繁衍生息。这里的“林”由以下几个要素构成。

（1）“垄林”，狭义指水源林。通常，傣族村寨后面的山坡上或山沟里

① 数据来源：崔明昆，陈春．西双版纳傣族传统环境知识和森林生态系统管理［J］．云南师范大学学报，2002（5）：123.

都要保留一片水源林，在其中伐木或在水源头进行污染性的活动都是被禁止的。如在曼点村，对于所有小溪源头附近的森林，过去人们都不去砍伐。人们认识到这些森林有涵养水源的功能，如果砍伐了这些森林中的树，小溪就会水量减少甚至干涸。从广义上看，垄林除了水源林之外，还包括坟山林、神山林。坟山林基本与水源林对称形成相对独立的森林区域，也是稻作所需水源的重要源泉。西双版纳傣族的“龙山”主要分布在坝区和海拔 900 米以下的低山区，现约 400 处。

（2）佛寺园林。傣族全民信教，村寨附近一般都有佛寺，而佛寺周围的园林是他们重点保护的林木。这对村寨水稻灌溉水源涵养也是一个非常重要的保障。佛教讲究清静而为，其核心思想是“缘起性空”，意思是宇宙万物都是因缘所生。佛祖有云：“此有故彼有，此生故彼生，此无故彼无，此灭故彼灭”。用现代汉语概括即为“相互依存”。以森林为例，有了树木才有森林，而森林的存活必须有土壤、水、阳光等条件；反之，森林的存在又保持了水土，因此，森林、水土等环境因素彼此间相互联系，相互依存，这就影响着傣族传统的“林—水—田”的稻作生态系统的观念。所以，佛寺里外均种植树木花草，和周围自然环境有机地融为一体，成为佛寺所有林，傣族长期以来就保持着育林、护林、绿化、美化环境的优良传统。

（3）竹楼庭院林。傣族建盖房屋都要在竹楼的四周种植树木。傣族人民是一个爱美的民族，村寨园林化是他们理想的生活目标之一。景洪有种植五树六花之说，即栽种贝叶树、菩提树、大青树、椰子树、槟榔树、玉兰花、鸡蛋花、荷花、野姜花、凤凰花、缅桂花。傣家庭园一般由 3—4 个部分组成，主要部分是在竹楼的后园，用绿篱和竹篱围起来，不允许猪或其他家畜进入，上层植物多为果树，木本蔬菜居中，如：厚皮榕（*Ficus cullosa*）等。第二部分位于楼前及周围，由于允许家畜动物活动，地面植物几乎长不起来，只能种一些果树，如香蕉和番木。还有一部分是设在竹楼的阳台上（阳台通常高 3 米，是傣家人洗菜、淘米之处），每家都有一至两个用木板制成的长盒，用以栽种香葱（*Allium ascalonicum*）、芫荽（*Coriandrum satiarum*）等佐料蔬菜。在西双版纳，每个庭园栽培的经济植物就有20—30种，一共有313种之多。这些植物的栽种一般在住房附近。因此，这些庭园植物不仅成为家庭消费的重要来源，还使村寨有了较好的生态环境，不仅造就了“屋在林中建，人在林中行”的美景，而且也为村寨附近稻作农田稳固了水源。①

（4）人工薪炭林。傣家人通常在家中用柴燃火塘，常年不熄，其能源用材人均2米$^3$/年。这两项生活用材每户居民每年在10立方米以上，要消耗掉大量的木材。然而傣族人民又是一个热爱森林、保护自然生态环境的民族，所以自古傣家人从不乱砍滥伐，生活所用的薪柴、建房用材都是由自己种植的铁刀木和龙竹提供的。铁刀木（*Casstu sinmea*），又称黑心树，属豆科，决明属乔木，高10米左右，木材坚硬致密，耐水湿，不受虫蛀，生长迅速，萌芽力强，树干易燃，火力旺，一般每3—4年可轮伐一次。因其越砍越萌发，一户5口之家只需种上2—3亩铁刀木，一年的烧柴问题便可解决。龙竹（*Dendrocalmus giganeus*），别名苦龙竹、大竹、大麻竹、凤尾竹、埋波（傣语），属禾本科，竹亚科牡竹属的大型丛生竹种，是竹子家族中最为高大的竹种，为良好的竹楼建筑用材。其笋味苦，不宜蔬食，但加工漂洗和蒸煮后能制作笋丝和笋干（玉兰片）。傣家人种竹多爱种植龙竹，每户人家都种有几簇，每次砍伐不能超过其竹簇的1/3。傣家人的这种做法不但满足了他们的生活需要，也在一定程度上为稻作生态系统涵养了水源。②

像“垄林”这样的热带森林，具有较好的保土保水能力。据研究，“垄林”下的土壤年均径流量只有6.57毫米，若毁林开荒后，土壤的年均流量为226.31毫米；垄林条件下，土壤冲刷量每亩年均只有4.17千克，毁了一亩“垄林”，每年每亩被冲刷土壤为3245千克。因此，“垄林”的保土能力是橡胶园林的4倍，是刀耕火种地的776倍；保水能力是橡胶园的3倍，

① 崔明昆，陈春．西双版纳傣族传统环境知识和森林生态系统管理［J］．云南师范大学学报，2002（5）：126.

② 崔明昆，陈春．西双版纳傣族传统环境知识和森林生态系统管理［J］．云南师范大学学报，2002（5）：125—126.

是刀耕火种的35倍。每亩“垄林”能蓄水20立方米，全州“垄林”150万亩，能蓄水3000万立方米，相当于3个曼飞龙水库，5个曼岭，曼么耐水库的蓄水量。

1958年以前，西双版纳森林覆盖，“垄林”密布，雨量充沛，水源丰富。过去，只有引水工程，没有蓄水工程；只有鱼塘，没有水库。全州45万亩水稻田靠森林“绿色水库”涵养水源，靠寨神林勐神林中流出的溪水河流，筑坝挖渠，灌溉农田，靠下雨弥补栽秧的水分不足。景洪坝子戛董乡曼迈寨200多户，100多人的人畜饮水及2000多亩水稻田的灌溉，就是靠山后“寨神林”涵养水源流出的箐水解决的。因此水名为“南罕”（即金水河）。若新召片领要举行加冕典礼，需派家奴专程挑此箐水到宣慰街，为召开领沐浴净身才能登基继位。

勐景洪最大的勐神林“垄南”神山，屹立在景洪坝之西，勐海、勐遮坝之东，勐龙、勐混坝之北，面积几万亩，主峰海拔2196米，森林茂密，野兽成群，水源丰富。这5个勐的主要河流均发源于“垄南”神山。景洪有南洼河、南兴河、南大河（其中的南糯、南咖两河源）、南抱河、南滩河、南俄河（今流入曼飞龙水库）、南格优河，南达纠河、南着良河9条；勐龙有南波威囡河、南波威龙河、南阿河、南罕河、南肯河5条；勐海有南海河、南回公河；勐混有南混河、南开河；勐遮有南回勐干河、流沙河的两个源头，即南坡及南佗拉河。流沙河流经景洪坝注入澜沧江，在景洪段建有5级水电站。

景洪坝传统灌溉系统由13条引水沟渠组成。其中，北边除引安山南谢河的“闷纳水”大沟（筑坝曼火勐）、引南东河的“闷南东”大沟（曼扭），引流沙河的“闷南哈”大沟（曼暖典）、引金水河的“闷南罕”大沟（曼迈）；南边除引南联山回卡箐河的“闷回卡”大沟（曼火纳）、引回广箐河的“闷回广”大沟、引回解箐河“闷回解”大沟（曼书公）、引南醒河的“闷南醒”大沟（曼醒）等8条大沟外，其余西边引南洼河的“闷遮赖”大沟（筑坝曼景康）、引南兴河的“闷南兴”大沟（曼达）、引南俄河的“闷邦法”大沟（今注入曼飞龙水库）、引南抱河的“闷裴电”大沟（曼红）、引攀枝花箐河的“闷回老”大沟（曼广）等 5 条大沟的河水均源于勐神林“垄南”神山。这 5 条大沟却灌溉了景洪坝区 50% 的水稻田。若再把勐龙、勐混、勐海、勐遮 4 个坝子引源于“垄南”神山的河流沟渠所灌溉的水稻面积给予统计，结果将是惊人的。千百年来，傣族人民之所以将勐神林、寨神林当作老祖宗来保护，是有其因果、源流、利害关系的。[①]

垄林除具有涵养水源的功能之外，对于稻作农田还有提供自然肥料和防风固田的功能。一方面，“垄林”中的植物，通过残留物归还土壤的灰分元素及氮素含量年均为 175.9 千克 / 亩，相当于施入土壤中硫酸铵 62 千克 / 亩，氯化钾 4.9 千克 / 亩。这些有机肥，通过雨季，源源不断地流经村寨，加上禽畜粪农家肥，一起流入农田，农谚说的“林茂粮丰，森毁粮空”，就是这个道理。农谚又说：“狗头大的黄金，不如寨脚一丘水田。”因为寨脚田的水肥充足，年年稳产高产。因而若全州 150 万亩“垄林”被毁，等于毁了一个年产 9300 万吨硫酸铵或年产 735 万吨氯化钾的化肥厂。[②] 另一方面，垄林是稻作生态系统预防风灾、火灾、寒流的天然屏障。以景洪坝子为例，除“垄南”外，勐神林还有 6 处，即“垄景维”（曼缅附近）、“垄召法龙”（曼养）、“垄梭洼”（曼忠海）、“垄邦朋”、“垄洞阳”（曼景兰）、“垄丢拉天”（曼德）。每一处勐神林，除“垄南”上万亩外，其他每处也有几百亩、上千亩不等，且多在坝子中央的丘陵高地，或平地凸起的小山包上。大风遇到“垄林”要减速，寒流遇到“垄林”要升温（因冬天林内比林外气温高）。[③] 景洪历史上，没有大风将房檐掀翻、将大树折断、连根吹倒的现象，或遭寒流袭击农林作物被冻死的现象。这对稻作的生长十分有利，无形中成了稻作系统维系的天然屏障。

---

① 高立士．西双版纳傣族传统灌溉与环保研究［M］．昆明：云南民族出版社，1999：32—33.

② 汪春龙．景洪县森林遭受严重破坏的调查［J］．云南林业调查规划，1981（2）：40—44.

③ 高立士．西双版纳傣族传统灌溉与环保研究［M］．昆明：云南民族出版社，1999：41.

### 2. 信奉神灵的无形管理制度

傣族是二元宗教信仰的民族，除信仰本民族的原始宗教之外，还把南传上座部佛教作为全民族的信仰，所以在每个村寨除了有“垄涉曼”，都建有佛寺和佛塔。对于神灵的敬奉和对于佛教的信仰，使得傣族形成了一套无形的借助神的威力来管理稻作生态系统之首的森林资源的管理制度。

#### （1）原始宗教信仰对稻作生态系统的无形管理

傣族相信灵魂不灭和万物有灵，而且认为人的生、老、病、死等也都是灵魂活动的结果，由此产生了灵魂崇拜和神灵崇拜。他们不仅认为有生命的生物有灵魂，而且无生命之物诸如山川、河流等也有灵魂，对那些与自己生产和生活密切相关的自然物，常常定期或不定期地对它们举行祭礼与膜拜，从而形成了傣族民间的“自然崇拜”。

傣族地区有着历史悠久的寨神、勐神崇拜传统，寨神是村寨的保护神，勐神是地方保护神（勐是比寨子更大的一个地区）。寨神和勐神共同构成了傣族稻作农业的背景性祭祀神祇。在傣族地区，家有家神，寨有寨神，勐有勐神。傣族有句俗话：“家长死当家神，寨主死当寨神，召勐死当勐神。”除家神有神位外，寨神、勐神多立有类似傣族干栏式住房的神宫，无论寨神、勐神的神宫或神位所在地皆为大片常绿森林，傣语称之为“毫”，意即树林。树覆盖的山则叫“毫”山，傣族认为山上的每一棵树都是灵物，严禁任何人攀爬、砍伐、摘枝、入内扫叶积肥和说亵渎神灵的话，即使树木枯死也要加以保护，傣族的经典书《土司警言》曾出现这样的告示“不能砍伐鼍山的树木，不能在竜山上建房，否则会触犯鬼魂、神灵和佛。但是有的地方的一些神山允许人们进去采药和收集肥料。”[①]

傣族与森林有关的原始宗教信仰有龙山、龙树、高山等。在西双版纳傣族居住的坝区和低山区，村寨附近由于原始宗教信仰而保留一些小片森林，当地村民不得随便进入砍伐和从事其他生产活动。这样留有小片森林的地方叫“垄山”，它是傣族对坟山、神山、风水林的统称。傣族将这

① 黄泽．西南民族节日文化［M］．昆明：云南教育出版社，1995：243.

种地方称作“BazhaLingpi”。“Bazha”的意思是一个用于祭祀的地方，“Lingpi”指向神的供奉，合起来译为神山之意。西双版纳有30余个大小不等的自然勐（勐即平川，俗称坝子），每勐均有“垄社勐”即“勐神林”；600多个傣族村寨，每寨均有“垄社曼”即寨神林“垄林”。顾名思义，“垄林”即是寨神（氏族祖先）、勐神（部落祖先）居住的地方。“垄林”的一切动植物、土地、水源都是神圣不可侵犯的，严禁砍伐、采集、狩猎、开垦，即使是风吹下来的枯树枝、干树叶、熟透的果子也不能捡，让其腐烂。为了祈求寨神、勐神保佑村民的人畜平安，五谷丰产，每年还要以猪、牛作牺牲，定期祭祀。由于垄山被视为有神灵依附，绝对不准砍伐，因而垄山的热带雨林，热带季雨林保存完整，这里有参天的大树，茂密的花草，还有许多形态各异的动物。垄山林中有150种珍稀濒危植物，100多种药用植物，这是一个天然的植物种子库和生物遗传基因库。在傣家人心中，这是神灵居住的地方，这里的动植物是神家园里的生灵、神的伴侣，人不能随便进入活动。如果随意砍伐、破坏，将会受到神灵的责罚。不仅如此，村民们还每年都定期对垄山进行祭祖活动，祈求得到神灵的庇佑。因此，垄山与外界相对隔离、人为干扰少。在热带雨林已遭严重破坏的今天，垄山由于隔离及受人的干扰小，生长状况良好，其残存的热带雨林片断已引起科学界的广泛重视，它就像是被农田、人工林等包围着的“绿岛”，保留着版纳最古老的植被。[①] 这对傣族稻作生态系统的维系和水利灌溉的正常进行奠定了坚实的基础。

除崇拜垄山外，傣族还崇拜“龙树”。傣族先民把许多参天大树当成“神树”而敬畏，如具有独木成林现象的高榕树（*Ficus altissima*）在傣族的历史长诗《厘傣》中就有“榕树上附有神灵”的说法。傣族村民有敬奉龙树、保护龙树不受破坏的习惯。有的神树还被作为“寨心”所供奉。“寨心”实际上就是一个村寨的灵魂，每年傣历3月（公历1月），由管魂不管人的“召曼”带领全体村民参加祭祖活动。这一天全寨停止生产，封闭寨门，不

① 崔明昆，陈春．西双版纳傣族传统环境知识和森林生态系统管理［J］．云南师范大学学报，2002（5）：124—125．以下关于“龙树”、“祭神”的祭祀内容也出于此。

许出入。除此之外，村社成员迁出和外村成员迁入，包括外来和外出结婚的男女成员，均要首先祭祀“寨心”，征得“寨心”的同意。这样一来，作为寨心的“神树”便被村民们自觉地保护起来。傣族除祭祀“寨心”外，还祭祀“寨神”。寨神是氏族、部落的保护神，多为先祖时的英雄人物。平时由专职巫师“召舍”供养在家中，到傣历 8 月和 1 月时都要举行全村的祭祖活动，地点就在村寨旁的“毫山”。傣族称祖先祭祀为“离”，因此毫山即为祖先寨神移驾的场所。通常以毫山中的一棵最古老、最繁茂的大树为寨神进行祭祀活动，祭祀活动结束时由“召舍”重申毫山规则：①不准砍树动草；②不准在此大小便；③除“召舍”外，其他人不准到寨神标志旁的寨神住所小草房去。这样一来，作为祭祀祖先的场所毫山也得到了保护。由于傣族对原始宗教的信仰，非常虔诚地祭祀祖先即“祭垄”，保护了祖先居住的家园——“垄林”。西双版纳借助“神”的力量保护的“垄林”面积，包括山坝区，全州不低于 10 万公顷，约 150 万亩。在保护原始森林的同时，也为稻作生态系统水利灌溉之水源的保护利用提供了无形的制度规范。

（2）佛教信仰对稻作生态系统的无形管理

佛寺是供奉佛主和专事赕佛活动的场所，不能建在寨中或寨脚，必须建在村头寨门外。因祭祀寨神祖先时，本村佛爷和尚与外村人一样，不能入寨门，既表达崇敬佛主，也视内外有别。佛寺常见栽培的具有宗教意义和实用价值的植物有 58 种，如佛主“成道树”菩提树、榕树、缅桂、石梓、樟树……佛经载体贝叶树、构树及赕佛用的香料、水果、花卉植物等，佛寺庭园成了“佛教植物园”。

据西双版纳勐海县勐混佛寺的手抄本傣文经书《二十八代佛主出世纪》记述，每一代佛主均有他的“成道树”。如第二十代佛主“底沙”的“成道树”是高榕树（*Ficus altissima*），释迦牟尼“古打麻”的“成道树”是菩提树（*Ficus religiasa*）。所以，“成道树”不仅受到信仰南传佛教的傣族的保护和崇敬，而且还在寺庙的庭院中和村寨里种植。尤其是“菩提树”，它代表着“吉祥”，种植后能在树下找到“安然自在”、“欢乐”和“鲜花开放”。据考证，西双版纳的热带雨林原来没有这种树，它是随佛教的传入而被引进的。相传佛主释迦牟尼为了摆脱生老病死轮回之苦，舍去王位，到处寻找人间真谛，在一棵菩提树下静修，战胜了各种邪恶诱惑，猛然觉悟，终于领悟到了真谛而修成了正果。根据傣文《贝叶经》的记载，包括释迦牟尼在内共有 28 代佛，释迦牟尼是最后的一位佛。他们悟道成佛都与一种树有关，释迦牟尼就是在菩提树下成佛的，其他佛分别成道于鸭脚木、猫尾木、榕树、聚果榕、千张纸、黄缅桂等树下。因而这些树木都是“圣物”应该精心保护。而且，人们把栽种“佛树”当成重要的善举，认为能获得佛的庇护，来生将获得幸福或进入仙境。傣族谚语告诉人们“不要抛弃父母，不要砍菩提树”，违者受罚。由于傣族把包括菩提树在内的“佛树”当成佛主或僧侣的化身，都把砍伐菩提树当成对佛的大不敬。傣族过去的法典中就有“砍伐菩提树，子女罚为寺奴”的条文。傣族村民由于从小就受到这样的传统教育，故而形成了自觉意识，并付之于行动。傣族的生态观就这样被一代一代地传承下来了。①

傣族认为对待植物就像自己的亲族，没有小孩的家庭要种植一棵菩提树代替，并且在树上挂一块布、一串佛珠，一个盛有食物的篮子，代表了植树人的孩子。移栽活了以后，还要请大佛来念经，极为虔诚，人与植物，似已融为一体。并且栽种菩提树时要唱《栽树歌》：“……吉祥啊，圣洁的树，不栽培在高山上，不栽培在深箐里，就栽培在寨子边，就栽培在水田边，在这里扎根，在这里茂盛生长……”② 尽管傣族村寨的村规民约起初并没有对佛教有关保护树木行为规范的文字记载，只是通过寨子里寨主或一些有一定威望的人口传沿袭下来的，但因为符合村民的共同利益，又是大家商议通过的，也就容易执行。宗教信仰教育人们不要随意破坏植物，不要参与对保护森林不利的恶业事端，鼓励种植与佛事相关的植物，对稻作生态系统顶端的森林保护产生了积极的作用。

① 吴建勤．傣族的山林崇拜及其对生态保护的客观意义［J］．湖北民族学院学报（哲学社会科学版），2006（1）：18.

② 转引自：崔明昆，陈春．西双版纳傣族传统环境知识和森林生态系统管理［J］．云南师范大学学报，2002（5）：125.

### 3. 法规民约的有形管理制度

法律是管理的最高形式，也是制度化的最高显形式。傣族封建领主通过制定一系列的法规制度来保障水利灌溉体系的顺利进行。傣族在长期与自然相处的过程中，自发地总结和归纳出了许多有利于保护水源和自然环境的村规民约，并内化为傣族人与自然和谐相处的道德准则。例如，傣族土司头人通过《土司对百姓的训条》等规定："寨子边的树木要保护，不要去砍"；"寨子上和其他地方的龙树不能砍"；"寨子边的水沟、水井不能随意改动，就是不要也不能填"。傣族最早的成文法规《芒莱法典》的第二部分也规定了许多破坏水源和自然环境的处罚条文。例如，其中规定了严禁破坏水渠和破坝偷水、放水捉鱼等行为，要保护水神祭坛的规定，违反者将受到严厉的"洗寨子"等惩处。[①]

另据有关资料记载，很早以前西双版纳召片领和各勐司署就在各民族村寨中设置有专管森林的山官，名曰"召腾"，其主要职责就是保护山区的原始森林及各村寨的"龙山"、"龙树"等，严禁乱砍滥伐。此外，封建领主还加重税收来限制民众新开荒地，以保护森林，且规定砍伐森林开荒要按各种实物计赋税，需缴纳很重的半开银元，而如果轮种歇地，则仅贡实物，种什么交什么，赋税较轻。对于他人种植的树木也加以保护。《西双版纳封建法规》中明确规定：

第 39 条：砍他人的槟榔树及贝叶树，罚银 550 罢滇；

第 41 条：砍他人的芭蕉树，罚银 100 罢滇；

第 49 条：砍他人的辣子树及绿叶树（傣族嚼槟榔的代用叶）罚银 220 罢滇。

对佛树的管理更为严格："砍伐菩提树"与破坏佛寺、杀死僧侣一样，"要判处死刑，其子女罚为寺奴"。对于那些建房用材需要伐木者，有明文规定：必须经此寨最高管理者批准，并在指定位置指定的数目内砍伐。上述这些法规民约是在一定生产力情况下产生的，有的是为了统治阶级维持

---

① 崔明昆，陈春．西双版纳傣族传统环境知识和森林生态系统管理［J］．云南师范大学学报，2002（5）：126.

林业的持续发展；有利于生产活动需要而制定的；有的是村民们在生产实践活动中用来约束自己的一种行为规范，与实际紧密结合，具较强的针对性。这些法规民约不仅为稳定社会秩序及官员施政产生了积极影响，更重要的是以上管理方式有效地控制了砍伐森林的数量，对稻作生态系统水利管理之源——森林资源起到了保护和维持的作用。

从傣族的封建林木管理法规中，我们可以总结出以下 3 点。

第一，封建领主以硬性手段确保制度的正常运转。这也是一种制度的权威性得以保证的必要手段。制度，是行为规范的准则，是万事成功的起点。常言道："没有规矩，不成方圆"。因此，这种硬性手段是制定切实可行的制度的前提和保障。

第二，通过村民的道德伦理进行约束。传统伦理道德是对社会生活秩序和个体生命秩序的深层设计，是傣族传统文化的核心，在这样背景下，人们言行受到道德价值严格地制约和影响，道德标准成为衡量事物以及人们言行的标准。因此，这种无形的道德伦理在当时的社会条件下起到了有效的约束作用。

第三，体现权力制衡机制。水是生命之源，但如果离开堤坝，则可泛滥成灾，危害生命。权力也是这样，当它在法律许可的范围内行使，可以造福群众，如果失去监督和制约，则危害人民。构筑牢固的权力防洪堤是一个造福于民的系统工程。不受约束的权力必然腐败，绝对的权力导致绝对的腐败。在傣族封建治水法规中，规定了贵族后裔与庶民同罪、执法者渎职，罚其代庶民交租，对官与民同时进行了约束，保证了法规的平等性。用现代的话来说就是：权利制衡了，腐败发生的几率就小了。

综上，"垄林"在整个稻作生态系统中，地理位置最高，占地面积最大，功能最多的一环。它既起到保持水土、涵养水源，制造有机肥料的作用，又起到植物多样性的储存库，农作物病虫害的天敌繁殖基地的作用；既可调节地方性小气候空调器的功能，又可预防风灾、火灾、寒流冻害的自然屏障。只有"垄林"所有的功能得到充分发挥，才能启动整个系统的正常运转，良性互动循环。因此，它是这一系统的主要环节。另外，

“垄林”是西双版纳地区傣族的民族植物文化表现，意指神居住的地方，在这个地方的动植物都是神的家园里的生灵，是神的伴侣，是不能砍伐、狩猎和破坏的。它是傣族早期对大自然崇拜的产物，借助于神的力量以求得人与自然环境的和谐一致。同时，“垄林”也与稻作农业的出现有关，“垄林”作为西双版纳傣族特有的民族植物文化，在傣族农业生产中发挥了重要作用。

## 二、土地使用制度

土地制度（形态）是决定一个社会性质的基础。因此，处于什么样的土地形态就决定了某个民族处于某个历史发展阶段，并对这个民族的社会政治、经济、文化产生着巨大的影响，可以说土地制度决定着一切。而土地制度的发展变化也会引起社会的变化，因此土地制度的发展变化与否，直接决定着建立在这一制度基础上的各种配套制度（包括水利灌溉制度的“板闷制”）。傣族的土地制度（形态）以“傣勐”（原始村社成员）组成的农村公社（或家族公社）集体占有的土地，在各个历史时期，在形式上没有变化，但实质上却发生了两次质变，经过 3 个阶段。即，第一阶段，土地为村社集体所有；第二阶段，最高统治者出现，进入早期阶级社会，土地形态第一次发生变化，变土地集体所有为一人所有，村社成员备受奴役，向统治者缴纳贡赋；第三阶段，最高统治者及领主集团掠夺“傣勐”村社土地，领主制形成，土地形态再次发生土地被划分为领主地段与农民地段，农民地段的土地被作为份地分给农民。领主地段的土地由领主直接占有经营，征派农民为之代耕，出现了封建地租的最原始形态——劳役地租。[①] 西双版纳傣族自 12 世纪末开始进入封建领主制（农奴制）社会以来，经历了数百年的历史，直到近现代（1949 年前）其封建领主大土地所有制不但没有什么变化，而且还在继

① 修世华．傣族社会研究的一组学术观点述评［J］．云南社会科学，1990（1）：71—72.

续发展。封建大土地所有制的发展就使其社会的政治、经济更加封建领主化，致使西双版纳傣族水利灌溉制度的长期存在有了最坚实的社会基础。

1.“召片领”独享土地所有权

西双版纳傣族传统的土地制度最主要的内容就是：所有土地都归最高统治者“召片领”所有，召片领将土地分封给各勐土司，各勐土司又逐级将土地分到基层村社，成年人都可向自己所属的村社领种一份土地，并承担相应的徭役地租。“召片领”独享土地所有权为“板闷制”的建立及其推行给予了存在的合理性。因为“召片领”一旦采纳“板闷制”的水利灌溉制度就能起到以权威慑服所有民众的作用。

“召片领”一人独享大权与西双版纳傣族封建领主制密切相关，因为封建领主制社会实行的是封建大土地所有制。在西双版纳傣族封建化的演变中，家族公社或农村公社末期时的公仆转化为个别的特权头人。其权力不断扩大，发展成为一个地区高居于人民之上的最高统治者，即君主。君主在无形中窃取了家族或村社的土地所有权，土地成为君主一人所有，终于出现了“召片领”。正如马克思所说：“**在每个历史时代中所有权以各种不同的方式，在完全不同的社会关系下发展着。**”[①] 土地的所有权最终属于最高封建领主“召片领”一人所有。江应樑具体到傣族社会说：“**整个西双版纳的土地，都全是领主（召片领）所有的土地。**”[②] 这种最高封建领主一人所有的封建大土地所有制在西双版纳傣族社会中表现得十分突出和典型。“召片领”意为“广大土地之主”。傣族民谚还说“南召领召”，意思是“水和土都是官家的”。因此，在西双版纳全部耕地、荒山、森林、江河、矿产及土地上的一切生物，皆是“召片领”一人所有。由于全部土地属于“召片领”一人所有，其结果是凡居住在辖区内的每一个人都要向“召片领”“买水吃，买路走，买地面盖家”。[③] 在傣族人民的观念也里都认为“一草

① 马克思，恩格斯·马克思恩格斯选集（第一卷）[M]. 北京：人民出版社，1972：144.

② 江应樑. 傣族史[M]. 成都：四川民族出版社，1983：460.

③ 曹成章. 傣族农奴制和宗教婚姻[M]. 北京：中国社会科学出版社，1986：75.

一木都是召片领的”，“所有土地都是召片领的”。[①] 更有甚者是在“召片领”管辖区内农民猎获野兽也必须将击毙时倒地的一面献给“召片领”；在土地上拾到失物，也要分一半给“召片领”；即使人死了还必须向领主送礼“买土盖脸”（埋葬）；农民盖房也要向领主献蜡条，求领主画个脚印挂在梁上，象征着他住在领主的土地之上。[②] 这一切的原因皆是因为土地是“召片领”的，从而表明“召片领”一人所有的封建大土地所有制的实质。[③] 从“召片领”对土地的独享权的绝对权威中，我们不难推理：只要“召片领”认可“板闷制”在稻作生产中的地位，就能够给予“板闷制”存在的合理性，在“召片领”没有给予否定之前，始终能够在他所辖之范围内长期存在。

西双版纳傣族在封建领主大土地所有制之下，土地的占有使用逐级下分，主要分为两大类，即领主（农奴主）地段和农民地段。领主地段是从“召片领”到各级领主、官员和头人直接占有经营的土地，包括属于“召片领”的“宣慰田”（纳召片领），属于召勐的“召勐田”（纳召勐），属于波朗的“波朗田”（纳波朗），属于各级头人的“头人田”（纳道昆）。波朗田、头人田是官员在职期间从村社所占有土地中划出的职田，认官职不认人，谁任职谁拥有这种土地。领主地段的土地最早是由农奴无偿代耕，这实质上是一种典型的劳役地租剥削。领主地段的土地数量不是太大，仅占了总耕地面积的14%，这是西双版纳傣族封建大土地所有制的一大特点。

农民地段的土地，有3种：一是属于村社集体占有分配使用的寨公田（纳曼），这种土地较多，占了总耕地面积的58%，凡是村社的成员都

① 中国少数民族社会历史调查资料丛刊——傣族社会历史调查（西双版纳之四）[M]．昆明：云南民族出版社，1983：95.

② 曹成章．傣族农奴制和宗教婚姻[M]．北京：中国社会科学出版社，1986：76.

③ 胡绍华．土地制度是西双版纳领主制迟滞发展的根本原因[J]．西南民族大学学报（人文社会科学版），2003（11）：1—2.后述“严密的份地制”和“平分土地，平分负担”主要借鉴该文第2—4页内容。

可以分得一份土地耕种；二是家族占有的在家族内分配使用的家族田（纳哈滚），占了总耕地面积的19%，家族田较多的勐混、勐笼等地区则占了30%—40%，甚至有的村寨全部是家族田，这种土地只要是家族成员都可分得一份；三是个人暂时使用的私田（纳辛），占总耕地面积的9%，是个人开荒临时占有使用的土地，按规定熟荒3年、生荒5年就要并入寨公田，所以这种土地还没有完全意义的私有。农民地段的土地无论属于那种形式都绝对禁止抵押、典当、买卖的。勐罕曼远寨的老叭（头人）说："土地是'召'的，因之，耕地买卖是绝对禁止的。该寨老叭说：'谁也不敢卖召的土地，卖田卖不了负担，谁敢有卖田的念头！"[①] 曾经任过西双版纳宣慰司署内务总管的刀福汉先生说："过去，西双版纳的土地是召片领的，任何人都是不能买卖土地的。"[②] 这体现了西双版纳傣族大土地所有制的实质。土地所有权牢牢地掌握在"召片领"一人手里，谁都不能破坏这种规矩，即使是私田（纳辛）也不许买卖、典当。到了近代，虽然出现了私田可以抵押、典当，但不能卖死，出卖期以3年或5年为限，到期原主可以收回，而且只能在家族或村寨内部"买卖"。在农民的观念里也认为土地不能买卖是天经地义的，甚至认为出卖土地是耻辱的事情。"在寨上大家把卖土地看作是'羞脸面'，'全寨耻辱的事'。'卖地吃，没有脸皮"。[③] 这种土地所有制可达到两个目的：一是可以将农民束缚在领主的土地之上，使之不能自由迁徙，更不能转化为自由民，保证领主有足够的劳动力，这就是"要把人束缚于自然（土地），土地所有权也许有必要"，说明领主掌握土地所有权的重要性；二是可以利用土地所有权的权力去驱使农民按照自己的意愿耕种并且掠夺农民的劳动产品，"必须具备所有权的全部魔力，才能从耕

---

① 《民族问题五种丛书》云南省编辑委员会．中国少数民族社会历史调查资料丛刊——傣族社会历史调查（西双版纳之八）[M]．昆明：云南民族出版社，1985：41.

② 《民族问题五种丛书》云南省编辑委员会．中国少数民族社会历史调查资料丛刊——傣族社会历史调查（西双版纳之十）[M]．昆明：云南民族出版社，1987：83.

③ 《民族问题五种丛书》云南省编辑委员会．中国少数民族社会历史调查资料丛刊——傣族社会历史调查（西双版纳之五）[M]．昆明：云南民族出版社，1983：45.

者那里夺去他不能视为已有的产品余额。”[①] 西双版纳的封建领主正是利用土地所有权的魔力对农奴推行各种“召片领”认为是合理的土地经营方式和管理制度，使“板闷制”得以长期合理合法地存在并发挥作用，以此建构起对水利灌溉制度的绝对权威。

### 2.“平分土地，平分负担”土地使用制度

“召片领”对土地的独享权并不等于他就能一人行使土地的使用权，在严格的最高封建领主一人土地所有权之下，又实行了严密的份地制和均分负担制，这二者才是保证“板闷制”长期贯彻的根本力量。

在西双版纳傣族封建领主制社会中按规定村社成员必须领取一份份地，这种份地制度还制定有封建法规进行保证。规定年满18岁的男性村社成员必须领取一份份地，不能无故不接受份地，直到50岁才可交回。这种份地制度强行将农奴束缚于领主的土地之上。份地制是将农民束缚在领主土地上的枷锁，使领种份地的农民与领主建立起依附关系，这种依附关系严重的阻碍了农民迁徙的自由。正如民谚所说：“进寨不容易，出寨也困难。”因为农民要交出份地，脱离村社，迁往他地要受到严格限制，一方面村社成员对外迁者有强烈的舆论压力，原因是迁走一户就必然要增加大家的负担，群众对这种事是非常气愤的；另一方面，领主又用种种手段对外迁户进行刁难，甚至采取惩罚、镇压等手段对付外迁农民，即使获准外迁，迁徙范围也要受到限制，一般不能迁出本勐地区。[②] 这是西双版纳傣族土地制度的一大特点，它使农民永远离不开领主的土地，强化了封建领主制，也使“板闷制”能够按照封建领主的意志长期贯彻。

份地上的农民不仅要耕种自己的份地，而且要向“召片领”缴纳贡赋，因为“南召领召”（水和土都是官家的）。这就产生了“凡耕种领主土地的农奴，必须‘金纳巴尾’，直译为吃（种）田出负担。不耕种领主土地的丧失劳动力的成年人，也要‘色南金、色领带、色的欲的喃’（买

---

① 马克思，恩格斯．马克思恩格斯选集（第一卷）[M]．北京：人民出版社，1972：145.

② 曹成章．傣族农奴制和宗教婚姻[M]．北京：中国社会科学出版社，1986：82.

水吃，买路走，买地住家，按指承担封建地租），照规定出成年人一份负担的1/3。”[①] 傣族中普遍流行这样的成语：“春新米，见新糠，就要赶快想负担”，“水买吃，路买走，吃（种）田就得出负担。”[②] 封建负担就是封建领主对农奴的剥削。这种剥削的方式是领主利用农村公社原有的平均分配土地的成规来分配封建负担，从而形成完纳地租的相互保证体系。这就将村社内部的平分土地与平分封建负担结合在一起。这种平分土地就是平分封建负担的观念在群众中也是很清楚的。有的地区将负担田称为“纳倘”或“纳火”，显示出土地与负担的有机联系。每个村寨的负担是按寨内有几户种田户来分配的，因此村寨内部“为了平均负担”，就要求“平均分用土地”。如勐往曼依坎寨“在若干年年前曾用绳子量过（土地）……凡是寨内有负担能力的，可以分得或强迫分给一份负担田。”[③] 显然，平分土地不如说是平分了负担，因此凡是村寨成员都必须接受一份土地、出一份负担。所以，在有的村寨为了平分负担就用强迫手段将土地分给寨内的无田户，如勐往曼依坎寨在1954年就用强迫的手段给寨内3户无田户分田。这3户人很不愿意接受，但是村寨的老叭（头人）则说：“公路大家修，负担大家抬，田要分一份。”[④] 这种为了平均分负担而强制平均分田被群众称为“压迫吃（种）田”。而一旦村社负担户有了变化，就要重新分配土地。如村寨有了新婚户、人口增加、分家新立的门户、外来加入村寨的门户要求分田，村社就要重新分配土地，同时也重新分配了负担。另外，如果有人离开村寨退回了份地，也要将土地连同负担一起分配出去，将负担和份地紧密地结合在一起。而负担的数量和项目又是包干分配给每

---

① 马曜，缪鸾：西双版纳份地制与西周井田制比较研究［M］. 昆明：云南人民出版社，1989：65.

② 《民族问题五种丛书》云南省编辑委员会. 中国少数民族社会历史调查资料丛刊——傣族社会历史调查（西双版纳之五）［M］. 昆明：云南民族出版社，1983：5.

③ 《民族问题五种丛书》云南省编辑委员会. 中国少数民族社会历史调查资料丛刊——傣族社会历史调查（西双版纳之六）［M］. 昆明：云南民族出版社，1984：184.

④ 《民族问题五种丛书》云南省编辑委员会. 中国少数民族社会历史调查资料丛刊——傣族社会历史调查（西双版纳之六）［M］. 昆明：云南民族出版社，1984：184.

个村寨，这就是说村社的负担户越多负担就轻，反之就重，因此村寨很欢迎新立户和外来户。正如民谚所说：“多了一户，瓢起一点，少了一户沉下一点。”[①] 在这样的情况下，村寨是不轻易让负担户离开村寨的，甚至有的对外迁户要将原村寨所承担的那份负担像迁户口一样，转到新迁入的村寨。如果未经允许擅自迁移外村，则是严重犯法行为，有的领主甚至将外逃者处以极刑。封建法规还明确规定：作为村社的一员，只要有劳动力，就要接受份地，如果不接受份地，去帮工、经商、做手工业，也要承担负担，同时还要受到本村人的舆论谴责，视为不守本分。“由于人人都是负担人，家庭内部兄弟、姑爷之间的外出行动也要受到限制。一家有两个以上的兄弟、姑爷，如有的想外出谋生，不帮家里出负担是不行的，家庭中经常为此酿成矛盾，闹着分家。家里人如果外出，到了农忙季节必须赶回家参加生产，等待服劳役、出负担。”[②] 可见，傣族社会不是为了生活的需要分配土地，而是为了分配负担而分配土地了。由于分地就是分配负担，因此村社一旦出现土地占有的不平衡，每一个负担户都有权提出“调整”土地的要求，如“勐海曼费寨就在20年前曾经用‘绳子套’的方法重新分过一次土地。”这是要求调整土地的典型例子。因此，封建领主土地制度下的农村公社内部成员占有使用的土地由平衡趋于不平衡再到平衡的循环状态。

如此严格的平分土地和平分负担相结合的制度，就强制地将农奴束缚在领主的土地之上，农奴毫无离开土地的自由，只有尽最大努力增加亩产量才能相对缓和负担带来的生活压力。而增加亩产量的一个重要保证就是稻作生产时保证适时得到充分的水利灌溉。为了能够在灌溉时有相对充足的水量，再难也会按照“板闷制”的要求尽相关的职责和义务。这也正是“板闷制”能够长期贯彻落实的根本动力所在。

综上所述，“板闷制”之所以能够在西双版纳傣族社会长期存在，不仅与其密切结合实地采用合理的技术手段建构了一套相对完整的水利灌溉体

① 曹成章．傣族农奴制和宗教婚姻［M］．北京：中国社会科学出版社，1986：80.

② 曹成章．傣族农奴制和宗教婚姻［M］．北京：中国社会科学出版社，1986：82.

系有关，而且与涵养水源的无形和有形管理制度建设有关，更与保证“板闷制”长期贯彻落实的土地使用制度密不可分。正是后两者的保驾护航，使“板闷制”这一稻作生产中的水利灌溉制度有了存在的合理性和发展的现实性，成为西双版纳傣族社会不可或缺的一项重要制度。

# 第三节 "板闷制"的特点

傣族传统水利灌溉制度是傣族人民在长期社会实践中发展和完善的，是与当时傣族社会历史发展水平、发展程度和状况相适应的，它具有独特的民族性、地域性和历史性。傣族传统水利灌溉制度有很多具体的特点值得我们深入总结和认识，但是目前还没有人去研究。通过上述对族传统水利灌溉制度的梳理，在此就其管理制度中的民族性和其历史性作一阐述，通过民族性和历史性的阐述来认识这种水利制度的具体属性和特征。

## 一、民族性

一项制度的存在，特别是长期存在并运行有效，证明该项制度有其合理的内在因素。傣族"板闷制"水利灌溉制度能够在数百年中贯彻执行，而且取得较好的效果，说明这个制度与傣族的民族心理、思维习惯、历史传统、文化习俗等是"相容而符合"的，即它的民族性特点是突出的。

民族性就是一个民族的"集体表象"，是其社会成员所共有的一系列特征集合，它们在集体中的每一个成员身上、每一个事项上都留下深深的烙印。受其社会发展程度的影响，傣族的民族心理和思维习惯还较多地保留有原始思维的特征，在人与其周遭的世界中存在着"互渗"现象。正如法

国学者列维 · 布留尔在《原始思维》中提出的互渗律，“**客体、存在物、现象能够以我们不可思议的方式同时是它们自身，又是其他什么东西。**”[①] 傣族在其各种与水有关的仪式中都强烈的反映着这种互渗的关系。傣族“垄林”就是具体例证。他们把勐一级的水源林敬奉为“勐神林”（“垄社勐”），村社一级敬奉为“寨神林”（“垄社曼”），是其祖先（部落祖先和氏族祖先）居住的地方，内在的一切动植物、土地、水源都是神圣不可侵犯的，严禁砍伐、采集、狩猎、开垦。这是一种典型的“互渗”关系。

1. 思维的具体性

各个民族都有其民族的心理和思维习惯。云南少数民族与中原汉族最大的一个差别就表现在思维的具体性方面。他们有具体性思维的民族心理习惯。他们不喜欢那些抽象的、宏观的、也是华而不实的东西，也没有汉族文人养成的那种圆滑的说话技巧。他们认为树不能砍、山不能进，都是具体的指某棵树不能砍、某座山不能进，也都是有其具体的原因（或者认为由某个神灵或者认为有某种不好的报应）。他们不会像今天我们常常论述森林、大山、大自然与人的普遍关系，讲一番宏大不经的道理。

具体性思维在傣族传统水利灌溉制度中有明显的体现。在“勒斯廊”发布的修水沟命令中，对各级官员、村民都有非常具体的要求，包括村民如不去参加修水沟，每百纳田要交官租 30 挑稻谷，勐当板闷官员，每一个街期（5 天一街期）要从沟头到沟尾检查一次，等等；在封建领主政权“勒斯廊”议事厅制定的各种水利法规中，各种处罚度非常具体，似乎是一些具体的事例或事件。每一项要求、每一个处罚都有具体的内容和具体的数量。我们看到这些制度是可以直接操作的，无论是命令还是治水法规，都讲得非常具体、明白，便于百姓理解，便于各级管理者、执法者操作。

语言是思维的工具。普通的、群众性语言的使用也是其具体性思维的一个表征。我们常说中原汉族文化发达，其中一个现象就是书面用语与口头用语逐渐出现了分离。20 世纪初出现的新文化运动，就是对这一现象的反动。在西双版纳地区，普通百姓在当时接受的教育十分有限。当地有这

① ［法］列维 · 布留尔．原始思维［M］．北京：商务印书馆，2007：70.

样的说法：“不是大佛爷学‘胡腊’就会学傻了”。[①] 傣族没有传统的世俗的教育机制，缅寺是他们传统的文化教育场所。傣族男孩（女孩没有接受教育的权利）在7—8岁时都要进入寺庙当几年和尚或佛爷，学习傣文和基础知识，主要的还是宗教文化知识和礼仪习俗，几年后就可还俗，还俗后才能结婚。“男孩子不当和尚是被瞧不起的，女孩子都不喜欢，认为不懂事。”[②] 没有当过和尚的找对象都困难，成为傣族接受教育的动力。即便是今天，当地的教育仍不发达。普通的、群众性语言的使用的命令和各种法规，起到化繁为简的作用，在百姓常识和经验的范围内来理解和贯彻。它杜绝了官方或管理者与民间在理解上的差异，有利于普通民众的遵循。

对比今天我们制定的各种制度和规定，很多条文是原则性的规定，并充满很多“专业术语”，非专业人员很难理解。一方面是普通人难以理解，并产生很多歧义；另一方面，在操作时往往还需要一个实施细则。若无实施细则，这些制度就行同虚设，给执法者留下很大的空间。

2. 原始、质朴的客观公平性

西双版纳的水利灌溉制度能够延续近千年，说明它有存在的客观合理性。这种合理性除了它与自然过程（即内在科学性）一致之外，一个重要的原因是它与社会一定时期的理念相一致。其中，一个重要方面是这一制度基本体现了当地广大民众的原始、质朴的公平观。

其一，原始平均的思想。

傣族村寨实行“寨内平均负担和轮流负担的‘黑召’制度”。[③] 傣族成语“米纳缀甘海，米尾缀甘把”[④] 概括了这种关系，意指“有田平分种，

① 《民族问题五种丛书》云南省编辑委员会．西双版纳傣族社会综合调查（一）[M]．昆明：云南民族出版社，1983：142.“胡腊”是历法与算数的傣语合称。

② 《民族问题五种丛书》云南省编辑委员会．西双版纳傣族社会综合调查（一）[M]．昆明：云南民族出版社，1983：151.

③ 《民族问题五种丛书》云南省编辑委员会．西双版纳傣族社会综合调查（四）[M]．昆明：云南民族出版社，1983：156.

④ 《民族问题五种丛书》云南省编辑委员会．西双版纳傣族社会综合调查（四）[M]．昆明：云南民族出版社，1983：153.

有负担平分抬”。值得指出的是，这里不是为了使用而平分土地，而是为了平抬负担而要求平分土地（指平分寨田）。在修水沟命令中，要求各寨自己组织力量，按种田户每户出男劳力 1 人，统一指挥、统一行动，修好本村寨的沟渠。因为修水沟也是一种负担。这种无论什么都要平均处理的方式没有考虑各户种田受益的多少，也没有考虑各户能力的大小。汉族通常的说法和做法是“有钱出钱，没钱出力”，这在傣族是行不通的。同时，傣族也没有将劳动力商品化的意识。如 1954 年年底，政府动员修建由车里到戛洒的公路，“许多寨子把它作为‘黑囡’[①] 来对待，每隔 5 天换一班，在‘值班’期间，寨内又为他家轮干活。我们反复教育，结果白天不敢来换了，而在夜间偷着换。有一个干部领导的民工小组，当他睡醒后，发现该组的民工已变成陌生的面孔了。戛洒桥头有两寨分修的接合部，回填土方相差一两米，一寨民工先走了，另一寨民工无论如何不肯把它填起来（政府是按劳付酬的）。耐人寻味的是，他们宁愿花费好几倍的力气，去砍木桩，扎竹笆，把自己填土段落的顶端栅起来，让它留下一条沟。”[②]

在上述分水中出现的“分时、分期、分段用水方式”也是傣族轮流公平思想的一种体现。

平均就是公平。其实在云南的很多少数民族中都有这样的思想。平均、轮流、平抬等是人类早期产生的一种原始公平观念，在商品经济及不发达的时期有一定的合理性。

其二，平等观：“贵族后裔与庶民同罪”和“执法者渎职，罚其代民交租”。

在召片领一年一度的修水沟命令中就明确提出“城里官员的子侄在哪一村种田，也要听‘勐当板闷’的通知，按时到达与大家一起参加疏渠，如有人贪懒误工，晚上喊他说没有空，白天喊他说来不了，就要按照传统的规矩给予惩罚，不准违抗，这才符合召片领的命令。”传统规矩的处罚是“贵族后裔违反法规，不是由贵族内部处理，而是由庶民中的正副水利监及各寨‘板闷’处理。其罚款所得，庶民板闷还可以从中抽取一部分作为报

① 黑囡：傣语，意指“负担”。

② 西双版纳傣族社会综合调查（四）[M]．昆明：云南民族出版社，1983：157.

酬分享。”说明对贵族后裔有约法三章的，要和普通百姓一样。这在很大程度上使水利制度得以很好地贯彻，传统规矩的处罚制度也对严格执法以正向激励。事实上，无论古今中外，无论什么制度，绝大多数百姓都是守法的；而违法者、敢于执法律于不顾者，绝大多数都是与执法者沾亲带故者。当然，在操作上是否真正做到或者说做到何种程度，今天已无法考证。但是，我们还是承认，由于封建土司具有绝对的权威，只要有决心，对贵族后裔是有强大的约束力的，同时也给百姓看到了一丝公平，它对现实的水利制度遵行是有利的。

另外，在修水沟命令中也对执法者的玩忽职守、执法不严、管理不善等做出了相应的处罚规定，如果百姓稻田得不到灌溉，要执法者代百姓交官租。这个规定对执法者体现了权、责、利的一种结合，也体现了对百姓平民的一种公平性。对比内地传统的封建社会，各级官员违法、违规或失误给百姓造成的任何损失均由百姓承担，最好的结果就是能改正各种失误（让损失不再继续），承认错误，百姓就要高呼“青天”了，而其“罚其代民交租”则闻所未闻。这种规定既是对执法者的惩罚，也是对百姓的补偿（当然补偿及不到位）。任何制度执行中都存在如果执法者渎职并给百姓带来一定损失怎么办的问题，傣族在水利制度中对此给予了一定公平的解决方案。

在一些具体的处罚形式上也表现出傣族原始的公平观念。除上述对贵族后裔的处罚是按传统的规矩外，在召片领修水沟命令中还有，“如果谁的篱笆没有围好，让猪、狗、黄牛、水牛进田来，就要由负责这段篱笆的人视情况赔偿损失。有猪、狗、黄牛、水牛的人，要把牲口管理好。猪要上枷，狗要围栏，黄牛、水牛和马都要拴好。如不好好管理，让牲口进入田地，田主要去通知畜主。一次两次若仍不理睬，就可将牲口杀吃，而且官租也由畜主出。”这些处罚形式，是对当地传统文化习俗的遵循，百姓容易接受，也便于具体操作。

3. 村寨之间的协调制度

在任何社会中，水利制度的主要矛盾不是个人与群体或集体的矛盾，而是群体与群体之间的矛盾。个人力量是不能对抗群体、集体的，个人的任何违规违法都容易受到群体的惩罚。而一个村寨是一个利益共同体，很容易联合起来，形成群体的力量，其矛盾的对抗性被大大增强。在中国社会历史上，即便在现代社会中，村寨之间形成的矛盾对抗并不鲜见。如广西壮族自治区人民政府在1980年给国务院的报告提到“参与纠纷、械斗的，少则几十人，多则数百人，甚至千余人。械斗动用的器械，不仅有土枪、土炮，还有民兵武器炸药。凡是发生纠纷、械斗的地方，都不同程度地危害人民的生命财产，破坏生产建设。迅速地处理好这一问题，是这些地方广大群众的迫切要求。……这些纠纷，一般不是个人与个人的纠纷，而是集体与集体、集体与国营单位之间的矛盾”。① 另据抚州市人民政府网报道，金溪“该县……重大矛盾纠纷28起，……因水利纠纷引发的群众械斗事件苗头3起。”② 在傣族村寨中却很少见到此类现象，说明傣族传统灌溉制度很好地处理了这类矛盾。

在水头和水尾寨之间使用分时、分期、分段用水方式，是傣族解决共时性用水矛盾的一种有效手段，而这一方式能够贯彻执行，与傣族社会历史、当时的社会制度、社会结构等因素有关。傣族社会是一个农村公社制与土司封建制相结合的社会。名义上，土司拥有该区域内的一切：山川、河流、土地、人民乃至阳光、空气。土司的绝对权威必然凌驾于公社的集体利益之上。从具体的土地制度上看，土地大体分为4类：其一是宣慰田，是从百姓开出来的田中抽来的。“百姓开除田来，召片领就把它划分为两份，一份给寨子就是现在的寨田，一份归召片领，由百姓耕种，收获归仓（就是现在的宣慰田和波郎田）”。③ 其二是波郎田和头人田。波郎田是召片领分赐给其家臣在任职期间占有经营的土地，是认官不认人，谁当波郎

---

① 《广西壮族自治区人民政府关于处理土地山林水利纠纷情况给国务院的报告》（1980年3月30日）http://www.34law.com/lawfg/law/6/1185/law_252543434625.shtml.

② 金溪农民用水协会着力化解农村水利纠纷［EB/OL］.［2008-07-23］. http://www.jxfz.gov.cn/.

③ 《民族问题五种丛书》云南省编辑委员会. 西双版纳傣族社会综合调查（四）［M］. 昆明：云南民族出版社，1983：95.

谁占有，波郎卸任后，田地归新任波郎占有。头人田是召片领从寨田中抽出来给予村寨头人的，也是一种职田，与波郎田一样，跟着官职走，认职不认人。其三是寨公田。寨田实际上还是属召片领所有，“寨田是召片领给本寨的，头人代表召片领管寨田”。[①] 其四是私田，其数量不多，多是在田边小块荒地上开出来的，世代继承使用，可租可典，一般不准买卖。按其旧规法理上说，私田是“非法”的。每一个寨子基本上都有这 4 类田，说明各方利益处于一种胶合状态，特别是土司和波郎的利益在这些村寨中都有。从其地理位置来看，其召片领及议事厅官员（高官）所拥有的土地和住所的位置均在水尾寨。如召片领私庄田 1000 纳在景洪第一大渠“闷南永”之尾曼景兰；议事厅官员四大宰相之一的槐郎曼凹，食一级禄位，年薪俸禄 3700 挑谷，近 5000 千克，为议事厅官员中第一大户，其私庄田和薪俸“波郎田”也在景洪第三大渠“闷南辛”渠尾曼凹村；其余各渠也大多如此。这样一种形态，无论从政治统治的角度或是从切身现实的利益出发，召片领及其所封任的家臣、村寨头人等，对水利灌溉的管理都非常重视，不敢有丝毫的松懈。特别是村寨头人不敢集合本寨村民采取断水、阻水方式，普通村民也害怕得罪土司头人，害怕重罚，更没有集合本村寨之力量。

在传统水利的争斗中，水尾寨往往处于不利位置，而傣族的社会结构及其地理位置造成水尾寨成为强势力量所在。水尾寨不必通过械斗方式获取水利资源，它可以采用社会制度的力量解决矛盾；而水头寨也不敢胆大妄为。为更好地使用这种社会资源，召片领在水利制度上也预先作了合理的安排：每条渠设置正副水利监，把正水利监职位给予水尾寨，副水利监位置给予水头寨。这是一种巧妙的制度安排，它有效地化解了水利制度中的村寨之间的矛盾。

总之，西双版纳傣族依靠土司的绝对权威压制了村寨的集体利益，削弱了村寨的积聚力量；同时，依靠制度安排，来解决村寨之间的用水矛盾；依

① 《民族问题五种丛书》云南省编辑委员会．西双版纳傣族社会综合调查（四）[M]．昆明：云南民族出版社，1983：98.

靠特有的分水技术来解决具体的分水问题；依靠利益相互联结交织来约束和调动各级官员积极性；在一个有限范围内解决了水利制度中村寨之间、沟头和沟尾之间用水矛盾。无疑，傣族的水利制度是一个非常成功的水利制度。

## 二、历史性

傣族传统水利灌溉制度是在特定历史条件下形成的，注定要打上历史的烙印。农村公社制和封建社会制度深深影响着傣族传统水利灌溉制度，同时也融进了这个水利制度并构成它的历史性特征。

### 1. 村寨农村公社制是傣族传统水利灌溉制度的社会基础

傣族的社会历史已发展到封建农奴制（1950 年以前），而在农村却一直保留原始农村公社制。在“国家”上层制度上，它是封建农奴制，但在基本的社会结构上却还是农村公社，大量的农民拥有自己的土地，社会矛盾并不十分尖锐。从村寨内部来看，“阶级分化的特点是：中间大两头小。”① 形成一种相对稳定橄榄型的社会结构，而这种社会结构也是我们今天社会所追求的结构。在 20 世纪 50 年代，整个中国社会的阶级斗争意识是被强化的，尚能得出这样的结论实在难能可贵。它说明，一方面，当时我国民族工作者对傣族社会的历史调查是实事求是的，其调查数据、资料是靠的；另一方面，传统的傣族社会虽然是封建农奴制，但是与西藏等地的封建农奴制完全不同，其社会矛盾并非想象的那样激烈。傣族的封建农奴制不是对前农村公社制的否定，而是将其包容下来。对农村公社的保留大大减少了社会变迁中的矛盾，并成为新的社会制度运行的基础。所以，傣族的封建社会制与其农村公社制是相连的，形成一种独特的社会形态。傣族传统板闷制水利灌溉制度，不但是农村公社时期板闷制水利制度的延续，而且农村公社才是这一传统制度的真正的社会基础，为这种制度（板闷制）提供了基本的社会保障。

① 《民族问题五种丛书》云南省编辑委员会．西双版纳傣族社会综合调查（四）[M]．昆明：云南民族出版社，1983：158.

### 2. 土司权威性是傣族水利制度完整运行的主要保障

一种制度如没有权威，制度将形同虚设。一个制度如果虚置也就不可能长期存在。傣族人民能够长期遵循这种水利灌溉制度，说明这种制度是具有较高权威性的。这种权威性与当地的社会结构、历史传统及其制度保障机制有直接的相关性。

说到社会结构，这种权威首先来自封建土司制。傣族社会长期处于封建农奴社会，封建土司具有绝对的、最高的权威。车里宣慰使及其所属各勐土司自建立以来，世袭相传，世代一家。1950 年前，封建土司建有一个庞大的“车里宣慰使署”组织系统，其组织严密、官员繁多。土司的长期统治形成了一种“历史和传统”，具有了历史的惯性，被社会成员完全接受。土司的权威也被树立起来并不断被强化。社会结构因素与历史传统因素交织在一起，加强了社会结构因素的作用，土司制度的权威被绝对化。傣族传统水利灌溉制度是傣族封建农奴社会制度的组成部分，得到了封建土司的支持，其封建土司的权威也就延伸到传统水利灌溉制度的权威。对于土司制度带来的权威，我们不能单一地用阶级斗争、阶级分析的眼光来考察，否则会产生这样的误解：把传统水利灌溉制度单一地看成是维护土司等统治阶层利益的制度。

土司权威的树立也为解决村寨之间的矛盾提供了一条有效途径。在自然经济占主导地位，生产以家庭为单位，力量十分破弱、分散的情况下，仅靠农村公社形成的小集体力量解决水利灌溉中的社会矛盾是不现实的。修沟开渠，需要多个村寨共同协作，水资源的分配活动中有大量矛盾特别是村寨之间的矛盾和冲突，每一个村寨就是一个坚固的利益共同体，靠传统的村寨之间的协商有时是不能解决问题的。如果任由这样小集团发展反而会激发更大的社会矛盾（群体与群体、村寨与村寨）。中原地区大量的群体性水利械斗事件就已证明，对这样的小集体利益需要一个更强大的力量来给以约束和控制。傣族采用了土司头人的权威，土司在聚合力量、控制矛盾、稳定社会、促进生产发展方面具有特殊的作用。当然，土司自身的利益也在其过程中实现了最大化。

# 第四节
# “板闷制”的价值取向

“人水合一”的特殊水文化底蕴衍生出了西双版纳傣族传统的农业灌溉制度。其严密的管理体系，以神威维持的仪式化组织体系，对水源林及水自身的神话意识是使其科学合理地解决了“一万二千稻田国”[①]的引水灌田问题，并在傣族社会由家族公社向农村公社发展过程中发挥了重要作用。[②]直到新中国成立前，西双版纳地区仍以这套制度维系着农业生产。西双版纳傣族传统灌溉制度是由“版闷”管理系统、“甘曼”[③]组织系统、“波朗”[④]监督系统和“怀摆滇”[⑤]制裁系统组成的体系。该制度的正常运行依

① “一万二千稻田国”，西双版纳之译意。

② 马曜．傣族水利栽培和水利灌溉在家族公社向农村公社过渡和国家起源中的作用［J］．贵州民族研究，1989（3）：1.

③ 傣族称村寨内的公共事务为“甘曼”，其主要任务就是挖水沟和建大坝。

④ 傣语“波”为父；“朗”为一种放牧方法，就是放牛时为了使牛尽可能吃到青草又不走失，通常在草地上栽一个竹桩或木桩，用绳子把牛拴在桩子上。“波朗”的作用就像是绳子，上端连着直属的召片领和召勐，下端连着被派往的各动、陇、火西、曼，以“钦差大臣”的身份监督这些地方官员。

⑤ “怀罢滇”是傣族法规中的一种罚金刑。“怀”在版纳傣语中为计数单位“一百”，相当于3.3两银子；“罢”相当于三钱银子；“滇”指该处罚的实数，以区别虚数“公”。“滇”与“公”是用来区分罪的轻重，重罪罚“滇”，轻罪罚“公”。

赖于其“拔多拔坑”[1] 的正义性价值取向、“澜召领召”[2] 的秩序性价值取向以及从“‘哈滚’[3] 走向‘甘勐’[4]”的效率化价值取向。

按照制度哲学的观点，每种制度都有其自身的价值取向，而且一种价值取向能否发挥社会定向功能，关键要看这种价值取向所体现的价值理想能否被广大社会成员所接受。无论是“板闷”管理系统、“甘曼”组织系统还是“怀罢滇”惩罚系统等都体现了不同的价值理想。在具体的生产过程中，人们关注个人用水的满足，而不关心满足的总量以及总量在个人或组织之间的分配。基于个人平等用水的需求，“拔多拔坑”的价值取向构成了制度安排的合理基础，体现了制度的正义性。平均用水的价值理想保证了每个人的权益，让每个农户都可以理直气壮地追求自己的利益和获得保证该利益的权利。为了保证制度的正常运行，“澜召领召”的价值取向赋予了制度合法性，通过塑造神圣化的制度环境保证灌溉用水的秩序性。当制度过分关注秩序的效果而忽略了不同农户实际用水量的需求时，从“哈滚”走向“甘勐”的价值取向调整以往只注重合理性、合法性的制度价值，选择一种兼具效率的制度价值，从而实现制度的创新。

## 一、“拔多拔坑”：制度安排的价值

传统经济分析理论告诉我们，制度对于人们的生产活动，既是基础、保证，又是规范、制约，还是善罚、导向，它决定着人们可以在多大空间内、向什么方向和方位去作为，并在付出自己的作为之后，应该、可以、事实上得到的是什么、有多少。这在一定意义上体现了制度对于其服务对象的价值引导。

---

① “拔多拔坑”意为用木头和平、公平地分水。

② “澜召领召”意指：水和土都是召王的。

③ “滚哈”意指家族劳作的方式。

④ “甘勐”意指多个村寨的集体协作方式。

西双版纳由于特殊的气候和地理条件，加之过去没有深耕、施肥和除草的习惯，生产力水平低下，对水的依赖性很强。一年之中只有七月、八月雨水集中，而且还需要防洪，其余的五月、六月、九月、十月，4个月都需要人工水利灌溉。四月中旬需要修沟挡坝引水；五月、六月需要放水犁田撒秧；六月需要人工引水抗旱保苗；九月、十月水稻灌浆抽穗需要人工引水。总之，一年中，由播种到收获约140天，而需水时间就有100多天。这种情况正验证了傣族的一句谚语："先有水沟后有田"。基于水利灌溉的重要性，傣族非常重视水的分配。所有农田灌溉的分配水量都要按照各村寨占水田的总数来计算，各村寨再按照各户占有的水田量计算，根据水田距离水渠的远近算出应分水几斤几两，再用竹制的"分水器"来测定穿孔大小和分水量。为了保证分水的有序，还采用了严密的"板闷"制管理方法，即：从召片领的议事厅到各级召勐村寨，都有专事管理水利的人员，采取垂直管理，并要求"各勐当板闷官员，每一个街期要从沟头到沟尾检查一次，要使百姓田里足水，真正使他们今后够吃、够赕佛"[①]。同时，还有专门的"波朗"官员负责监督"板闷"的分水情况。除此之外，还有严厉的惩罚措施维持分水、用水的平均。在傣族最早的成文法规《芒莱法典》的第二部分处罚条文里就有对破坏水渠、破坏水神祭坛的处理和破坏田埂惩罚措施的具体记载。如在《芒莱・干塔莱法典》的《召片领罚款法规》中明确规定：偷放鱼塘、水池里的水，罚款一怀零一漫（第6条）；不准破坏佛像、菩提树、垄林（第19条）。另外，《西双版纳傣族封建法规》第三章第三节第30条、33条、34条、38条等也有相关的具体规定，内容涉及破坏水坝、水渠、破坏水沟、偷放水及妨碍灌溉等的处罚。如：第155条明文规定：偷他人田里的水放进自己田里，罚银100罢公。在获得享受平等的用水权利的同时，制度也要求人们承担相应的修渠筑坝义务。

按照传统惯例，每一个农户都要出一个劳动力，直至修竣完毕为止。

① 张公瑾．西双版纳傣族历史上的水利灌溉［J］．思想战线，1980（2）：64—67，70.

这种劳动通常需要集体的力量共同完成，也可以称为“甘曼”，即指村舍内部的公共事务。在制度的框架内，农户之间的利益和负担、权利和义务在制度的调和下达成了一种对等的状态，其界限就是公平的、合理的分水。以“拔多拔坑”作为灌溉制度的价值理想，制度安排由此直接决定着每个主体当如何行为的范围、方式，决定着其可以理直气壮地追求、实现的利益，和保证该利益的权利的大小，当然同时也决定着农户为此必须承担的负担和义务。

## 二、“澜召领召”：制度强化的价值

“拔多拔坑”的价值理想奠定了灌溉制度的合理性，而“澜召领召”的价值理想塑造了它的合法性。统治者采用神话的方式进行了制度环境的塑造，让制度的合法性以宗教信仰仪式的方式渗透于农业灌溉的过程之中，并成为指导人们生产行为的一种范式。这种特殊的制度环境塑造由“垄林崇拜—祭祀水神—神圣崇拜”3 部分构建。

古时候的西双版纳每一个村寨每一个勐都有一片“垄林”。作为最原始的水源林，傣族认为那是神圣的所在，禁止砍伐、放牧、甚至禁止进入其中，并以法律的形式禁止任何人到水源头伐木，违者受罚。轻者砍一棵树要罚种七棵树、两只鸡、一斤酒，重者罚耕牛等大牲畜或者开除户籍。依靠“垄林崇拜”，“垄林”成为傣族传统的“自然保护区”，较好地保护了水源。以景洪坝为例，这个地区传统灌溉系统的 13 条水沟，有 5 条大沟的水都引自发源于“垄林”山的河流，这 5 条大沟灌溉了景洪坝 50% 的水稻田。

如果说“垄林崇拜”保护了傣族的水源林，那么“祭祀水神”就以宗教仪式的方式增强了水利灌溉的神圣性，并保证了维修水沟的质量和效率。水沟修好后，正、副水利官员对其进行验收。首先备办贡品祭祀水神，贡品有鸡、酒、槟榔、花束、蜡条等。祭祀时要朗诵祭文，大意为恳求水沟神及云雨神灵体恤苍生，降雨得水，保证水沟不坍不漏，从沟头到沟尾长流不息，等等。之后，举行放水仪式。先从水头寨放下一个用竹筒捆扎的筏子，上插黄布为神幡，意为水神乘幡巡视之意，管理水沟的水利员顺流敲铓，意为给水神开道。筏子在哪里搁浅或受阻，或发现沟埂漏水，就责令负责该段所流经的寨子立刻重修，并予以罚款。筏子到达沟尾后，才把黄布取下，又回到水头寨祭祀。傣族认为每条水沟都有水神，各条沟渠每 3 年要举行一次大祭。这种原始的方法科学合理地把责任、义务和祭祀神灵有效地捆绑在一起，并通过神灵的力量调动了人们的积极性。在傣族的传统观念中，“有了森林才会有水，有了水才会有田地，有了田地才会有粮食，有了粮食才会有人的生命。”[①] 对自然神灵的崇拜是他们生存的基础。在他们的意识中，凡是有神灵的地方都是神圣的，都要崇拜，而大凡神圣的物品都是值得尊敬的。水，因为有神的居住而具有了神性，是神圣的。对神圣物品的占有如同接受神的赐福一样体现的是平等，即在神的面前，人人都是平等的。所以，基于这样的“神圣崇拜”，傣族在农田灌溉中强调用水的平均，并发明了用竹子制作的特殊分水器达成这个目的。可以说，通过神话话语的构建，统治者把“保护水源—保证流量—平等用水”这个灌溉程序替换为“垄林崇拜—祭祀水神—神圣崇拜”的神话仪式，并把“严格保护、科学管理、合理用水”的秩序思想蕴含其中。

统治者依靠神话语言构建了灌溉制度的环境。但是，它还有一个大前提，那就是“澜召领召”，意思就是“水和土都是召王的”。它明确规定了水权的所有者是“召王”。在傣族的原始宗教意识里，最初的神是由氏族首领死后变成的，也就是说世间的王是神的后人。这就给世俗的王披上了神圣的外衣，也正是因为这个原因，“澜召领召”的水产权意识成为天经地义的现实，而依靠召王的水和田地生存的人们就必须遵循合法的灌溉制度规定。可以说，“澜召领召”是塑造傣族传统灌溉制度化环境的基础，它强化了制度的合法性，巩固了制度的秩序性，如果脱离了这个基础，神话语言的构建就和统治者的现实利益相背离。

---

① 云南大学贝叶文化研究中心编．贝叶文化论集［M］．昆明：云南大学出版社，2004：273.

## 三、从“哈滚”走向“甘勐”：制度创新的价值

以“拔多拔坑”的价值理性为内核的集体行动制度和以“澜召领召”为基础的产权体系在引导人们如何平等使用水资源的同时，对水资源的使用方式也同样影响着人们的生产结果。虽然“平均分水、平等用水”的制度安排使人们从水资源的使用中得到了“够吃赕佛”的生产结果，但是这种制度惯性也在不同程度地影响着农业生产知识存量的提高，在一定程度上限制着生产力的发展水平。这种制度仪式与效率原则的冲突集中地表现为农户之间用水矛盾纠纷频繁出现，解决用水纠纷的法律条文繁多。这种现象在价值层面来说，就是人们急需把“平均分水、平等用水”的合理性问题转化为如何理性用水的问题。即如何把用水问题本身的合理性变成解决用水问题的程序、方法和手段的合理性，把“平均分水”这一事件在内容上是否正确的判断变成对一种解决方法是否正确的判断。

在这种思想意识和现实利益的驱动下，在实际灌溉中选择效率原则成为绝大多数人的价值追求。当然，这种价值选择不是以否定制度安排的合理性为前提，而是对“拔多拔坑”价值目标的动态把握和进一步修正，以实现正义、秩序、效率价值取向在制度安排中的统一，进而改变制度中不合理的成分。这种价值选择的发生有其现实的基础，那就是它是和傣族传统的农田定期调整制度相联系的，而且基本上处于同一个过程。虽然农户之间土地的占有是基本平衡的，但是随着每年人口的变动，引起了迁入户和本地户之间土地质量占有格局的变化；随着时间的推移，又从占有的平衡至不平衡；新、老户之间的土地占有从质到量的悬殊，而负担又是绝对的按户平摊，从而矛盾激化，需打乱平分一次。这样又从不平衡趋于平衡，这种周期 30—40 年出现一次。在这个周期中，人们对于价值理性和工具理性的选择也经历了发生冲突到趋于平衡的过程。

与这个过程相对应，农户的水利灌溉行动方式也发生了变化，从“哈滚”走向“甘勐”，即从个体生产转向寻求集体行动。以猛笼、曼养勒为例，这两个地方古时候有很多由各个家族单独使用和占有的家族田，同时也有为数更多的寨公田。寨公田位于公共沟渠灌溉范围和公共竹篱笆范围，在它们之外则是家族田。由于村舍控制了主要公共沟渠，影响了家族田从公共沟渠里的引水灌溉的用水量，致使一些家族采取把家族田划归寨公田的方式解决农田灌溉用水问题。这种行动方式的变化建立在行为人之间协调行动的基础上而实现，基于团体行动的需求，比如修水沟等，每个人都在别人的关注下，从个人理性选择的惯性思维模式重新回归到基于共同规范和价值观基础上的团结、互惠。

## 附录 2—1 勐景洪的灌溉系统及其管理和官田分布[①]

一、勐景洪傣族对于农田灌溉的行政管理

西双版纳傣族很早就有相当完整的灌溉系统。自宣慰使司署、各勐司署以至各个火西和村寨，关于修理沟渠和分水灌田，都设有专管人员。宣慰的内务总管“召隆帕萨”（亦称都隆帕萨，是八大卡贞之一），是理财官兼水利官。分布在各勐的各条大沟渠，都设有“板闷隆”和“板闷囡”2人，即正副二职的水利总管，管理本沟渠灌溉区的水利事务。在灌区以内的各个村寨，也设有“板闷”，并推2人协同正、副总管管理水利。这两个人惯常是选水头寨和水尾寨的“板闷”来充任，以便上下照应，不使水头田占便宜，水尾田吃亏。由“召隆帕萨”起至各寨的“板闷”，成为管理水利的垂直系统。

如勐景洪“闷南永”这条大沟，长约15千米，灌溉区域有曼贺勐、

① 资料来源：魏学德，景洪县水电局．景洪县水利志（评审稿，下册）[M]．打印稿，1993年9月：525—529.

曼列、曼沙、曼龙罕、曼回索、曼东老、曼腊、曼么囡、曼么隆、曼蚌囡、曼景兰11寨。水利人员除正副总管而外，还有协理2人，一是水头寨曼贺勐的“板闷”，二是水尾寨曼景兰的“板闷”，他们又如同各寨“板闷”的小组长。他们的职责是动员修沟，检查渠道，灌田时期分配水量，维持水规等。

分配水量是按各寨的田数计算，各寨再按每户的田数计算；并按距离渠道的远近，合并算出每处田应该分水几斤几两。如在曼景兰的“纳秀”、“纳档”（两块田的名称）同样是100纳，由于“纳档”的位置距离渠道较远，分出水来后，还要流经一条小沟才到田里，因此分得水量2斤；“纳秀”就在渠道旁边，分水后可以直接灌田，因此只配给1斤5两。

管水员掌握着一个特制圆锥形木质分水器，上面刻着斤、两的度数（所谓“斤、两”，是用来测定流量大小的特殊单位，并非重量单位——译者）。分支沟渠纵横部分在各处田亩间，田埂上嵌一竹管放水，就按照应得的水量在竹节上凿开与之相适应的通水孔，分水器就是用来测定孔径的大小的（见图2-9）。

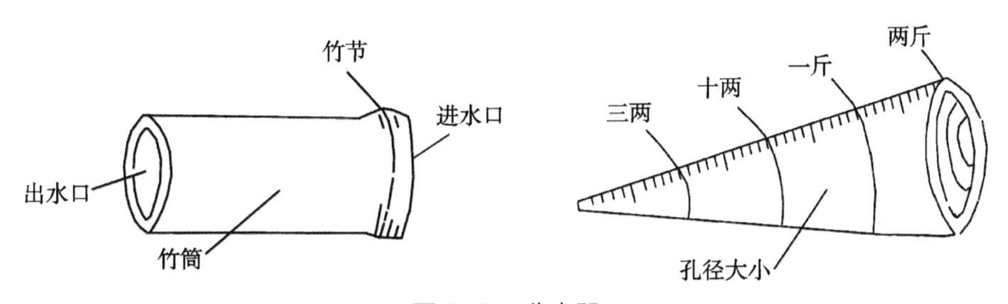


图2-9 分水器

每年傣历五月、六月，修理水沟一次。完工后，用猪、鸡祭水神，举行“开水”仪式；同时就进行一次对各寨修理水沟的工程检查；从水头寨（曼贺勐）放下一个筏子，筏子上放着黄布，板闷敲着铓锣，随着筏子顺水而下；在哪一处搁浅或遇阻挡，就责令负责该段的摘自另行修好，外加处罚。筏子到沟尾后，把黄布取下，又去祭曼贺勐的白塔。

事前由议事庭长下一道命令，叫各条沟渠的“板闷”与管水官“勐当板闷”和督耕、催租的“陇达”督促百姓修沟保苗。命令如下：

下雨的时候到了，已经是开始栽秧的季节了，各寨应准备修好水沟，使水平缓地畅流到各寨田中，灌溉我们的禾苗，使它茂盛地生长。

希各“勐当板闷”、“陇达”纳向百姓宣布：各寨不管30纳、50纳、70纳的田有多少，要多少水，都计算好，每家拿着锄头、刀子和修沟的一切工具，准备修沟。

修沟时应从沟头到沟尾通统修好，要使各寨的水头田以至水尾田都能够有水灌溉。

在分水时，不得争吵打架，如有哪寨30纳、50纳、70纳的田地，在撒秧时水还不到，寨上的头人应向“板闷”和“陇达”报告。“陇达”和“板闷”就应设法修好水沟和平均地分水，使田地能得到灌溉。不论百姓的、宣慰的田，一纳都不能使它荒芜。

每一街期（5天），“板闷”应从沟头到沟尾检查水沟和田一次，如有荒芜未种的田，“陇达”和“板闷”应找人耕种；如寨上有人不去修沟的，因分不着水而荒芜了田地，在交官租时，每百纳要罚他30挑。如“板闷”等不去分水而使田地荒芜，官租应由“板闷”负责。

头人住在城里，在乡下种有田的，修沟时“板闷”来传唤出工，也不能不去，不论头人或百姓，不去修沟应按照古规处罚。

在十月栽好秧以后，各寨要用6尺（2米）高、5寸（约17厘米）粗的木桩，钉在本寨稻田区的四周，编上篱笆阻拦牛马。牛马从谁应围地的界线上窜入，损害了禾苗，谁就负赔偿责任。

有牛马牲畜的也应好好照管，牛马的颈上应该用绳子套好，拴在放牛地方的桩子上。如不拴好牛马，以致损害禾苗，应照价赔偿，若连犯三次依然不拴好，被受损失的田户杀死或杀吃，不负赔偿责任，但牛主也不再赔还稻谷。

兹规定各水沟的负责寨子于后：

（1）闷隆曼洼，由曼洼负责。

（2）闷隆邦法，由曼侬枫和曼广负责。

（3）闷杰莱，由曼迈、曼广龙、曼真负责。

（4）闷南辛由曼景保、曼扫负责。

（5）闷纳永，由曼景兰负责。

二、勐景洪的灌溉系统

（一）水沟名称及其灌区

“闷杰莱”、“闷南辛”等13条水沟所灌的田如下。

（1）闷杰莱（意为接南兴河的沟）——是指南兴河的下游，灌田16000纳。

（2）闷南辛（河沟名）——灌“纳按法”（招待汉官的田）和“纳洒田”（沙滩田）1600纳；灌曼达的田200纳。

（3）闷邦法（以水源在“邦法”而得名，“邦法”是景洪到勐龙途中的一个地名）——灌纳隆东贡、纳隆东柯（大园田）、版毫西两等田，共18000纳。

（4）闷裴颠（意为不漏水的沟）——灌纳隆曼洪、纳曼迈等田共3370纳。

（5）闷回老（意为芦苇箐沟）——灌纳隆曼红（宣慰使的大田）。

（6）闷回喀（意为从埋喀树的箐里流下来的水沟）——灌纳掌、纳东广（纳勐的田）。

（7）闷回解——灌曼书公的田（是波勐的田，地点在皮角）、纳波勐贺（招待汉官的田）。

（8）闷南肯（河名）——由曼贯起灌纳东纳、纳东养，以上都在曼达地界；又灌版隆纳两（1000纳秧田的水田）。

（9）闷南永（意为“菩萨划定的水沟”），共灌田16950纳。

（10）闷南哈（意为流沙河沟）——灌曼峦典等寨的田。

（11）闷南坎（意为金色的水沟）——灌纳召戛（管街子的官的田，田在曼迈、曼景保等寨）。

（12）闷南端（意为叶子水沟）——灌曼郎等寨的田。

（13）闷会广（意为铓沟），灌田13000纳。

（二）各大小水沟灌区的村寨及田数（略）

刀学兴　口述

刀国栋　李文贡　刀光强　刀荣昌　翻译

刀国栋　张亚庆　吴宇涛　笔录整理

## 附录 2—2 景洪的水渠管理和水规[①]

景洪是西双版纳傣族最高封建领主“召片领”（宣慰使）所在地，很早以前就有水利灌溉设施和较完整的管理制度。宣慰使司署和各勐土司的司署都设有管理水利的官吏，每条水渠流经的村寨都设有专管水利的人员。从宣慰司署到各村寨管理水利的官员，自成系统，不受行政区划的约束。各村寨的“板闷”受宣慰使司署议事庭加封为“帕雅”、“乍”、“先”等不同等级的头人，但他们不能参与各级行政机构的行政事务。

宣慰使司署的水利官是由宣慰使的亲近大臣、内议事庭庭长、司署内务财政官召隆帕萨兼任。各勐的大水沟也设有“板闷隆”和“板闷囡”（傣语：“板”为差役，“闷”为水渠，“隆”为大，“囡”为小），即正、副水利总管，管理沟渠灌溉区的水利事务。在沟渠灌溉区以内的各个村寨，视村寨大小推出一至两人当“板闷”，协同正、副水利总管管理水利。按惯例，正、副水利总管分别由本灌溉区的水头寨和水尾寨的板闷来充任，以便上下游都得到照顾，避免靠近水沟的田水用不完，离水沟远的田用不到水；不让水头村寨浪费水，造成水尾寨无水灌田。

（一）景洪坝子 5 条沟渠的管理情况

景洪坝子有 5 条大水渠。除勐海流入的流沙河外，还有南溪河、南凹

---

① 资料来源：魏学德，景洪县水电局．景洪县水利志（评审稿，下册）[M]．打印稿，1993 年 9 月：530—538.

河、曼飞龙河等，纵横浇灌全勐稻田。

1. 闷那永

闷那永沟渠，全长25千米，受益村寨有：曼贺勐、曼列、曼沙、曼伊坎、曼回索、曼东老、曼腊、曼么隆、曼么因、曼蚌因、曼景兰共31寨。每个村寨都设有“板闷”一人，是各村寨管理水沟的“板闷”。正、副水利官设在水尾寨和水头寨。水尾寨曼景兰是宣慰使官所在地，正、职水利官设在这里，被宣慰使司署封委为“帕雅板闷景兰”，即帕雅级景兰水利官；副职设在水头寨的曼贺勐，称为“乍板闷贺勐”，即乍级曼贺勐水利官。他们带领各寨的“板闷”，负责动员各寨农民修沟，检查渠道，灌田时分配水量，维持水规，处理水利纠纷等。

水利官“板闷”掌握着一个特制的圆锥形木质分水器，上面刻着“伴、斤、两、钱”的度数（所谓“伴、斤、两、钱”是用来测定流量大小的特殊单位，并非质量单位）。各村寨都有分沟、支沟，纵横部分在田间，从主沟到分沟、支沟之间，从分沟、支沟到每块田的注水口，都嵌1个竹筒放水，按照水田受益面积应得的水流量，100纳的田分1“伴”即2斤，50纳分“斤”，30纳分“两”，20纳分“钱”，在竹节上凿开与之相适应的通水孔，分水器就是用来测定通水孔的大小。

出水用的竹筒，傣语称“多闷”，如图2-10所示。

每年傣历新年后，即公历4月中旬以后，各村寨集体修理一次水沟。然后，各寨分段负责，保证水渠畅流。水渠修好后，要用猪、鸡祭水神，举行放水仪式；同时，进行一次对各寨修理水沟的工程质量检查。检查的

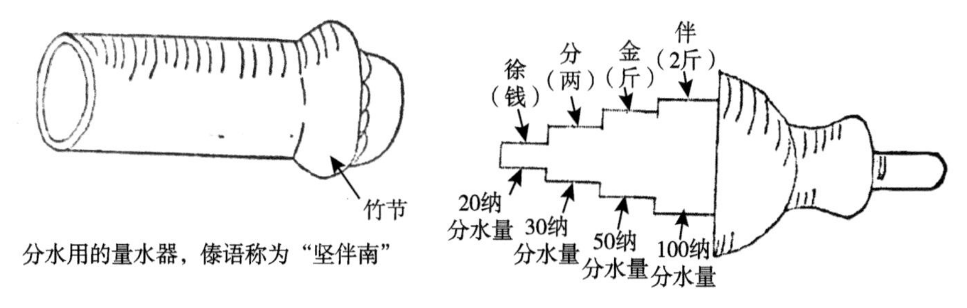


图2-10 “多闷”

方法：从水头寨——曼贺勐放下一个筏子，筏子上放着一块黄布，板闷敲着铜锣，随着竹筏顺水而下；在哪一处搁浅或遇阻挡，就责令负责该段的寨子重修，并酌情处罚。筏子到沟尾后，把黄布取下，然后去祭曼贺勐的白塔，预祝丰产。

闷南永受益的 11 个寨子各自分得的水流量如下。

（1）曼贺勐寨有分水洞 10 洞，其中 2 斤水的共 8 洞；4 斤水的 1 洞；1 钱 5 分的 1 洞。

（2）曼列寨有分水洞 19 洞，其中 2 斤的 2 洞；1 钱 5 分 13 洞，1 分 5 厘 4 洞。

（3）曼沙寨有分水洞 25 洞，其中 1 钱 5 分的 17 洞，1 分 5 厘的 8 洞。

（4）曼侬坎寨有分水洞 9 洞，其中 1 钱 5 分 7 洞，1 分 5 厘 2 洞。

（5）曼回索寨有分水洞 19 洞，其中 2 斤的 4 洞；1 钱 5 分 15 洞（其中烤酒用水 4 分 5 厘）。

（6）曼东老寨有分水洞 14 洞，其中 2 斤的 6 洞；1 钱 5 分 8 洞。

（7）曼腊寨有分水洞 15 洞，其中 3 斤的 6 洞；1 钱 5 分 3 洞，1 分 5 厘 6 洞。

（8）曼么龙寨、曼么因寨共有分水洞 10 洞，其中 2 斤的 8 洞，1 分 5 厘的 2 洞。

（9）剩余的全部流水归曼景兰、曼蚌囡使用。

2. 闷邦法

闷邦法受益村寨为：曼飞龙、曼勉、曼岛、曼景保、曼真、曼勐、曼共、曼庄嘿、曼景勐、曼龙枫、曼景法 11 寨。闷邦法水渠设“乍波闷”、“乍咩闷”2 人，“乍波闷”为正职。设于沟头曼飞龙寨；“乍咩闷”是副职，设于渠尾曼龙枫寨。曼龙枫、曼共又有一条支沟，该支沟又设两个“板闷”，设在曼共的叫“乍板闷”为正职，设在曼龙枫的叫“乍咩闷”为副职。这条支渠的“板闷”由宣慰使召片领任命，傣历 7 月（即公历 5 月）是任命“板闷”时间。“板闷”到宣慰使司署接受指令，负责管理水渠，如召片领的官田用水不足而减产，“板闷”有赔偿的责任。有一年，曼龙枫的“乍咩闷”就曾赔谷30挑（即750千克）。管支渠的曼共、曼龙枫的“板闷”共有一个板闷委任状，由正职“曼共板闷”负责保管。闷邦法水渠管理人员的设置和南闷永略有不同，有的受益寨由负责为宣慰使收租谷的“陇达”兼任“板闷”，如曼柯松就是这样。“陇达”免上官租和服劳役。这里的分水器和闷南永板闷的分水器相同，都是以斤、两、钱、分、厘来计算。据了解，各受益寨的分水量为：

（1）曼勉有分水口2洞，每洞分到水流量8斤；

（2）曼岛有1个，分水流量为6斤；

（3）曼景保有3个分水口，每洞分水流量为4斤；

（4）曼真有分水口2洞，每洞分水流量为2斤；

（5）曼勐有分水口6洞，每洞分水流量为1斤；

（6）曼庄嘿有1个分水口，分得水流量6斤；

（7）曼共有1个分水口，分得水流量10斤；

（8）曼景勐有1个分水口，分得水流量6斤；

（9）曼龙枫有1个分水口，分得水流量14斤，其中曼景法有6斤。

分水口分到各支渠去的水，又以地形不同分给不等量的水流量。即分水时，既要考虑水田面积，也要照顾距离水渠的远近，如100纳同等面积的田，靠近水渠的可以分到水流量的4两水，而距离水渠远的可以分到水流量8两到1斤不等。为使分水较为公正合理，每到分水时，多由沟尾村寨的水利官分配，防止渠头村寨多分水。

3. 闷杰莱

闷杰莱水渠受益村寨有：曼达、曼养里、曼宰、曼别、曼校、曼广瓦、曼丢、曼坝过、曼广迈、曼景栋、曼广龙、曼迈龙、曼景代、曼峦典、曼么龙、曼么囡、曼占宰、曼南、曼洼、曼真20寨，受益面积中职官田约16000纳。主渠全长12.5千米，由4个板闷管理。正职“帕雅板闷”设在曼洼，副职在曼广龙，职称也叫“帕雅板闷”，设在曼真、曼养里的称“乍板闷”。

这条水渠的“板闷”，和其他水渠的“板闷”一样，由群众推选，由宣

慰使司署任命，发给委任状。受委任的“板闷”，要按级别高低，向发委任状的“召龙纳花”（右榜元帅）送礼，帕雅级送半开15元，乍级9元，先级3元，外加槟榔一串，酒一瓶，腊条2对。这条水渠由“召龙纳花”代表宣慰使管理。“板闷”代其向种田户征收贡物，征收标准为：交槟榔一串，无槟榔者缴纳铜板6个；槟榔上缴“召龙纳花”，铜板归“板闷”收入。

3个副职的分工：曼广龙的“帕雅板闷”分管曼广迈、曼景栋、曼广龙、曼景代、曼么龙、曼么囡、曼南；曼真的“乍板闷”分管曼占宰、曼洼、曼坝过、曼暖龙、曼丢、曼校、曼广瓦、曼别、曼宰；曼养里“乍板闷”分管曼养里。正职统管全面，兼管曼达、曼迈龙。每个寨有一个“板闷”，其中曼广瓦、曼校、曼丢、曼坝过4寨是由“陇达”兼“板闷”。

每年修沟渠一次，由各寨分段修。分水办法和其他沟渠相同。

这条水沟每3年祭一次水神。祭祀时，大寨派两名代表参加，小寨派1名代表参加。曼洼因为是帕雅板闷所在地，可以派4名代表参加，由曼真帕雅板闷主持祭祀，祭祀祝词说：“3年的祭期到了，现在杀猪献给你，请你保护水沟的水流畅通，使庄稼获得丰收。”祭品中的猪头分给“帕雅板闷”，以每1000纳水田作为1个单位，分配1份猪肉。

4. 闷南辛

南辛水渠受益村寨为：曼达、曼干、曼亥、曼嘎、曼红、曼广、曼洒、曼真、曼景保、曼醒、曼贯11寨。

5. 闷回喀

闷回喀受益村寨有：曼脑、曼景法、曼贺蚌、曼贺纳、曼书公5寨。

管理情况均和其他水渠大体相同。

（二）水规

祭祀水神后的第三天，水利官员顺沟渠逐寨安放分水用的竹筒，按规定每500纳安放一个分水筒，每安放一个分水筒，受益户必须缴纳槟榔一串、半开1角作手续费。分水筒安装完毕，即举行放水仪式。由水利官开锄，然后大伙动手挖开渠口，水即顺渠流入田中。

水利官每5天沿沟检查一次，若发现有人偷水，有意将分水筒洞口放大者，水利官有权按情节轻重予以罚款。情节严重者罚槟榔一头（1千克）、猪一口（50千克左右）；情节轻者罚槟榔一串，半开1元、2元、3元不等。

（三）祭水神词（略）

1950年西双版纳解放，1953年建州，这对于封建领主制的傣族政权来说，是一次历史性变革。从农业生产的角度看，“召片领”独享土地所有权的时代随着新社会的到来被打破了，在其统治下维系农业生产的水利灌溉制度也面临着挑战。伴随农合互助组和人民公社的历史脚步，在采用内地农业科技的基础上，西双版纳大地上掀起了兴建、修建水库、渠道的热潮。20世纪50年代末直至60年代中后期对于傣族传统灌溉制度来说是颠覆性的历史时期——支援边疆建设的大军改变了传统的傣族社会人口结构，同时使人口数量剧增，而所有的新增人口都是现实的消费者，巨大的粮食需求对傣族传统的农业生产力提出了严峻的考

# 第三章
# 从“板闷制”到“库渠制”

验。要用原有稻作耕地面积养活几十倍增长的人口，唯一的途径就是发展生产，提高单产数量。而传统的每年一熟靠水渠灌溉的农田贡献率远远满足不了新增人口的需求。在政府的推介和支持下，全民投入水利事业建设中，不仅运用现代水利工程技术修建了中型、小（一）型、小（二）型水库、塘坝，而且对原来的沟渠进行了大范围改造，新增沟渠是原来的十几倍。在水利事业的支持下，西双版纳稻作生产力水平极大提高，水利灌溉管理制度也随之发生了实质性变革，适应新时期稻作生产的现代“库渠制”应运而生，翻开了傣族传统灌溉制度的新篇章。

## 第一节 水利灌溉制度的现代转型

“板闷制”在傣族封建领主制的社会生产中长期推行，对于发展农业生产、解决水地矛盾起到了积极作用。伴随新中国前进的步伐，西双版纳于 1950 年 2 月获得解放，1953 年 1 月 23 日建州。中国共产党领导下的新政权赋予了百姓新的土地权利，百姓不仅成了土地的所有者，而且成了稻作生产的主人。这一历史性的变革极大地调动了人民群众的生产积极性，解放了生产力。由于党和政府对西双版纳边疆民族地区经济建设和社会发展的高度重视，在 20 世纪 60 年代开始了大规模的水利建设，运用当时内地先进的农业科技，兴建、扩建了一大批水库和灌渠，并建立了与之相适应的管理制度，从而形成了与“板闷制”有很大差异的管理体系和制度保障，推动了西双版纳傣族水利灌溉制度从“板闷制”到“库渠制”的现代转型。

### 一、土地所有权发生根本转变

任何制度的制定都是为了维护某一集团利益的。“板闷制”严密的管理体系长期在傣族封建领主制社会中实行，为“广大土地之主”的“召片领”利益集团服务，确保在领主所有制和地主所有制时期农业稻作生产的顺利进行。1950年2月，西双版纳全境解放，经过爱国生产运动、和平协商土改、互助合作，封建领主制彻底瓦解，“板闷制”赖以存在的传统经济崩溃，生产关系发生了历史性的转折。傣族人民在政治上当家做主，在经济上有了自己的土地，生产积极性空前高涨，不仅参与了新政权领导下的库渠建设，也随之采用了新的水稻灌溉管理方式。这为新形势下水库和渠道共同灌溉农田的现代“库渠制”的建立和实施奠定了坚实的群众基础。

1. 传统土地私有制下的“板闷制”

南宋淳熙七年（1180年），傣族首领帕雅真建立景陇（景洪）王国（勐泐王国），改进和完备了此前已建立数百年的部落联盟“泐西双邦”的政治经济军事制度，实行封疆领主制，境内所有的山水林木都归领主（景陇王）所有。傣语称勐泐王为“召片领”，意为“广大土地之主”。元代设“彻里路军民总管府”及明清置“车里军民宣慰使司”，宣慰也就是“召片领”，代代相袭。

在西双版纳封建制地方性法规中，《喜广召》的第一条就明确规定了水土皆为“召片领”所有：“**水是召的水，土是召的土，所有百姓都是‘召片领’的奴隶，人一旦头脚落地，就是‘召片领’的奴隶，林中的树木、地上的动物和长在头上的亿万根头发都是‘召片领’的财产。**”①

在封建领主制度下，土地的占有主要有3种形式：第一种，直属于“召片领”及其所辖各勐土司（召勐）、由农奴（村社成员）代耕的私庄“纳召龙”、“纳召勐”，领主分给大小家臣的薪俸田“纳波郎”，分给村寨头人的头人田“纳道昆”、“纳陇达”。第二种，在傣族居住的坝区，以向领主提供各种贡赋、劳役为前提，领主让村社集体拥有使用权，由村社分给村社成员（农奴）耕种的寨田“纳曼”。第三种，布朗、哈尼等民族居住的山区，土地也属“召片领”所有，山区人民耕种后向“召片领”交纳一定贡

① 杨胜能. 西双版纳封建制地方性法规浅析［C］// 首届全国贝叶文化学术研讨会论文集（下册），景洪：西双版纳报社印刷厂印刷，2001：520.

赋或负担某种负担。[1] 在这3种土地占有形式中，前两种采用的主要农业生产方式就是“板闷制”。民国前，西双版纳未设专门水利管理机构，水利事务由车里宣慰司署的内务、财粮官召龙帕萨管理，水利的兴建、岁修由宣慰司议事庭遵照宣慰使（“召片领”）的旨意颁布命令，各级头人及水利管理人员（“板闷”）遵旨行事（见存文3-1：车里宣慰使司议事庭关于整修班法大沟的命令[2]）。可以说，“板闷制”不仅依附于傣族封建领主制，而且直接为其阶级利益集团服务，成为封建领主制得以维系的经济保障和政治手段。

## 存文 3—1 车里宣慰使司议事庭关于整修班法大沟的命令

召孟卓底布达麻哈阿里雅捧玛翁萨拉扎先勐，[3] 首席大臣召景哈通知“闷档板闷”[4] 官员及班法大沟的全体“陇达纳”知晓：斗转星移，新岁伊始，6月已完，7月来临，必须锄落苗圃刀下田，大家一起去疏沟浚渠，让沟水均匀下流，灌溉大家的田亩，使谷子菜种发芽长苗，有吃有赕。[5] 命令到后，着闷及曼洼的“陇达纳”清查各村各户百纳、70纳、50纳的田各有多少，全体动员，扛锄佩刀背挂包，大米装袋，熟饭盛盒，共同去疏浚水沟，从沟头一直到沟尾，安好分水竹管，合理分水，使水流进千纳、百纳、50纳、70纳各块田中，照古规古制办理，不得争吵打架。每块田不论

① 西双版纳傣族自治州地方志编纂委员会. 中华人民共和国地方志丛书——西双版纳傣族自治州志（中册）[M]. 北京：新华出版社，2002：193—194.

② 资料来源：魏学德，景洪县水电局. 景洪县水利志（评审稿，下册）[M]. 打印稿，1993年9月：539.

③ 傣语，在公文上的例行颂词，意为王爷光明伟大仁慈，荫译10万个勐。

④ 闷档板闷：傣语，“闷”为万，“档”为界，“板”为千，“闷”为渠，直译为“万界千渠”，意为“全体水利官员”。

⑤ 赕，傣语，意为献佛。

30 纳、50 纳、70 纳，如果沟水流不到，不能适时播种栽插，应报告“闷档板闷”和“陇达纳”，及时调整分水管，使水流进每块田，平均受益，勿使“召片领”的大田大地及帕雅父母官减收受穷分毫。各“闷档板闷”务必每 5 天从头到尾巡沟检查一次。如果有人不去参加修沟，分不到水而使田地荒芜，田租不予减免，必须照数缴纳，每百纳须交足 30 挑；如果“闷档板闷”不分给水，则由“闷档板闷”交租。

城里官员的子侄在乡下种田的，勿论在何时，必须服从“闷档板闷”的指挥，何时通知何时去，齐心合力完成修沟任务；如果偷懒逃避，晚上通知说不闲，白天传叫说不行，误时误事，则应照习惯法处理，不得违背，这样才合理合法（见图 3-1）。

到了 10 月栽插结束，“闷档板闷”官员各村各地段农户共同围好篱笆，要求每一庹内栽 3 棵大桩 3 棵小桩，篱笆要编得密实牢固，勿使猪、狗、牛、马进田损坏禾苗。若有谁的段面不围好，让猪、狗、牛、马闯进田，则应承担租谷。每家每户应管好猪、狗、牛、马，猪要上枷，狗要关槛，

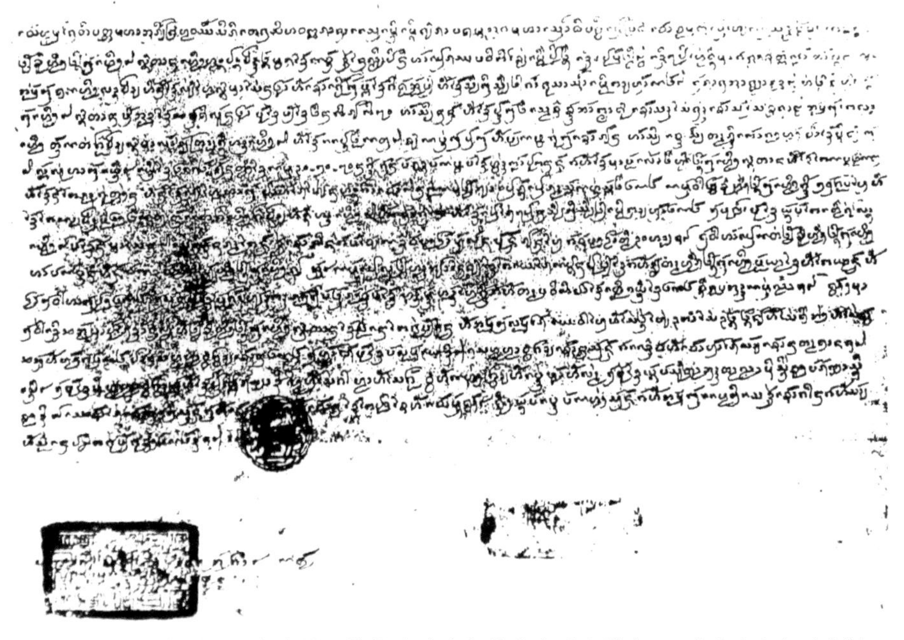

图3-1　车里宣慰司议事庭关于整修班法大沟的命令（史料来源：《景洪县水利志》）

黄牛要看守，水牛要吊牧，马要缆好。如果谁家不遵命照办，有牲口不管理好，让其进田入地，田主要去通知畜主，如果不听，一次再次发生，大家可以将牲口杀吃掉，畜主还要负责交租。

以上命令，务须通知各村各寨遵照执行。

傣历 1249 年 7 月 1 日（印）

（公元 1887 年 4 月 28 日）

（魏学德 译）

### 2. 现代土地公有制下的“库渠制”

西双版纳全境解放以后，新建立的自治州政府于 1955 年 11 月至 1956 年 11 月，在傣族居住为主的 115 个乡、15 万人口的地区实行和平协商土地改革，这是傣族历史上翻天覆地的一次大变革，不仅废除了封建领主、地主土地所有制，而且废除了各级领主的劳役、官租、其他特权剥削及农民所欠领主、地主的债务，摧毁了封建领主的基层政权，建立以贫雇农民为领导力量的基层政权。“板闷制”赖以依存的政权组织形式受到了前所未有的重创。在土地改革中，进一步贯彻执行《中央人民政府政务院关于划分农村阶级成分的决定》，全州经过和平协商土地改革，无地少地的雇农、贫农分得了土地，实现了农民土地所有制，组织了一批互助组。1956 年年底，全州组织互助组 1115 个，主要分布在澜沧江以西的 6 个版纳。互助组的土地性质属于农民个体所有制。农民虽然拥有了土地，极大地提高了生产的积极性，但是，原来依附的土地管理主体却因此不再实存，群众灌溉时需要解决的一些问题因新的灌溉管理制度尚未建立及发挥作用而落在了虚处。而且，和平协商土地改革这一时期的稻作生产虽然基本上沿袭了原来的耕作方式，但是农田水利事务管理机构发生了一些改变：1913 年普思沿边行政总局设实业科，但水利事务仍由土司头人办理。1950 年成立车里县人民政府，内置建设科，水利工作由建设科兼管；1953 年自治区（1956 年改称州）成立后，设建设科兼管水利事务；1954 年分设农水科，主管农业、林业、水利、畜牧、气象等事务，景洪、勐龙、勐养、勐旺 4 个版纳政府内设生产股管农业水利。几年几个变化，随管理改革的深化，西双版纳的水利管理机构基本建立并运作起来了。

1956 年，在全国办农业合作社高潮推动下，景洪坝区试办了以土地入社分红的初级农业生产合作社。到 1956 年年底，全州办起 29 个初级合作社。随后，自治州党政领导遵照中共云南省委“在民主革命已经完成的基础上，立即进行社会主义革命，紧接着开展农业合作化运动”的指示，又办了少数以劳动分红为主、取消土地分红的高级合作社。1957 年统计，全州共办合作社 72 个，入社农户 178 户。[①] 1958 年年初，在全国“大跃进”的形势下，西双版纳和内地一样，8—9 月开始办政社合一的人民公社，年底，90% 以上的农户加入了人民公社。1969 年，在“革命大批判”中，第二次办起人民公社，把原来的区改为人民公社，原来的乡改为大队，原合作社改为生产队。到 1973 年，全州有 1686 个生产队，平均每个生产队为 38 户，比 1965 年的 26 户又有上升。强调“一大二公”（即规模要大，公有制程度要高），搞搬家并队，队的规模越来越大，耕牛全部折价入社。取消自留地和自留果树，限制社员搞家庭副业，除蔬菜外，其他农副产品不得上市。这种单一的生产方式对人民生活水平水平的提高和生活资源的丰富非常不利，但从另一个角度看，却对当时集中力量搞农田水利基本建设，兴建水库、修建沟渠起到了一定积极作用。互助合作和“文化大革命”时期的农田水利灌溉管理较之前一阶段又有所变化。1959 年 8 月，州农水科改为农林水利局，职能不变。同年，全州 3 个县人民委员会设有农业水利科，主管农业水利。由于这一时期开始发动群众大搞水利建设，根据农业生产建设的新要求，出台了水库和引水工程管理的相关规定[②]：如，景洪县水利工程根据规模大小、灌区分布等情况，实行分级管理。

---

① 西双版纳傣族自治州地主志编纂委员会. 中华人民共和国地方志丛书——西双版纳傣族自治州志（中册）[M]. 北京：新华出版社，2002：193—194.

② 景洪县地方志编纂委员会. 中华人民共和国地方志丛书——景洪县志 [M]. 昆明：云南人民出版社，2000：345.

1962年4月始建曼飞龙水库管理机构，[①] 景洪县人民委员会对水库管理机构的任务作了明确规定（详见本章附录3-1：景洪县人民委员会关于成立曼飞龙水库管理机构的决定[②]）：

（1）根据工程情况，制订调洪蓄水的运行计划。

（2）对工程常进行检查维护，保证正常运转；对土坝的沉陷、移位、裂隙及渗漏、水量变化等进行观测。

（3）经常的水文观测和资料整理工作，为工程的管理、养护、调洪、蓄水、巩固发展积累资料。

（4）经常总结管理经验，密切联系群众，与群众商量制定用水计划，做到合理用水、扩大灌溉面积。

（5）进行必要的灌溉试验研究工作，总结群众的经验，不断提高单产。

（6）提高警惕，加强保卫工作，严防敌人破坏。

（7）在管理好工程，保证蓄好水，搞好水库四周的水土保持的前提下，开展副业生产。

（8）在工程未完工期间，负责工程的施工及配套工作。

1966—1970年的“文化大革命”期间，州农林水利局瘫痪，景洪、勐海、勐腊3个县都成立了军事管制委员会。1967年4月至1968年9月在3个县军事管制委员会下设生产指挥组，并分设农水小组，管理农业水利。1973年4月，撤销生产指挥组设农业局。1973年9月，地州分设后，成立了州农水局，主管农业、畜牧、渔业等项工作。1974年10月，成立西双版纳州水利电力局，主管全州水利工作。州水利电力局内设办公室、防汛抗旱办公室、水产科、水文科、水利科。各县（市）相继成立水利电力局，

① 至1993年，景洪县共建76个管理所、站、组。其中，县管工程4个，乡（镇）管理的52个，两个乡（镇）联管的2个，村管的9个。均按此规定进行管理。

② 资料来源：魏学德，景洪县水电局. 景洪县水利志（评审稿，下册）[M]. 打印稿，1993年9月：259—260.

内设水利管理股，在乡（镇）设立水利管理站作为县（市）水利局的派出机构，如1974年9月景洪县成立了曼岭水库管理所（见存文3-2：景洪县革命委员会关于成立曼岭水库管理所的通知[①]）。

## 存文 3—2 景洪县革命委员会关于成立曼岭水库管理所的通知

我县勐罕公社曼岭水库大坝工程已基本完成，根据党中央、国务院的有关指示精神，为了加强对水库的管理，保障水库的安全，充分发挥水库作用，合理灌溉，经县委研究，决定成立景洪县曼岭水库管理所。性质为全民所有制，直属于景洪县水利局领导。管理人员暂定30人，其中知识青年20人，其他人员由修建水库地方施工人中调配。管理所的主要任务，是负责水库和渠道的维修，保障水库安全。更好地为农业生产服务在搞好农田生产的基础上，要充分利用自然资源，积极发展渔业生产，为社会主义革命和建设做出应有的贡献。

管理所的经费来源，1975—1976年工程未结束前，由工程经费开支；工程结束后，从水利收入和渔业生产收入中解决，力争做到收支平衡。1977年以前如果收支不能平衡，国家予以补助，盈余上缴财政。

1974年9月12日

20世纪70年代末开始，农业水利管理从州、县到乡镇各级都进一步加强，主要体现在：1979年12月，将农业局主管的水利和工交局主管的电力业务划出，成立景洪县水利水电局；1980年6月29日，县革命委员会发文，通知公社成立水利管理小组，由公社分管农业生产的负责人兼任小组长，吸收水利辅导员，水库管理组组长成员，行政归属公社革命委员会

① 资料来源：魏学德，景洪县水电局. 景洪县水利志（评审稿，下册）[M]. 打印稿，1993年9月：261.

直接领导，业务上受县水电局指导；1981年，根据中央和省有关加强基层水利管理服务机构的指示，在勐龙、勐罕、景洪、小街、勐养公社及允景洪建立水利管理站；1983年，机构改革，州水电局科室调整为秘书科、水管科、水电科、抗旱防汛办公室，其中，水管科负责全州的水利灌溉事务；至1993年，局机关设人事秘书股、计划财务股、小电股、水管水产股、机务股、渔政保卫股、水工队。年末，除山区基诺乡外，12个乡（镇）建立健全了水利、水土保持管理站，管理各乡（镇）除县管以外的水利工程、水土保持、岁修、用水的等业务。管理站属集体所有制性质，每年除由国家从小型水利事业费拨付一定的补助费外，主要靠水费和多种经营收入维持。1996年7月，州水利电力局更名为州水利水电局，统一管理全州水资源和江河、水库、防汛抗旱、水土保持、地方水电建设和行业归口管理。内设办公室、财务科、水电科、水利科、水政水资源管理科。2002年3月，州水利水电局更名为州水利局，将原来电力工业行政管理职能移交给州经济贸易委员会。州水利局负责全州水利、水土保持、防汛抗旱、水利行业的小水电建设和管理，组织协调农村水电、电气化工作，内设办公室、水政水资源科、水土保持科、防汛抗旱科、农村水利科、建设管理科。2001年，水利部批准勐海县大型灌区建设后，2002年3月，勐海县成立了副科级单位“勐海县大型灌区管理局”。2002年，澜沧江景洪段城市防洪大堤建设后，州水利局成立了正科级单位“澜沧江景洪提防管理所”。① 目前，州水利局内设办公室、规划计划科、水政资源科、农村水利科、建设管理科、水土保持科、防汛抗旱科（见图3-2）。其中，农村水利科负责农村水利的管理和改革；组织协调农田水利基本建设；指导农村饮水安全、节水灌溉、排水及雨洪资源利用等工程建设与管理；指导农村水利社会化服务体系建设；提出有关水利价格、收费、借贷的建设；负责水利综合统计工作。

① 西双版纳傣族自治州水利局. 西双版纳傣族自治州水利志（1978—2005）[M]. 昆明：云南科技出版社，2012：118.

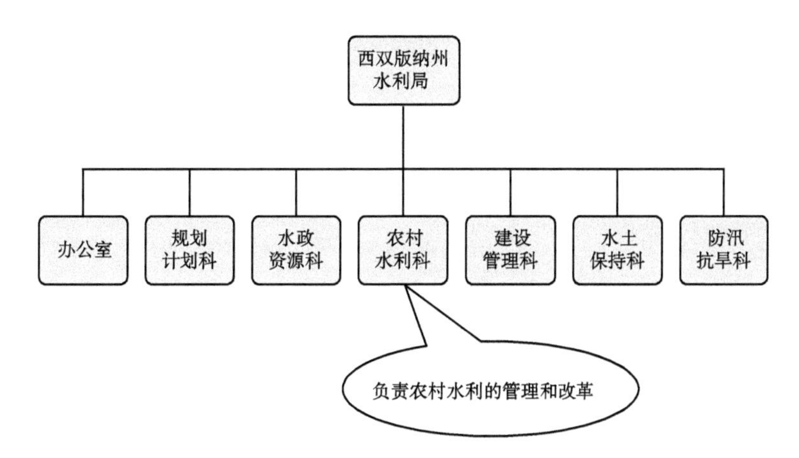


图 3-2 西双版纳州水利局机构设置

上述可见，新中国成立后西双版纳的土地制度发生了实质性的变革，对土地有强烈依附性的农民从传统封建领主制的统治下解放出来，成为生产资料的主人，在经历一系列社会主义改造的过程中，伴随农田水利基本建设事业的推进，传统的“板闷制”运行机制不再适合农业生产合作社和人民公社以及随后的联产承包责任制，而被现代“库渠制”所代替。

## 二、稻作生产方式发生巨变

生产方式是生产力和生产关系的统一体。从生产力的实体性构成要素看，主要包括劳动者、劳动资料和劳动对象，非实体性要素包括科学技术和管理；从生产关系的构成要素看，主要包括生产资料所有制、人们在生产过程中的地位和相互关系、产品分配形式。新中国建立后，不仅劳动者的社会地位发生了根本性的变化，而且对田地的主体地位使农民的生产积极性获得了极大解放。伴随汉族文化的传入和政府对内地生产方式的推介，无论是版纳的稻作生产力，还是生产关系都发生了显著变化。这是“板闷制”向“库渠制”现代变迁非常重要的影响因素。

### 1. 稻作生产者数量和结构发生变化

对比新中国成立前后西双版纳稻作生产者的状况，可以看到几个非常明显的变化：一是劳动者的数量大增；二是结构改变；三是文化背景不同。①

从数量上看，据云南省民政厅的人口统计档案，民国三十五年（1946年）西双版纳总人口有120391人。1948年，全境有28552户，119549人。1949年末，车里、佛海、南峤、镇越4县总人口205564人。新中国成立后，生产发展，社会稳定，民族团结，危害人民生活健康的疟疾等传染病得到控制甚至消灭，大量内地人员进入西双版纳支援边疆建设，人口的自然增长和迁移增长持续上升，人口总量迅速增加。1953年建州时的年末人口有227853人；1964年全国第二次人口普查年，西双版纳的年末人口总数为370972人；1982年全国第三次人口普查年，西双版纳的年末人口达到了648169人。1990年全国第四次人口普查年，西双版纳的年末总人口数达到787812人（见图3-3）。1993年，西双版纳傣族自治州成立40年，全州人口达到798086人，比1949年末的总人口增加592522人，增长2.88倍；比1953年末人口增加570233人，增长2.5倍。②

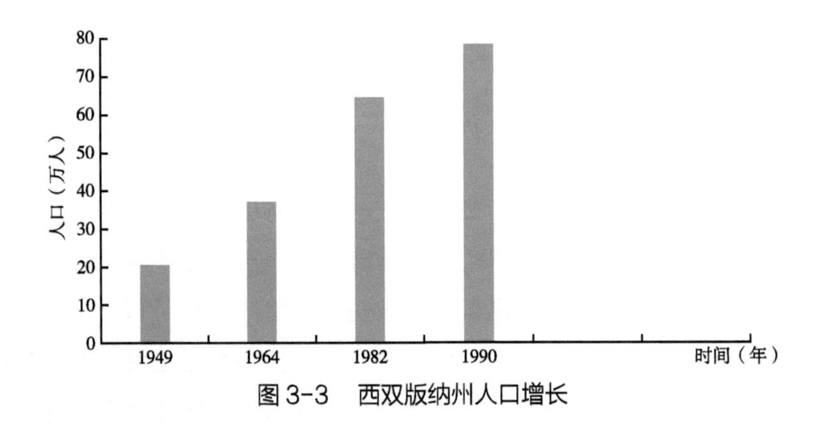


图3-3 西双版纳州人口增长

① 劳动者数量、结构、文化背景的相关数据均出自：西双版纳傣族自治州地方志编纂委员会. 中华人民共和国地方志丛书——西双版纳傣族自治州志（上册）[M]. 北京：新华出版社，2002：350—376.

② 数据来源：西双版纳傣族自治州地方志编纂委员会. 中华人民共和国地方志丛书——西双版纳傣族自治州志（中册）[M]. 北京：新华出版社，2002：350—351.

巨幅增长的人口不仅为西双版纳带来了大量的建设者，也带来了巨大的消费群体。因为所有这些新增人口都需要消费粮食，而传统的傣族稻作方式远远满足不了新增人口的生存需求。为了解决这一现实问题，唯一的出路就是发展生产，而发展生产的一个重要标志就是产量提升。除了单位亩产量提升之外，还有面积扩大后的总额提升以及科技投入后的效率提升。这对西双版纳傣族传统的稻作方式提出了严峻的考验：单位亩产数量提升需要对品种和灌溉方式进行变革；扩大面积需要解决水源问题，要求增加灌溉渠道；科技投入提高效率需要改进灌溉方式……这一系列问题的解决都与稻作灌溉不可分离，无疑对传统“板闷制”提出了革新的要求。

从结构上看，1944 年，云南省民政厅编写的《思普沿边开发方案》记载了车佛南 3 县的民族构成：“12 版纳人口总计 18 万余，以摆夷为主要土著，其中……车里县——人口总数 27831 人……佛海县——人口总数 23536 人……南峤县——人口总数 26180 人。”可见，车里境内，摆夷占总人口 80% 以上，佛海、南峤均占 60% 以上，而汉人在 3 县境中，其百分比仅及 5%。西双版纳主要是以傣族为主的少数民族聚居区，其他民族如基诺族、哈尼族、布朗族等虽有一定的数量，但基本不耕种坝区水田。由于生产力水平不高，尤其是医疗卫生条件的限制，导致人口的再生产能力有限，加之热带原始森林地带人烟稀少，致使西双版纳地区地广人稀，稻作生产的主体主要就是傣族。但是，新中国成立后，由于南下部队的留驻和后来“知识青年上山下乡”的政治运动影响，大批内地汉族迁移到了西双版纳，民族结构发生重大变化，原来少数民族尤其是傣族为主的稻作生产主体变成了汉族或内地民族加入的状态。1953 年建立自治区时，总人口只有 227853 人，汉族人口 14726 人；少数民族人口 213127 人，占总人口的 93.54%。其中，傣族 123427 人，占全自治区总人口的 54.17%。1964 年，第二次人口普查时，总人口达 363544 人，汉族就达到了 83109 人，占 22.9%；傣族 149069 人，占 41.0%。1982 年，第三次人口普查时，总人口 646445 人，汉族猛增至 185864 人，占 28.8%；傣族 225488 人，占 34.9%。1990 年，第四次人口普查时，总人口 796352 人，汉族达到 201417 人，占 25.3%；傣族 270531 人，占 34.0%。1993 年，建州40周年时，总人口798086人，汉族人口206502人，占25.9%；傣族278955人，占35.0%。由于汉族人口增加快，与1953年相比，汉族占人口的比例上升了19.44百分点，少数民族总总人口的比例相应下降了19.44百分点（见图3-4）。[①] 这对西双版纳的稻作生产提出了很高的要求，特别是要体现社会主义制度比封建制度的优越性，大力发展生产，满足版纳属地人口生存的基本需求就成了政治和经济生活的重中之重。要解决这一基本问题，就必然要发展稻作生产，而稻作生产的发展势必对传统水利灌溉的能力和制度提出挑战。

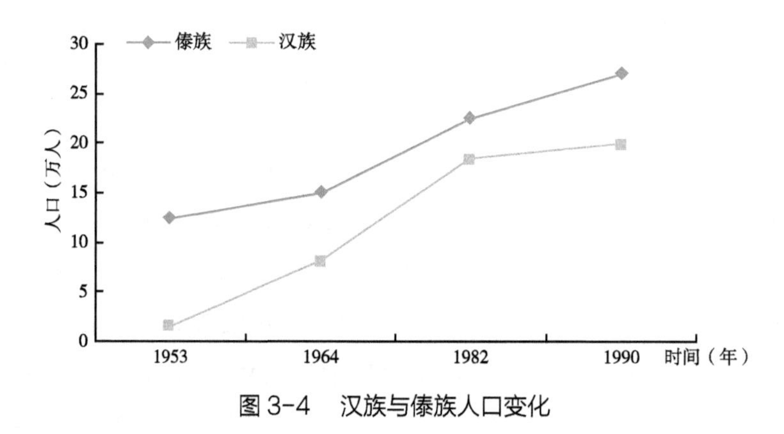


图3-4　汉族与傣族人口变化

从文化背景上看，新中国成立前，西双版纳除了佛教寺院，正规学校寥寥无几，而且只有部分为僧的男子才能学习傣文，妇女中除极个别贵族女子外，均不识傣文。1945年，勐海县的只有3人受过高等教育，达到小学文化程度的仅1993人，占总人口的0.17%；受中等教育的155人，占总人口的0.01%。世代耕作于西双版纳的傣族早已熟悉了传统的耕作方式，“板闷制”运用熟练并较好地发挥其作用。但是，对于内地来的新建设者而言，不仅热带水田与内地不同，而且他们对于“板闷制”也是陌生的，一句话：整个生产环境发生了变化。抱着“改造一个旧世界建立一个新世界”政治信念和青年人敢想敢干的激情，用内地的稻作方式来取代傣族传统的

① 数据来源：西双版纳傣族自治州地方志编纂委员会. 中华人民共和国地方志丛书——西双版纳傣族自治州志（中册）[M]. 北京：新华出版社，2002：371—374.

稻作方式的革命青年大有人在，加之政府推介新的耕作方式的政治动力驱使，形成了变革傣族传统稻作生产方式和革新“板闷制”的一股强大的人为力量，也是促成传统稻作灌溉制度变革的最根本的原因。

2. 稻作生产对象发生显著改变

生产者或劳动者是生产力中最活跃的人的因素，决定了生产力变革的方向。而劳动对象和生产资料就是生产力中物的因素，直接影响着生产力的发展水平。就劳动对象而言，西双版纳稻作生产不仅与其耕地面积有关，而且与其选用的稻作品种有关，二者对稻作生产力发展状况有一定影响。就生产资料而言，最核心的就是生产工具的发展水平，这里的工具，除了种植水稻的锄头、耕犁之外，从稻作灌溉的角度，还有灌溉工具的先进程度会直接影响稻作生产力的提高。

就耕地面积而言，1949 年，西双版纳州境内各县耕地面积占总面积的 1.9%，水田面积只占总面积的 1.18%。20 世纪 50 年代以来，党和人民政府不断扶持农业生产，兴修水利，变荒田为农田，使水田面积逐年增加。1966 年底，全州水田面积达到 590005 亩，17 年新开水田 251998 亩，年均 14800 亩。新增的水田种植水稻必然需要水利灌溉，大幅提高的水田面积对加强水利灌溉基础设施建设提出了迫切的要求。

就稻作品种而言，水稻是西双版纳傣族的主要粮食作物，主要产于坝区水田。据史籍记载，唐代已实行犁耕。公元 819 年（傣历 181 年），茫乃政权的统治者傣泐王就发动群众兴修水利，开田种稻，经过千百年的经验积累，有了一套相对成熟的稻作生产技术和管理经验。新中国成立前，傣族农民喜食糯米，坝区多种糯稻，品种以“毫勐亨”、“毫哈”为主。水稻品种有：毫弄索、毫弄干、毫龙尖温、毫龙良、毫龙冷、毫龙勐等。20 世纪 50 年代初，西双版纳农作物品种基本上是过去遗留下来的老品种，品种退化，抗逆性差，产量低。1960 年，中央提出自繁、自选、自留、自用，辅以必要调剂的“四自一辅”[①] 种子工作方针。1972 年，国务院又提出了

① “四自一辅”，1958 年提出。全称为“主要依靠农业自繁、自选、自留、自用，辅之以必要调剂”。

以县为单位，逐步建立健全良种繁育体制，做到县有示范繁殖农场，社有种子队，生产队有种子田。西双版纳州、各县、各公社都先后建立了良种场和种子田。先后引进、选育和推广了一批适宜本地区的优良品种，使良种化的程度大大提高，促进了生产的大发展。

20 世纪 50 年代，州境内水稻品种以“毫勐亨”、“毫哈”等为主的糯稻地方品种当家。60 年代初，普文农场从广西引入黏稻白壳矮试种，1960 年早稻种植 700 亩，平均亩产 272 千克，最高可达 350—450 千克。1963 年州农科所引进试种该品种，单产 386.8 千克，比当地良种增产 40% 以上。1964 年又在景洪、勐腊两县 7 个点示范种植 40.95 亩，平均单产 330.2 千克，比本地种增产 43.6%—104.6%。1965 年后，在全州大面积推广。此品种抗病性强，基本上控制住了景洪、勐腊等地区当时爆发黄矮病的危害。在引进推广白壳矮的同时，1963 年，州农科所技术员王国茂等技术人员以珍珠矮作母本，白壳矮作父本通过常规育种，选育出珍白 18 号、珍白 134 等 5 个优良品种，推广面积达万亩以上。70 年代，又从广西、福建等地引进博绿矮、玉林包矮、农试四号等良种。博绿矮主要在景洪、勐腊两县海拔 800 米以下地区种植，最大年种植面积有 15 万亩左右，成为景洪县的主要当家品种。农试四号、玉林包矮主要在勐海县种植，面积有 5 万亩左右。70 年代中期，州农科所、种子管理站、勐海、勐腊两县农科所和大勐龙农科站，先后又选育出博选 1 号、博选 3 号、博选 8 号、博选 9 号、博选 30 号等黏稻优良品种和 6×井、25-1、318、干博 4 号等糯稻良种。各品种种植都在万亩以上，其中 6×井糯稻在勐海县种植达 10 万亩以上；25-1 糯稻在全州 3 县种植达 4 万亩以上，是当时种植糯稻的当家品种，解决了傣族人民吃不上糯米饭的大问题。进入 80 年代后，除州农科所、勐海县农科所选育出版纳 9 号、龙紫 11 号等品种外，主要是引进和繁殖推广杂交稻。1983 年，全州辖区种植杂交稻 1648 亩（其中农村 998 亩），1985 年推广 120000 亩，到 1990 年全州种植面积 264993 亩，平均单产 388 千克，比常规稻增长 100 千克以上。杂交稻的品种组合主要是汕优 63。80 年代以来，先后又引进繁殖推广滇瑞 408、滇陇 201、滇瑞 456、滇瑞 449

等。[①] 上述水稻品种的选育呈现出的一个演变规律是：地方种→外引种→选育种→杂交种；糯稻→黏稻；高秆→矮秆。通过水稻品种的改良，农业生产力大幅提高。

水稻品种的改变对水利灌溉提出了新的要求。因为水稻具有水生的特性，在生长过程中，需要较多的水分，但不同品种的需水量不完全一致。在水稻全生育期中，只要土壤保持 80%以上水分，对水稻的生育没有任何妨害。如果土壤含水量降至 60%以下，则因为水稻的叶面蒸腾量超过根部吸水量，而破坏植株体内水分平衡，导致凋萎、干枯，以致减产。水稻的需水量应是从种到收整个生育期间的总耗水量。种植水稻，绝大部分地区都是采用育苗移栽方式，秧田阶段，每亩约需供水 200—300 立方米，摊到每亩大田不过 20 立方米左右，所以一般都只计算大田的用水量。大田耗水，包括叶面蒸腾、株行间蒸发和地下渗漏 3 个部分。①叶面蒸腾。是指水稻通过根系自土壤中吸收水分，经过茎秆内部的输导组织，送到叶片而挥发出去的水分。就一天来说，早、晚蒸发量小，吸水、吸肥很少，中午蒸发量最大，吸水、吸肥较多；从季节来说，春天蒸发较小，不如夏、秋吸水、吸肥多。②株行间蒸发。系指稻田株行间的水面直接接受太阳光照射蒸发出去的水分。一般在水稻封行以前，由于叶片既小又少，株行间的水面裸露面大，蒸发量也比较大。水稻封行以后，株行间的水面被稻的茎叶遮蔽起来，蒸发量相对的要少一些。另外，稀植，株行间的蒸发量较大；密植，则蒸发量较小。③地下渗漏，常叫稻田漏水。分稻田田底渗漏和田埂侧面渗漏两种情况：就前者而言，田底渗漏主要是土壤沙性较大，或者土壤结构较差；其次是地下水位低；也有因稻田深耕，破坏了原来的犁底层，而加大渗漏量的。就后者而言，田埂侧面渗漏，绝大部分是泥鳅、黄鳝、蝼蛄、蚯蚓、蛇、蚁等穿孔为害；少数是新筑的田埂没有打实。把叶面蒸腾、株行间蒸发和地下渗漏加起来，一亩水稻在生长期间总共需要多少水还是无法准确确定，因为水稻的品种很多，各个品种的生长特性互不

① 西双版纳傣族自治州地方志编纂委员会. 中华人民共和国地方志丛书——西双版纳傣族自治州志（中册）[M]. 北京：新华出版社，2002：232.

相同，有些品种生长期很长，要170—180天才能成熟，有些品种生长期很短，只要80—90天就可以成熟。生长期不同，所需要的水量，差别很大。土壤因素更复杂。沙土渗透力强，黏土渗透力弱，同样灌1寸（3.3厘米）多深水，保水力强的重黏土可维持10天左右，而漏水性较强的沙土田，仅仅只能维持1—2天。再说，地区之间气候条件也不一样，有的地方降水多，有的地方降水少；有的地方气温高，蒸发量大，有的地方气温低，蒸发量小。这些都直接影响需水量。此外，与地下水位高、低也有关系。地下水位高的田，渗透少，需水量也少；地下水位低的田，渗透大，需水量也多。灌溉方法方面，灌水越深，渗漏越多；灌水越浅，渗漏越少。老稻田与新稻田也有不同，老稻田土壤经常灌水，表层的细粒，充满了下层土壤空隙，漏水较少；新稻田下层土壤空隙多，漏水也多。总体上看，从插秧到成熟期的总耗水量：早稻为260—330立方米，晚稻为240—400立方米，如果包括秧田和本田插秧前泡田、犁田、耙田用水，每亩还要多100立方米左右。

另外，不同水稻品种在其各生育期对水的要求也有一定差异。总体情况为，秧田期苗小，叶少，根不发达，吸收不了较多的水，植株本身也不需要太多的水。特别是3叶期前，抗旱力比较强，需水很少。插秧后到返青期，植株矮小，根的吸收力弱，新根没有发起来，叶面蒸腾耗水不多。往后，随着秧苗不断长大，叶片逐渐增多，每片叶子的面积也逐渐加大，耗水量不断增加，到孕穗、抽穗、开花时，水稻植株蒸腾耗水最多，是水稻一生需水最多时期。在这期中，又以幼穗分化期和抽穗前10—14天，即花粉、胚囊形成期最怕旱，必须保证不缺水。抽穗、开花以后，植株既不增高，叶片也不加大，相反，生长势逐渐衰退，生理活动逐渐减弱，蒸腾耗水量也日渐减少。再有，早稻、中稻、晚稻生育期长短不同，各生育期所处的气候条件都不一样，需水量有较大的差异。就早稻来说，生长前期气温较低，阴雨天多，蒸发量小，需水量较中稻、晚稻少。但越到后期，气温越高，蒸发量越大，直到成熟期，仍需要较多的水分。而连作晚稻则恰恰相反，生长前期气温高，需要较多的水，后期气温低，所需水分比早稻少。①

从以上水稻对水量需求不同可以看出灌溉量必须因时制宜，傣族传统灌溉系统中的分时、分段、分期用水以及水量大小控制的技术对上述不同水稻品种的需水要求具有较好的适应能力，也对现代灌溉体系提出了比较高的要求。

### 3. 水稻耕作制度在尝试中创新

耕作制度最基本的形式有两种：一是单种，二是复种。傣族民间早有“毫纳京”（早稻）、“毫纳垒”（中稻）、“毫纳比”（晚稻）之分。历史上，灾荒之年才种双季稻。1954 年，景洪坝区曼乱典受灾，人民政府组织生产自救，种双季稻 2792 亩，单产 131.3 千克，以后逐年扩大。1979 年，双季稻种植面积达 11.6 万亩，占水田面积的 53%，总产 1358 万千克，占水稻总产的 27.7%。由于部分水田没有灌溉保证，收成不好，1980 年双季稻面积有所下降，每年保持在 6 万—7 万亩。1993 年，辖区双季早稻播种面积 6.38 万亩，总产 1913 万千克，占水稻产量的 23%。

新中国成立以后，由于人口剧增，对西双版纳粮食产量提出了极大需求，原来傣族一年只种一季水稻的传统在面临要迅速增产的要求时，被无情地打破了。全州各地在不同的水稻耕作制度方面作了一些尝试，而每一种尝试都需要有水利的保证。由于复种作物不同（即便相同也采取了每年两熟甚至三熟加大密度的耕作方式），对水的需求量各异，这在无形中推动了水稻灌溉制度在探索中创新。比如，①“三季复种”。1960 年，州农科所在勐罕公社的曼燕、景洪的曼真试验三季复种获得成功，曼真试种 7.32 亩，亩产 1000 千克，但未大面积推广。②稻豆复种。新中国成立初期，人民政府组织马帮从景东驮来蚕豆、豌豆籽种推广种小春。因农民不习惯种植，未巩固。1966 年，全县大种冬黄豆，面积达 1.6 万亩，豌豆 9000 亩，多数因管理不善，收成很少。此后，南部坝区较少种植，江北坝区尚有一两千亩。亩产仅两三十千克。③稻麦复种。1953 年，从内地调入小麦试种，

① 李君凯. 水稻栽培［M］. 北京：农业出版社，1982：113—117.

1956年推广稻后麦。1970年稻后麦面积1593亩，亩产四五十千克。1974年后已停止种植。④水稻花生油菜小葵子复种。1966年推广冬花生，1980年以前每年种一两千亩。20世纪80年代后逐年减少。1974—1978年推广过稻后油菜，面积达7000亩，80年代后基本停止种植。1975年引入小葵子在普文、景讷等地中晚稻后种植，1976—1979年面积达一两千亩，种过小葵子的田，水稻一般能增产20%以上。⑤水稻棉花复种。1956年在曼占宰、曼景兰及勐罕的曼列中晚稻后试种地棉成功。1958年稻后棉面积达1.25万亩。由于冬棉费工，技术要求高，20世纪70年代后基本停止种植。⑥水稻甘蔗复种。勐旺、景訥、大渡岗等植蔗区，每年约有万亩稻田植蔗。甘蔗宿根2—3年，蔗后种稻一般增产20%。⑦水稻绿肥复种。1966年县农技站从江苏、湖北、广西等省、自治区引入苕子、紫云英等冬季绿肥在全县推广3000亩。1976年引入田菁、太阳麻在景洪公社良种场进行稻肥复种试验，亩产稻谷799千克。现已绝种。⑧水稻西瓜复种。60年代普文农场首先在中晚稻收后试种西瓜，带动周围群众。稻瓜复种，不仅西瓜效益好，且提高土壤肥力，种过西瓜的稻田，一般能增产20%。⑨水稻烤烟复种。新中国成立前仅零星种植，1987年稻后烤烟试种成功，种过烤烟的稻田一般能增产20%—30%。⑩水稻田一年三熟。1991年在景洪进行试验22亩，即水稻种后种马铃薯，马铃薯收后种冬白菜获得成功，亩产稻谷560千克，马铃薯1000千克，白菜3000千克，亩产值达2472.85元。

复种品种多样化、复种指数提高，这些因素都需要变革原来水稻单一种植的模式，需要根据各种复种品种以及复种水稻在不同季节中的需水量进行水利灌溉的调整。这在一定程度上成了推动西双版纳水利灌溉技术改进和管理制度变革的先导。

## 三、初步建成现代水利灌溉系统

新中国成立前，西双版纳的“板闷制”与边疆其他少数民族地区的各种水利灌溉方式相比较，可以称得上是独具特色，自成体系。但如果从全国范围看，则与内地的省份尤其是汉族地区的稻作灌溉技术有一定差距。新中国成立后，由于社会主义建设之需，从内地引进了先进的现代水利灌溉建设技术对传统的傣族水利灌溉进行大规模的创新，特别是在20世纪60—70年代水利建设事业蓬勃发展，不仅对原来的沟渠进行了全面整治，而且新建了对稻作灌溉非常重要的各级水库，使西双版纳建起了相对完整的水利灌溉系统。水利灌溉事业的发展促进了农业生产力的极大提高，体现出与“板闷制”时代明显不同的高支持率、科学化、标准化的特征。傣族传统的水利灌溉系统主要是建立在“林—水—地—粮—人”这样的观念基础之上的沟渠——稻田系统，水利灌溉之水主要来自天然降雨和山林涵养的水源，以人工修建的沟渠作为水流传输的基本方式而灌溉稻田，采用引水、提水等手段实施稻作灌溉。新中国成立后，由于采用内地先进的水利建设技术改造现有的水利灌溉设施，逐步形成了“引水、蓄水、提水”相结合的现代灌溉系统，蓄水工程建设打破了原来傣族传统灌溉基本依天时地利而丰歉的状况，提高了丰水年和缺水年的自觉调节能力，增强了水利灌溉的稳定性和对粮食增产丰收的贡献率，极大地促进了农业生产力的发展。

1. 引水工程

新中国成立前，傣族群众长期为农田一部分水旱、另一部分水患的矛盾所困扰，积极思考解决的办法，并在长期总结生产经验的基础上，探索创造了在小溪、河流上用竹子编制竹笼装石堵坝修沟引水的灌溉农田的办法，在生产实践中实施应用取得了良好的效果，也为“板闷制”的实行奠定了基础。新中国成立后，政府不仅调集水利专家对西双版纳的水源条件进行勘察，而且用政府的行政力量组织发动群众开沟引水灌溉农田。20世纪50年代，除修复旧有水渠外，还积极贯彻“以引水为主，小型为主，群众自办为主”的方针，掀起群众性大办水利的热潮。到1978年年底，全州共建有大小水沟2756条，有效灌溉面积8.56万亩，比“板闷制”时代翻了几番。之后，随着蓄水工程的修建，有的水沟并入水库的灌溉渠道，同时又新建部分水沟。至1990年年底，全州建成大小引水沟3717条，有效灌溉面积 17.89 万亩，几乎是“板闷制”时代的 20 倍。2005 年年底，全州建成大小引水沟 3781 条，有效灌溉面积 26.84 万亩。[①] 引水工程主要包括旧渠改造扩建和新建引灌工程两大部分。[②]

——旧渠改造扩建

新中国成立前所建水渠，0.3 米³/ 秒以下的小沟、小坝居多，0.3 米³/ 秒以上的引水沟渠集中在景洪坝和勐龙坝。由于旧渠道既浅又窄，堤埂单薄，加之管理不善，淤塞情况未能及时解除，致使引水流量逐渐减少，灌溉效益较差。人民政权建立后，对这些旧渠进行了改造扩建。比如，位于景洪县嘎栋乡距县城 30 千米的创业大沟，原为曼沙大沟，属唐代修建的引水工程；以南溪河为水源，渠道经曼列、曼沙、曼暖坎、曼回索、曼栋老、曼腊、曼磨囡直接到曼景兰，余水注入流沙河，全长 25 千米；据 1954 年统计，可灌 4240 亩。由于沿沟土壤属砂岩风化的砂质黏土，渠道宽窄不一，堤埂单薄，跑漏水量损失达 50%，加之多年失修，坍塌严重，渠道淤塞，自曼腊以下，缺水灌溉，不能按时栽插。1962 年，将原 144 米长的木渡槽改线建成为 9 米长的钢筋混凝土永久性渡槽，灌溉面积增至 5180 亩，缓解了用水之需。但因水源不足，无法从根本上完全解决灌溉问题，后于 1966 年 11 月—1967 年 3 月兴建创业大沟，引曼点河水入南溪河增加水量。渠道引水流量增至 1.8 米³/ 秒，极大地解决了水源不足的问题。曼沙大沟与创业大沟合计总长 32 千米，设计灌溉面积 7000 亩，实际灌溉 4744 亩，现统称创业大沟。1989 年，累计投资 113.23 万元，投入劳动力 38.98 万工日。建成石砌滚水坝 1 座，坝高 2.8 米，顶宽 2.5 米，底宽 4.5 米，坝长 8 米。2005 年受益区粮食达 18713 吨，农民人均纯收入 2882 元。[③] 又如，

① 西双版纳傣族自治州水利局．西双版纳傣族自治州水利志（1978—2005）[M]．昆明：云南科技出版社，2012：90.

② 数据来源：西双版纳傣族自治州地方志编纂委员会．中华人民共和国地方志丛书——西双版纳傣族自治州志（中册）[M]．北京：新华出版社，2002：153—156.

③ 参看西双版纳傣族自治州水利局编．西双版纳傣族自治州水利志（1978—2005）[M]．昆明：云南科技出版社，2012：93.

曼迈大沟因渠道浅窄、堤埂单薄，引水流量不到 0.2 米$^3$/ 秒，缓慢的水量与作物急切待灌形成了鲜明的反差。为了解决引水流量问题，1958 年 2 月扩建，拓宽加深渠道，在山沟架设两座木渡槽，新开渠道 5.7 千米，从曼迈延伸到曼广卖以南，全长 10 千米。1964 年，将两座木渡槽改建为钢筋混凝土渡槽。1990 年建永久性渠首拦河坝，引水流量增至 1.5 米$^3$/ 秒，是原来的 75 倍，实际灌溉面积 2978 亩，较好地解决了稻作灌溉的问题。再如，曼老水沟因旧沟道浅窄，流量小无法满足正常的灌溉之需，经常发生稻田丢荒和歉收情况。新中国成立后，政府曾多次组织群众整修渠道。1976 年 5 月，国家投资 3.2 万元在渠首建永久性拦河坝，坝高 1.5 米，引水流量加大到 0.5 米$^3$/ 秒，实际灌溉面积 3813 亩，有效改变了原有问题的状况。还有，富腊河水沟由于旧沟开挖时堤埂单薄，渠道浅窄，拦河坝仅为临时应急而建，水量小，不能较好地缓解灌溉紧张问题。1984 年，在河道上堵坝建闸三孔，每孔宽 4 米、高 2 米，平板定轮钢闸门，引水流量 1.2 米$^3$/ 秒，灌溉 4600 亩，极大地解决了前述问题。

——新建引灌工程

新建引灌工程主要出于对原来没有沟渠影响稻作生产的地方进行建设，新中国成立后新建引灌工程主要有 8 条：①大脚树大沟，为勐腊县重点引水工程，引南腊河水入渠，修建滚水坝（见图 3-5），坝高 4 米，坝顶长 73 米，全渠总长 49.6 千米，其中，主干渠 18 千米，引水流量 6 米$^3$/ 秒。主干渠尾端有一座 400 千瓦水电站。设计灌溉农田 3 万亩，实际灌溉 1.3 万亩，是灌溉与发电综合利用的中型引水工程。1973 年 5 月，工程竣工后，塌

图 3-5　1974 年大树脚拦河大坝

（图片来源：州水利局）

方、漏水、积泥等经常发生，不能保证正常通水。1980 年 11 月—1984 年 6 月，在总干渠和左右干渠的病险地段浇灌“三面光”混凝土沟渠和“四面光”暗沟 103 处，总长 5349 米，以及修复渡槽、桥涵等工程。经过多年整修加固，水渠畅通，灌溉面积由 1984 年的 6000 亩，增至 1993 年的 12749 亩。1995—2000 年，大树脚大沟被列为勐腊县农业综合开发水利项目，投资 180.19 万元，群众投工投劳 2 万个工日，主要实施了延伸工程及维修加固防渗沟长 32.80 千米，修建取水口 10 个，改善灌溉面积 31000 亩，增产粮食 378 万千克，辖区内人均净增粮食 220 千克，农民人均收入增加 113 元。②三公里引水工程，勐海县的水利建设重点工程（见图 3-6）。坝高 4.3 米，长 30 米，分东西中三条干渠，全长 43 千米。东干渠引水流量 0.8 米$^3$/ 秒，西干渠引水流量 1.2 米$^3$/ 秒，灌溉 1.68 万亩。1958 年对坝基和右边墩基础灌浆处理，下游护堤加固。1978 年对东西干渠进行局部整修配套。1989 年再次对东西干渠分段进行三面光护砌。③曼光罕水沟，景洪县重点引水工程。1976 年 2 月 10 日正式动工，于 1977 年挖通全线 30.1 千米渠道，渠道在叭往（光明）寨以西，经曼红、曼兵、曼散、曼肯流入南肯河，引水流量 2 米$^3$/ 秒，设计灌溉 7000 亩。1979 年 2 月完成石砌滚水坝，坝高 2.5 米，长 22.1 米。1989 年用商品粮基地建设资金 95 万元，对曼光罕大沟进行配套工程建设，完成钢筋混凝土渡槽 2 座，总长 120 米，隧洞 2 座，总长 80 米，渠道“三面光”护砌 450 米，1991 年全部竣工，使渠道缩短 12.5 千米。④曼别大沟，是景洪县万亩引灌工程。1964 年 1 月 7 日动工，1965 年继续开挖 11.5 千米渠道，完成渠道建筑物共 71 件，为石砌滚水坝，坝高 2.06 米，长 65 米。至 1983 年年底，经两次修建，渠道全长 21.5 千米，引水流量 1.2 米$^3$/ 秒，设计灌溉面积 1.2 万亩，1988 年实灌面积已达到设计标

图 3-6　1958 年兴建的三公里滚水坝

（图片来源：州水利局）

准。1996—2000 年，国家投入滇西南农业综合开发资金进行扩建，设计灌溉面积 12000 亩，2005 年实际灌溉面积已达 10000 亩。⑤南肯大沟。1958 年 3 月动工，6 月，渠道全线开通，全长 27 千米，引流量 1 米 $^{3}$/ 秒，设计灌溉面积 1500 亩。⑥曼栋大沟。1972 年建成渠道滚水石坝，坝高 2.2 米，土石方 875 立方米，渠首进水量 4 米 $^{3}$/ 秒，全渠平均引流量 1 米 $^{3}$/ 秒，设计灌溉面积 6600 亩，实际灌溉面积 3674 亩。⑦城子—曼龙扣大沟。1974 年，对原沟进行拓宽加深。渠线经过 9 个村寨，全长 15.5 千米，引流量 1 米 $^{3}$/ 秒，设计灌溉面积 4500 亩。⑧曼那大沟。1958 年 2 月开工兴建，1959 年 9 月竣工。1963 年后对滑坡、塌方等病险地段进行为维修加固，设计灌溉 1 万亩，实际灌溉面积 7000 亩。1995 年，曼那大沟列为勐腊县农业综合开发水利项目，开挖渠道 7 千米，防渗加固渠道 0.5 千米，建取水口 5 个，1999 年 5 月完工。曼那大沟渠配套项目工程投资 87.58 万元，受益区群众投工 1.5 万个工日，改善农田灌溉面积 1 万亩，受益区每年粮食增产 64.25 万千克。新建的这些引灌工程在很大程度上缓解了农业用水问题。

此外，为解决临时提水问题，新中国成立前，西双版纳的百姓普遍采用竹、木、草、泥等临时性堵拦河坝，抬高水位，挡水入田进行灌溉。新中国成立后，采用先进的引水技术，修建了多座水闸，用机械力量启闭闸门，控制水量，进行排灌，有效地改善了农田灌溉条件。至 2005 年年底，全州建成水闸 15 座。其中，中型水闸 3 座，小型水闸 12 座。设计过闸流量 100 米 $^{3}$/ 秒以上具有代表型的水闸集中在勐海县，包括三公里水闸、十二公里水闸、曼贺龙水闸。全州水闸设计灌溉面积 6.88 万亩，实际灌溉面积 5.95 万亩。

2. 蓄水工程

蓄水工程主要包括两个方面：一是坝塘，二是水库。西双版纳蓄水工程建设情况如下。[①]

---

① 数据来源：西双版纳傣族自治州地方志编纂委员会. 中华人民共和国地方志丛书——西双版纳傣族自治州志（中册）[M]. 北京：新华出版社，2002：150—153.

——坝塘

新中国成立前，西双版纳坝区的傣族和其他民族有在田边村旁修建坝塘的习惯，以养鱼为主丰富自家及周边百姓的饮食品种，同时拦蓄雨水兼顾灌溉，特别是在干旱时还可以放坝塘里的水解决撒秧时水源不足的问题，以调剂用水之需。1950 年，全州约有大、小坝塘 100 多个（见图 3-7）。新中国成立后，村寨群众投工投劳，新建了一批坝塘，多数在坝区的乡镇，少数在山区。原有的稍大一些的坝塘有的被扩建为小型水库。1980 年，全州大、小坝塘发展到 147 个，蓄水 466 万立方米，灌溉面积 8100 多亩。1990 年年底，全州坝塘增加到 152 个，蓄水 489 万立方米，有效灌溉面积 0.83 万亩，以勐遮、勐混坝区较多。后来，各地的坝塘数量又增加了一些，较大的坝塘有：莲花池，位于勐腊县勐润乡勐润寨附近，常年有水，水面 80 余亩，最深处达 5 米多，平均水深 1 米多，后经人工加固，蓄水 10 万立方米，可调节灌田 800 亩，年产鲜鱼 3 吨多。勐养大鱼塘，位于勐海县勐遮乡曼勐养村。在原有基础上经过重新修筑，可蓄水 13 万立方米，灌

图 3-7　小坝塘（秦莹 摄）

田400亩，水面250亩，年产鲜鱼12吨。勐罕大鱼塘，位于景洪县勐罕镇曼听寨旁，现有水面1500亩，最大水深可达3米，蓄水250万—300万立方米，是景洪市场的鲜鱼生产基地，也是勐罕镇景讵办事处、曼听办事处及附近农场的农田及经济作物、小鱼塘等提灌的水源。到2005年，全州共有坝塘165座（其中：景洪35座，勐海117座，勐腊17座），总库容578万立方米，有效灌溉面积1.52万亩。

——水库

对西双版纳水稻灌溉有直接调水功能的是水库。1950年以前，西双版纳仅有一座小（一）型以上的水库，没有中型水库。1957年，州县政府组织开建中型水库4座，即曼飞龙水库、勐邦水库、那达勐水库、曼满水库。1978年底，全州建成中型水库3座，总库容5320万立方米，有效灌溉面积8.75万亩。1979年后，新增勐海县那达勐水库（见图3-8）、勐腊县大沙坝水库。2005年底，共建中型水库5座，总库容17303万立方米，兴利库容12680万立方米，设计灌溉面积23.51万亩，有效灌溉面积17.22万亩。全州小（一）型水库[①]均为新中国成立后兴建，1978年底全州建成小（一）型水库13座，总库容3003万立方米，有效灌溉面积4.68万亩。1979—1990年建成8座，至1990年建成小（一）型水库21座，总库容5649万立方米，兴利库容4643万立方米，有效灌溉面积5.07万亩。1991—

图3-8　那达勐水库大坝及其灌区
（秦莹 摄）

① 数据来源：西双版纳傣族自治州地方志编纂委员会. 中华人民共和国地方志丛书——西双版纳傣族自治州志（中册）[M]. 北京：新华出版社，2002：151—152.

2000年建成11座，至2000年建成小（一）型水库32座，总库容9129万立方米，有效灌溉面积12.17万亩。2001—2005年建成1座。至2005年底建成小（一）型水库33座，总库容9813万立方米，兴利库容7563万立方米，有效灌溉面积13.76万亩，实际灌溉面积11.06万亩。[①] 蓄水在500万立方米以上的有景洪县的云盘水库、曼岭水库、曼么耐水库，勐腊县的上中良水库、曼旦水库、白象山水库，勐海县的南咪细宰水库。

新中国成立前，西双版纳仅有少量小（二）型水库，如勐海县勐遮乡的曼往水库。20世纪70年代该水库续建配套，工程于1977年完工，经续建，坝高4米，库容10万立方米，实灌100亩。绝大部分小（二）型水利工程都在50年代后兴建。“大跃进”、“农业学大寨”时期，全州先后建设60多座小（二）型水库。1978年，有小（二）型水库54座，总库容1735万立方米，实际灌溉面积2.35万亩。20世纪80年代，伴随“商品粮基地建设”的热潮，又兴建了一批小（二）型水库，1980年全州有87座，总库容2518万立方米，实灌面积3.15万亩。1985年，建成小（二）型水库92座，总库容3478万立方米，有效灌溉面积4.30万亩。20世纪90年代，进入“农业综合开发”、“蔗区水利建设”时期。1990年，建成小（二）型水库92座，总库容3768万立方米，兴利库容2602万立方米，有效灌溉面积4.65万亩。1995年底，全州有小（二）型水库110座，总库容3993万立方米，实际灌溉面积5.07万亩。2000年，建成小（二）型水库130座，总库容4011万立方米，有效灌溉面积6.29万亩。至2005年末，全州已建成小（二）型水库141座，总库容4269万立方米，兴利库容3416万立方米，有效灌溉面积8.10万亩。[②] 全州具有代表性的小（二）型水库有：景洪市的曼那水库、曼团水库、回等水库、皮匠田水库、曼帕水库等50座；勐海县的曼给水库、曼桂水库、丰收水库、曼贺水库、南朗河水库、曼糯

① 数据来源：西双版纳傣族自治州水利局．西双版纳傣族自治州水利志（1978—2005）[M]．昆明：云南科技出版社，2012：72.

② 数据来源：西双版纳傣族自治州水利局．西双版纳傣族自治州水利志（1978—2005）[M]．昆明：云南科技出版社，2012：82.

水库、黑龙潭水库、勐胜水库等75座；勐腊县的曼回尖水库、下中良水库等16座。全州已建10万立方米以下塘坝169座。水库的兴建在传统的傣族社会中是没有的。因为它依赖严格科学的设计及其现代工程技术的支撑，参与建设的工程师和群众数量极大，而且投资费用很高。这些条件在解放前的傣族社会中是不具备的，只有以现代科技支撑的大力支撑才能实现，这也正是传统灌溉与现代灌溉的一个重大区别。

3. 提水工程

提水工程在排灌中仅起到辅助作用，且数量少、规模小。①

——提水工具

主要有3种：①戽斗，这是传统的提水工具在现代的续用。用竹编呈三角形，口上方缚一木棍作手柄，坝区傣族家庭，几乎户户皆备，平时多作“竭泽而渔”的工具，遇旱则用于戽斗灌田，作用虽小，但集中使用仍能发挥一定作用。②天车—水泵。天车也是传统提水工具的现代运用之一。天车是一种古老的提水工具，由木支架、叶轮、竹辐条、竹筒瓢、导水槽等竹木构件组成，直径3—4米，架立河边，随河水冲击木轮，自由转动，通过竹瓢把水提进木槽，再流向稻田，不需人守候，昼夜转动可灌溉田1.5—2亩，一架天车可供几亩稻田用水。这种古老的提水工具由群众发明、建造，州内较为多见，20世纪50年代勐海盆地流沙河两岸架有天车73架。1958年以后，蓄水引水工程逐渐增多，天车逐渐减少，随着电力的发展，天车又逐步被电力潜水泵取代。③龙骨水车（见图3-9）。龙骨水车为20世纪50年代传入。木制，车身由车槽、龙骨、刮水叶片板、驱动轮、车拐等部件组成的一种抗旱提水工具。靠人力搅动提水，有手摇和脚踏两种，每日可提水30—40立方米。1960年，仅景洪县辖区国营农场就制作117张，景讷区的纳景、曼召、大寨、曼勐等寨干旱中发挥了一定作用。后由于其他先进工具和方法逐步推广，水车用过不久即弃。以上傣族群众用竹木自作的简易便捷的水车、天车等提水工具，主要架设在距离农田不远

① 数据来源：西双版纳傣族自治州地方志编纂委员会. 中华人民共和国地方志丛书——西双版纳傣族自治州志（中册）[M]. 北京：新华出版社，2002：156—159.

图 3-9　龙骨水车（图片来源：《画说贝叶经》）

的河边，新中国成立前大量使用。1978 年，全州使用水车近百架，由于水车提水效率低，灌溉范围有限，1978 年以后，伴随大量兴建蓄水引水工程，水车逐渐减少。2005 年底，全州仅勐海县打洛镇南兰河尚有 3 架。

——提水机械

①水轮泵。利用水能推动水轮机的新型提水工具，不用燃料。西双版纳于 20 世纪 60 年代引进。1965 年，勐海县先后在版纳勐阿的南朗和、版纳勐海两公里饲养场和回公新寨试建 3 台。1966 年，勐海、勐腊两县建有 18 台水轮泵，灌溉与发电综合利用，1967 年春动工兴建，因“文化大革命”的干扰而搁置。1968 年 7 月 21 日，左岸进水渠和进水闸门被洪水冲毁，工程全部报废，造成经济损失 32 万元。1978 年，全州建有水轮泵站 71 站 71 台，1980 年后由于电力发展，取代水轮泵及其他原因，全州水轮泵终至报废。②机电排灌。西双版纳排灌机械以灌为主，多用于干旱季节和雷响田。20 世纪 60 年代，全州各县先后在勐仑区的勐醒新寨、勐捧区的勐哈和曼听、勐腊区的曼炸和曼冈纳、勐遮区的曼拉赫曼燕、勐阿区的嘎洒、勐海区的曼垒、勐罕区的曼景宽等地建起 10 多个抽水站。1964 年，

全州拥有抽水机29台，总功率110万瓦特。70年代后，由于成本高，效益低，管理不善，引水工程不断增加等原因，绝大部分抽水站被撤销，由固定式机械排灌转为移动潜水混流泵。到1978年，全州辖区有排灌机械485台，386万瓦特。其中，农村较少，只有36台，49瓦特。80年代后，因生产经营体制变动，农村个体拥有量较多。进入90年代后，发展较快，至1990年全州农村拥有排灌机械150台，88万瓦特。其中，个体户拥有的占54.54%。全州有电动机电排灌站3处，装机容量0.07万千瓦，机电排灌面积0.45万亩。2000年，全州有电动机电排灌站9处，装机容量0.108万千瓦，机电排灌面积0.75万亩。2005年底，全州有固定排灌站2处，装机容量0.04万千瓦，机电排灌面积0.28万亩。

由引水工程、蓄水工程和提水工程共同组成了西双版纳新形式的水利灌溉系统，不仅将江河中的水资源有效地利用起来，而且解决了枯水期稻作生产水量调节的问题，对西双版纳水稻及其他作物生产提供了现代水利灌溉保障，促进了当地经济和社会的发展。

# 第二节 “库渠制”的运作机制

水库、沟渠的正常运行需要加强管理来保障，而管理工作要靠完善的组织机构、法规、制度来保证。广义的现代灌溉制度是指利用现代化的科学技术，对水利工程的利用、管理等的一系列制度。1953 年，西双版纳傣族自治州成立，科学技术的飞速发展，带动了水利事业的大发展。因此，对西双版纳傣族现代灌溉制度的界定从 1953 年建州开始。20 世纪 50 年代初，西双版纳社会经济发展开始遵从新中国的政策和计划，傣族地区的水利建设和水利资源管理在不断投入资金、发动和组织群众兴修水利和沟渠的同时，也形成了一套新的水资源管理方式——现代灌溉制度。

## 一、灌溉工程分级管理

“板闷制”一直保持到新中国成立初期。“库渠制”吸收继承其合理部分，改造扬弃封建性的内容，根据库渠规模的大小和国家有关法律法规的要求，在西双版纳逐渐形成了统一领导下分部门、分级管理的体制。

全州水利工程管理体制执行水利部《关于水利工程分级管理职责划分的若干规定》，各级水行政主管部门对水利工程的规划、建设、管理实行统一的、有效的行政领导和行业管理。除前述州水利管理机构外，1978 年，景洪市、勐海县、勐腊县先后成立了水利电力局，1996 年先后更名为水利水电局，2002 年再次更名为水利局。县（市）水行政主管部门是政府的职能机构，负责全县（市）的水利工作。

机构健全是有效管理的基础。具体的工作主要由管理人员落实。1978 年，全州 40 个乡（镇）都建立的水利机构。1988 年，州水利水电局根据国务院劳动人事部、水利电力部和省劳动人事厅、编制委员会、水利水电厅文件以及有关乡（镇）水利水土保持管理站设立人员等有关政策的规定，结合全州实际，报有关部门批准，核定给 40 个乡（镇）水管站 93 人编制。编制指标分两批进行招收录用（1987 年全州招收 70 人，1988 年招收 23 人），所有人员为不转粮户关系的合同制工人。机构为县级水行政主管部门的派出机构，实行县级水行政主管部门与当地乡（镇）人民政府双重领导体制。1996 年，全州乡（镇）水管站更名为水利水土保持站。2002 年实行机构改革，全州所有乡（镇）水利水土保持站人员全部纳入事业编制，由财政全额拨款。2005 年底，全州 31 个乡（镇）水利水土保持站共有职工 139 人。①

对于州内水利工程，实行分级管理体制。具体而言，受益或影响范围在 1 个村民委员会、1 个乡（镇）和 1 个县（市）之内的，分别由所在村民委员会、乡（镇）、县（市）负责管理。受益或影响跨行政区域的由上一级负责管理，或由上级委托主要受益的县（市）、乡（镇）村民委员会管理。州内中型和部分小（一）型水利工程都是县以上设立专门管理机构和专职人员进行管理；绝大多数小（一）型、小（二）型水利工程基本上是由所在乡（镇）管理，有部分小（二）型水利工程属村民委员会管理；小坝塘及小型抽水泵站、小水闸属于村民小组管理，农户自建、各级财政补助建设的小水池由农户或承包者自行管理。县以上管理的水利工程，属国家管理的水利工程管理单位，列为全民所有制事业单位实行企业管理，其人员

① 西双版纳傣族自治州水利局. 西双版纳傣族自治州水利志（1978—2005）[M]. 昆明：云南科技出版社，2012：118.

编制由水利主管部门提出，经所属的机构编制委员会或人事劳动部门批准。属事业单位的根据水管单位的收入和县（市）财政补助的情况为全额拨款、差额拨款、自收自支3种；属于乡（镇）村委会管理的水利工程，管理人员由乡（镇）村委会配备其待遇按当地乡（镇）村队的有关规定执行。此外，灌区建立灌区代表会和管理委员会。其任务是：审查蓄水、提水、引水、防洪、工程养护维修、绿化等计划和措施；发动灌区群众实施；审议水费的收支情况；处理用水纠纷等。①

1. 县级管理

西双版纳州县级管理的工程主要是水库，共计11座。其中，中型5件，小（一）型4座，流量在2立方米/秒以上引水工程2座。具体分布为：景洪县4座，即曼飞龙中型水库和曼么耐、曼岭、云盘3个小（一）型水库；勐海县4座，即纳达勐、勐邦、曼满3个中型水库，三公里引水工程；勐腊县3座，即大沙坝中型水库，大树脚引水工程，上中良小（一）型水库。

县级水行政主管部门是政府的职能机构，负责全县的水利工作。在对库渠的管理方面，通常必须履行以下职责：①贯彻执行国家有关库渠的方针、政策、法规和法令；②组织领导全县库渠的规划、设计、建设、除险加固、岁修养护相安全评定工作；③组织领导全县库渠管理机构的建设及工程管理和保护范围的划界确权工作；④贯彻落实以行政首长负责制为核心的各种防汛责任制，组织指挥全县库渠的防汛、抗灾工作；⑤制订、发布库渠的调度运用计划，指导、检查运行管理工作，负责库渠的全面考核和目标管理；⑥管理国家下拨给库渠的各种补助经费，实施审计、监督；⑦维护库渠管理单位的合法权益，实施水政执法，协调水事纠纷；⑧培训管理人员，总结、交流、推广、应用新技术、新成果，不断提高管理职工的素质和管理水平；⑨建立、健全统计报表制度，建立全县库渠的技术档案。从这些职责可以看出，现代“库渠制”县级管理的内容要比传统的

① 西双版纳傣族自治州水利局. 西双版纳傣族自治州水利志（1978—2005）[M]. 昆明：云南科技出版社，2012：121.

“板闷制”更加宏观，不仅负责上传下达的政策法规的执行，而且还增加了防汛、抗灾内容以及管理人员培训职责。

2. 乡镇管理

由于乡镇辖地范围内有不同的村寨，也涉及与其他乡镇的关系处理问题，因此，凡是受益和影响两个村以上的工程，原则上由乡级管理。有的虽只有一个村受益，但由于位置险要，关系到集镇安全和其他特殊需要的工程，也由乡镇管理。各乡镇主要执行对本乡（镇）所辖库渠的直接领导和管理，其主要职责包括：①贯彻执行国家有关水利方针、政策、法规、法令和上级指示；②制定与实施本乡（镇）库渠的规划、建设、防险加固、安全检查和安全评定工作；③负责本乡（镇）库渠管理机构的建设及工程管理和保护范围的划界确权工作；④落实防汛行政首长负责制，执行上级有关防汛工作指令，组织防汛抢险劳力、物资器材，指挥本乡（镇）库渠的防汛、抗灾工作；⑤负责维护水库管理单位的合法权益，保证水库的安全正常运行；执行水政执法，调处水事纠纷。⑥负责制定本乡（镇）库渠的调度运用、供水计划，领导、督促库渠的运行管理工作；⑦组织水费收缴和多种经营生产，负责解决库渠管理单位的运行费用。⑧组织考核评比，职工技术培训，推广运用新技术，实施目标管理；⑨负责建立健全财务管理制度，实行财务监督；⑩负责做好统计、报表、检查观测记录等基础工作，建立小型水库工程技术档案。乡镇的库渠管理属于中观管理层面，是县级管理与村级管理的中间环节，既与县级管理在一定程度上有类似的职责，也同时为村级灌溉管理提供一定服务。

3. 村级管理

受益1—2个村寨的工程都由村和村公所管理。其余工程由受益自然村的管理。村级管理相对于前两个管理层级而言更加细致具体，主要涉及村委会所辖范围的沟渠管理，直接与民众灌溉活动联系在一起。

此外，还有库渠管理所（站、组）进行的管理，具有“板闷制”中“板闷”的一些职能。库渠管理单位是直接操作库渠运行的第一线生产单位，主要在上级主管部门的领导和指导下，保证完成防洪保安、供水等目标任务。其职责如下：①认真执行国家有关水利方针、政策、法规、法令和上级指示；②做好工程的检查观测、养护修理和调度运用等生产管理工作，维护工程安全和正常运行；③做好供水服务，推行计划供水，合理用水，用水计量，征收水费；④充分利用管护范围内的水土资源，大力开展多种经营生产，增加经济收入；⑤建立健全防汛工作岗位责任制，向防汛指挥机构提供工程安全动态、防汛劳力、物资器材计划、巡坝查险，及时向上级指挥机构报告险情；⑥配合有关部门做好库区绿化、水土保持工作，保护水源，防止污染；⑦做好职工科学文化教育工作，进行工程设施的更新改造和技术革新，不断提高劳动生产者管理水平；⑧做好统计报表、观测记录整编等基础工作，建立健全各项档案；⑨做好财务管理，经济核算；⑩关心职工生活工作。

根据有关规定，库渠管理设置了相关机构（参见图 3-10 库渠管理体制示意图）并配备人员，主要遵循以下的原则：①根据分级负责和“谁受益、谁负担、谁管理”的原则，工程由哪一级管理就由哪一级负责组建管理机构或确定专管人员。不允许存在无人管理的现象。②小（一）型水库应设置管理所、管理站或管理组，小（二）型水库应有专管人员，重要的也要设置管理站或组。③管理人员应根据水库规模及其重要性配备。一般小

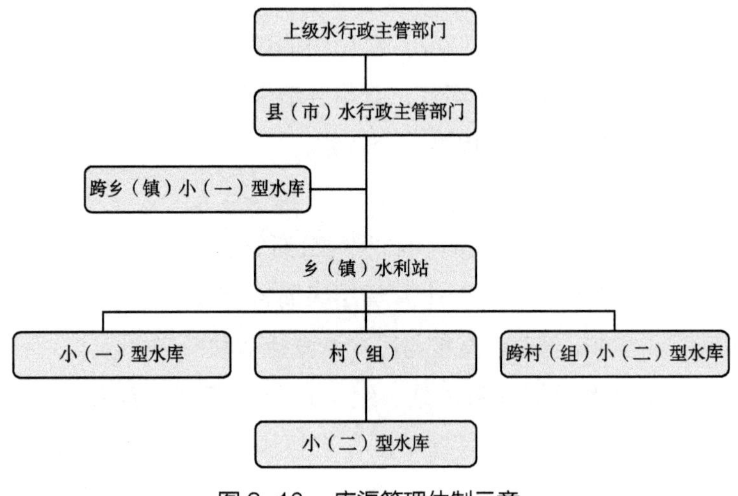


图 3-10　库渠管理体制示意

（一）型水库可配 2—5 人，小（二）型水库 1—2 人，开展多种经营所需人员应另行配备。④库渠的主管部门必须切实解决好管理机构的人员和经费问题。比如，景洪县在新中国成立后对原有的“板闷制”的合理内容进行吸纳，对不合理的封建性进行改革，团结和吸纳了大多数“板闷”进入新的管理组织，发挥他们熟悉本地灌区的优势，继续为西双版纳水利灌溉服务。1955 年，结合征收爱国公粮、贯彻合理负担，根据群众的要求，按水渠灌区成立有干部、群众代表（包括“板闷”）和进步头人组成的水利管理委员会（小组）。1956 年完成土地改革，“板闷制”也当做封建水规加以废除，取消管水员制度，而实行民主管理。1958 年以后，水利建设进入划时代的大发展时期，一批水库和新的引水工程陆续建成投入运行。相继建成了 46 座水库和一批新的引水干渠，管理机构也相应建立。1962 年，第一个新型的工程管理机构——曼飞龙水库管理所成立，下设灌区水利委员会，由区、乡和农场人员组成。1963 年，县人民委员会对水利管理体制作出了明确规定：中型工程曼飞龙水库系国家投资建设，灌溉面积大，用水单位多，规定属国家所有，机构、人员、经费、物资、技术、供水等由县农水科管理，工资及维修费采取经营收入和国家补贴相结合的办法解决；输水渠道岁修及用水、分水、调解水事纠纷等由景洪区公所为主组成的灌溉管理委员会负责。景洪坝子 5 条大沟，普文大开河水沟沟线较长，受益区跨乡，归区或乡所有，由区乡管理，受益乡、社使用；创业大沟跨嘎栋区和允景洪镇，涉及农村、农场和城镇用水，经县人民政府批准，以允景洪镇为主，吸收有关单位成立管理委员会进行统一管理；小型工程实行谁建谁有，谁用谁管。管理人员的报酬由受益乡、寨负担，略高于合作社同等劳动力的收入。至 1993 年，县属 45 座水库、24 条引流量 0.3 米 $^3$/ 秒以上的干渠建立健全了管理单位，配备了管理人员；曼飞龙、曼岭、曼么耐、营盘 4 座水库为国家所有，其他工程为集体所有；由县水利水电局统一领导，分级管理。农场自建的水利工程由所建单位管理。①

① 数据来源：景洪县地方志编纂委员会. 中华人民共和国地方志丛书——景洪县志［M］. 昆明：云南人民出版社，2000：333.

通过以上层级的管理关系建构，整个现代库渠管理体系就有了相对系统的构架。就西双版纳州而言，县级管理向州级负责，乡（镇）级管理向县级负责，村级管理向乡（镇）级管理负责，层层负责，环环相扣，形成了比较规范的管理体系。

## 二、管理法规相继出台

为使库渠的运行管理工作规范化，并依法保护自身的权益，西双版纳实行法制管理并制订各项规章制度。

### 1. 水资源管理法规

西双版纳水资源管理法规主要是依据国家出台的与水有关的法规，也有个别法规是根据当地实际制定的一些暂行办法。西双版纳州水资源丰富，澜沧江流经境内 183.6 千米，径流面积 19125 平方千米，其主要干流有补远江、南腊河、南果河、南阿河、流沙河、南览河、勐往河，这些干流与水利灌溉的水库建设和沟渠建设直接相关。各河流水系年产水量（水资源总量）105.62 亿立方米，其中地下径流量 40.96 亿立方米，占水资源总量的 38%，地表水资源 64.66 亿立方米，占水资源总量的 62%。各县水资源分别为：景洪县 33.112 亿立方米；勐海县 29.459 亿立方米；勐腊县 43.044 亿立方米。全州水资源分布以勐腊县为最高，每平方千米产水量 64.42 万立方米，勐海县 54.07 万立方米，景洪县 46.68 万立方米。丰富的水资源需要法规的合理规范，也提出了执行法规的需求。

库渠在运行管理过程中，会涉及千家万户、各行各业的利益，从而会引发众多而复杂的社会关系。为了在处理这些社会关系时管理单位的权益不受到侵害，必须依靠法律手段来维护民众的正当权益，保证工程的正常运行。相关水利工程及管理的法规简称为“水法规”。水法规是指开发利用、保护水资源和防治水害过程中产生的社会关系为调整对象的法律、规范的总和，包括国家和地方所颁布的法律、法规。至 2007 年年底，国家颁布的水法规主要有以下几项（见表 3-1：国家颁布的主要水法规）。征

表 3-1 国家颁布的主要水法规

| 名 称 | 实施日期 |
|---|---|
| 中华人民共和国水法 | 1988 年 7 月 1 日 |
| 中华人民共和国水土保持法 | 1991 年 6 月 29 日 |
| 中华人民共和国水污染防治法 | 1984 年 5 月 11 日 |
| 中华人民共和国防汛条例 | 1991 年 7 月 2 日 |
| 中华人民共和国河道管理条例 | 1988 年 6 月 3 日 |
| 水库大坝安全管理条例 | 1991 年 3 月 22 日 |
| 水利部《水库工程管理通则》 | 1980 年 11 月 22 日 |
| 水利工程水费核定、计收和管理办法 | 1985 年 7 月 23 日 |
| 灌区管理暂行办法 | 1981 年 11 月 17 日 |
| 水利部《水政检查工作章程》 | 2000 年 5 月 15 日 |

收水费是对水资源有效管理的一项主要措施。新中国成立初期直至 20 世纪 60 年代中期，西双版纳百姓是不交水费的，用水带有公益性，没有实行收费制度。从 60 年代中后期开始，为了解决水利工程管理人员的工资和口粮，才开始向用水的单位或个人征收水费和水费粮，进入了政策性有偿供水时期。较早征收水费和水费粮的是勐腊县曼那大沟，1964 年开始向灌区农户每年每亩征收水费 0.50 元，水费粮 0.50 千克稻谷。1965 年，勐海县勐邦水库、三公里水坝开始征收水费，每亩 0.20—0.30 元。70 年代，除山区外，凡是用水单位和个人都要交纳水费和水费粮，收费标准经多次调整。例如，1978 年，景洪县规定农业用水每亩征收水费 0.50 元，原粮 0.50 千克。1979 年，勐腊县规定农业用水每亩征收水费 0.80 元，原粮 0.50 千克。1980 年 11 月，勐海县规定，上游水稻每亩收费 0.30 元，甘蔗 1.20 元；用水困难的下游灌区，水稻每亩收费 0.20 元，甘蔗 1.00 元，每亩征收原粮 0.5 千克。1985 年，国务院发布了《水利工程水费核定计收和管理办法》，拉开了水费改革的序幕，西双版纳州政府据此发布了《西双版纳州水利工程水费计收及管理办法》，对水费征收实行改革，要求合理收费，节约用水，实现“以水养水”。各县也于 1985 年和 1986 年先后制定水费征收

标准和管理办法，对水费征收标准、收费办法、水费使用和管理作了明确规定。如，勐腊县人民政府制定了《全县水费征收和管理办法》，规定了各项水费的统一标准：水田每年每亩收 2.00 元，菜地和饲料地收 2.50 元，西瓜、甘蔗地收 3.00 元，苗圃地收 4.00 元……1986 年年初，勐海县人民政府公布实施《勐海县水利工程征收水费条例》，规定稻田用水每亩收费 2.00 元，原粮 1 千克，甘蔗用水每亩 3.00 元，渔塘用水每亩 4 元。据云南省人民政府 1991 年 1 月颁布的《云南省水利工程供水收费标准和管理办法》，州水电局和州物价局联合制定了《西双版纳州水利工程供水收费标准和管理办法》。[①]

图 3-11　许可证封面

为了加强对水资源的管理，西双版纳州人民政府根据《中华人民共和国水法》和《云南省取水登记表》的精神，结合自治州实际，于 1992 年 7 月 1 日州政府第五次常务会议上通过了《西双版纳傣族自治州水资源费征收管理暂行办法》[②]（以下简称《暂行办法》）。据此，州水电局对在州内取水、河道采沙、采石、淘金等经营活动的单位及个人，实施取水许可证制度（见图 3-11）并进行水资源费征收。《暂行办法》明确规定："州、县水电局是州内水资源的行政主管部门，负责实施州辖区内的取水登记和取水许可的审批；县水行政部门负责发放取水登记和取水许可证以及监督管理"。"取水的单位和个人，都要向水行政主管部门提出取

① 数据来源：西双版纳傣族自治州水利局. 西双版纳傣族自治州水利志（1978—2005）[M]. 昆明：云南科技出版社，2012：137.

② 西双版纳傣族自治州地方志编纂委员会. 中华人民共和国地方志丛书——西双版纳傣族自治州志（中册）[M]. 北京：新华出版社，2002：159—160.

水申请，进行取水登记，经审查同意、办理取水许可证后，方可取水。”可见，《暂行办法》明确规定了取水管理的主体与客体之间的责权关系及其实施的程序。至2005年年底，全州累计发放取水许可证748套。年终保有的有效取水证196套，其中：景洪市131套，勐海县5套，勐腊县60套。同时，《暂行办法》也明确规定了区域内利用水工程或者机械提水设施直接从江河和地下取水的单位和个人应当缴纳水资源费。对于收取的水资源费，主要用于以下7个方面：①水资源的考察、调查评价、规划、编制水资源的供求计划和其他水资源管理的基础工作；②水资源保护的研究和管理；③水资源管理和水政管理的基础设施、设备和装备；④节约用水措施的研究和推广；⑤城市地下水的开发、利用和保护；⑥水政水资源管理人员的培训和水法法制宣传；⑦奖励在水资源管理、科研方面有突出贡献的单位和个人。各县又根据省、州规定，结合各县具体情况，于1992年分别制定了水利工程供水收费标准和管理办法。如，1992年2月，景洪县人民政府发布的《景洪县水利工程供水收费标准和管理办法》，规定水稻田每年每亩收谷子12千克，若不交谷子，可按当地议价折成人民币征收。菜地、饲料地每年每亩收水费15元，西瓜地每年每亩收水费15元，烤烟、甘蔗等经济作物地每年每亩收水费10元，苗圃地每年每亩收水费15元，渔塘每年每亩收水费15元。勐海县和勐腊县的基本水费与景洪县大致相同。2003年7月3日，国家发改委、水利部发布了第4号令《水利工程供水价格管理办法》，西双版纳州各县市根据上述管理办法以及云南省发改委、水利厅颁发的《云南省水利工程供水价格实施办法》，进行了相应的价格调整。如，2005年10月21日，州发改委《西双版纳州发改委关于勐腊县水利工程供水价格的批复》调整了勐腊县水利工程供水价格，其中，涉及农业用水的包括：农田生产用水终端供水价格按亩计收的，最高不超过15元/（亩·季）；经济作物和鱼塘用水终端供水价格按亩计收的，最高不超过30元/（亩·年）。勐海县、景洪市同此。[①] 对于灌区水资源费征收的问题，原州水利局局长

① 西双版纳傣族自治州水利局. 西双版纳傣族自治州水利志（1978—2005）[M]. 昆明：云南科技出版社，2012：137—138.

沈永源回顾当时的情景说："由于工作做得比较到位，无论是汉族地区还是少数民族聚居区，百姓还是能理解并支持征收水资源费工作的。"[①] 有偿用水及调整改革，不仅健全了合理的水价机制，有效解决了乡（镇）、村管水组织，个人乱加价收费的问题，而且促进了节约用水，保证了农业灌溉，为农业发展奠定了良好的基础。

此外，西双版纳充分利用丰富的水资源为经济社会建设服务，1990 年辖区蓄水工程控制水量 1.95 亿立方米，农田灌溉年用水 1.33 亿立方米，机电抽水及喷灌年用水 0.06 亿立方米。全州开发利用总量 13.54 亿立方米，占全州水资源总量的 12%。经过多年的开发与建设，2005 年年末全州水利化程度已经达到 43.53%（其中，农田水利化程度达 78.4%）。水利化程度不相适应的是水资源在历次开发的过程中，也遭到了不同程度的污染。1985 年景洪水文站对全州主要河流和重点水库进行了首次水质调查评价，西双版纳境内水质检出最大值（以地表水为标准）在二级以下。1993 年检测，水质已经降至三级。各重点水库水质测评结果显示：因各水库基本上都建在江河上游，未受到工业废水影响，未有受有毒物质污染，水质在二级以下。为了加强对水污染的治理，根据《中华人民共和国水法》和《云南实施水法办法》，自治州于 1993 年 5 月 23 日发布了《西双版纳傣族自治州河道管理办法》，州水电局配合环保部门，对制糖、制胶、造纸、选矿等企业的污水排入进行监测，达不到排放标准的，限期改造净污设施；无能力建造净污设施的，建议政府令其转产（如景洪县造纸厂）。经过对上述法律、法规的宣传贯彻落实，不仅保障了农业生产用水，而且提高了公民的环保意识，防治水污染逐步引起重视。

2. 库渠管理规章

新中国成立前，在封建领主制下虽无专门的水利法规，但在元、明、清的车里宣慰司署制定的民刑法规和《违反灌区的规定》中，对不参加修水利而用水者，对私自决堤偷水者、对擅自在水坝、水沟上安置渔笼捕鱼

① 据 2013 年 1 月 15 日访谈记录。

而影响工程安全者，都规定了具体的罚款数额或罚工或取消用水资格，法虽简但行之有效。

新中国成立后，各级政府对水利建设和水利工程管理颁发了布告、条例。在水利工程管理方面，景洪县委、县人民政府和水利主管部门除认真贯彻执行中央和省制定的法律法规外，还结合县内实际情况，制定具体细则和实施办法，发布布告，建立机构，配备执法人员，切实保护水利设施。1962 年 12 月 20 日，中共景洪县委率先制定《景洪坝区水利工程灌溉管理工作暂行条例》共 5 项 16 条，对工程所有权、使用权、管理维修、管理组织、管理人员报酬等作了明确规定。1964 年 6 月 22 日，景洪县人民委员会批转景洪区公所《关于 5 条大沟的管理和用水公约》，要求各区参照办理。1975 年 10 月 22 日，景洪县革命委员会转发《创业大沟工程管理试行办法》，内容包括管理体制、管理机构、水费征收、工程保护 5 个部分，用以解决创业大沟沟线长、用水单位多、城乡兼供的复杂情况。1978 年 5 月 23 日，景洪县革命委员会转发《景洪县水利工程管理条例（草案）》，其中做了 21 条关于工程管理、经费管理、防汛工作、水源保护等具体明确的规定。1979 年 9 月 19 日，景洪县革命委员会发布《关于保护水利工程的布告》（见本章附录 3-2），重申水利工程和附属设施是社会主义公有财产，严禁任何人以任何方式进行破坏。1981 年 9 月 3 日，景洪县人民政府又发布《关于保护水库、坝塘安全和江河水资源的布告》，坚决贯彻执行国务院、省人民政府的通令、通知。1989 年，经景洪县人民政府批准，设立水利公安派出所，在重点水库工程管理所调配了水警人员，保证水利法规的贯彻执行。1991 年 6 月 8 日，州人大常委会公布《澜沧江保护条例》共 7 章 34 条，从 1991 年 7 月 1 日施行。1992 年 7 月 9 日，州政府发布《西双版纳州水资源费征收管理暂行办法》共 4 章 13 条。1993 年 5 月 23 日，州政府引发了《西双版纳州河道管理办法》的通知，共 6 章 38 条。从新中国成立后，景洪县和西双版纳州制定的有关库渠管理的相关规定可以看到各级政府对水利事业的高度关注，在法治建设方面迈出了一大步，不仅成为各水利使用部门应当遵循的行为规则，而且为协调各方利益关系提供了法规依据，推进了库渠制的建设进程。

库渠管理按章行事，具体操作时又按灌区明确管理主体及其管理职责，如勐海县勐遮灌区就专门制定了《勐遮灌区水利管理条例》（详见本章附录3-3），[①] 不仅明确指出制定条例的目的是为了“加速农业现代化建设，切实搞好勐遮灌区水利工程配套和灌溉管理，达到旱涝保守，稳产高产，为四化做出贡献”，而且在条例中规定了勐遮灌区管理委员会、水库管理所、水利管理站等不同层级管理机构的相应职责：

（一）勐遮灌区管理委员会职责

（1）负责勐遮地区水利规划和提出本公社水利工程实施方案，并督促检查验收工程质量。

（2）宣传贯彻执行党和政府制定的水利、水产、水土保持的通令、布告、条例及规定，教育干部群众自觉遵守。

（3）各条干渠划段分到生产队（包括联合公司）保护维修管理，每年整修两次，进行检查验收。

（4）根据农事活动，通知水库开闸、关闸。

（5）积极帮助社、队发展水产事业。

（6）审批水利工程所需经费开支和物资使用。

（二）水库管理所职责

（1）保证堤坝、闸门、涵洞、溢洪道主体工程安全。

（2）切实搞好工程配套、维修管理及灌区合理用水。

（3）保护库渠范围内的森林、水产等自然资源。

（4）搞好水文、蓄水量的观测、记录。

（5）坚持以水养水，积极发展多种经营，做到自负盈亏，减轻国家负担。

（6）积极支持社、队发展养鱼。

① 西双版纳傣族自治州水利局．西双版纳傣族自治州水利志（1978—2005）［M］．昆明：云南科技出版社，2012：347.

（三）水利管理站职责

（1）保护管理好水利工程设备。

（2）经常巡回检查渠道，清除障碍，保证流水畅通。

（3）管理好沟堤两旁的森林，要求每人每年种植20—30棵各种经济林木，收入归管理站。

（4）检查各生产队合理用水情况，用水不合理的应及时调剂。

（5）凡属水库配套工程的灌区，不论是国家、集体都应按规定缴纳水费及水利粮，每年由管理站负责征收。

库渠管理不仅要有健全的组织机构与完善的管理法规，还要建立一整套符合实际的规章制度。库渠运行管理中的规章制度，大体可分为岗位责任制、技术操作规程和其他规章制度[①]。这里仅就岗位责任制加以阐述。岗位责任制是按照所在不同岗位的工作任务及相应的责、权、利而制定的管理制度。它明确规定了各个岗位的职责、任务，使每个职工都知道自己应该干什么、不该干什么、怎么干，对自己所在岗位的生产和工作负责。严格的岗位责任制是促进工程运行管理和处理好人与人之间关系的重要手段。

岗位责任制根据岗位的不同，一般有各级领导干部岗位责任制、职能股室或职能人员岗位责任制等。各岗位的工作任务、性质虽各不相同，但就责任制的基本内容来说大致包括以下内容：①基本职责与权限，职、责、权要统筹考虑；②明确工作任务，工作内容和工作方法；③各项工作应达到的标准；④协作关系等。

库渠管理所（站）长岗位责任制主要包括8个方面：①带领全所（站）干部职工，认真贯彻执行党的路线、方针、政策，国家的法律、法令和上级的命令、指示及本所（站）各项规章制度，主持所（站）的全面工作，积极完成各项工作任务；②认真抓好水库控制运用，做好防汛抗灾工作，在确保水库安全的前提下，充分利用水源，合理蓄泄，科学调度，充分发

① 水利部水利管理司．运行管理［M］．北京：水利水电出版社，1994：17.

挥水库的经济效益；③经常检查、了解各项分管工作进程，随时掌握解决运行工作中的问题；④经常深入灌区和渠道管理段（站）调查研究，了解灌区需水情况和渠道工程状况，做好供水工作；⑤充分利用水土资源，大力开展多种经营。审批各种综合经营计划，完善经济承包责任制，加强工作领导，及时纠正偏差；⑥加强对财务工作的检查，教育督促财会人员认真贯彻执行各项财经政策和财务规章制度，杜绝违纪现象，审核制定年度收、支计划，努力做到良性循环；⑦密切联系群众，关心群众生活，做好政治思想工作。教育干部职工遵纪守法，抓好治安管理和安全生产工作；⑧认真抓好考核评比工作，奖勤罚懒。做好年终总结工作和总结报告并报上级主管部门。库渠管理所（站）长是库渠制落实的第一线责任人，他们尽职尽责库渠安全运行的保证，库渠无小事，安全责任大。库渠管理所各岗位员工的职责于所（站）长有所不同。现以勐海县那达勐水库管理所为例，可见其岗位设置及其职责情况如下（见图 3-12，存文 3-3：那达勐水库各岗位职责[①]）。

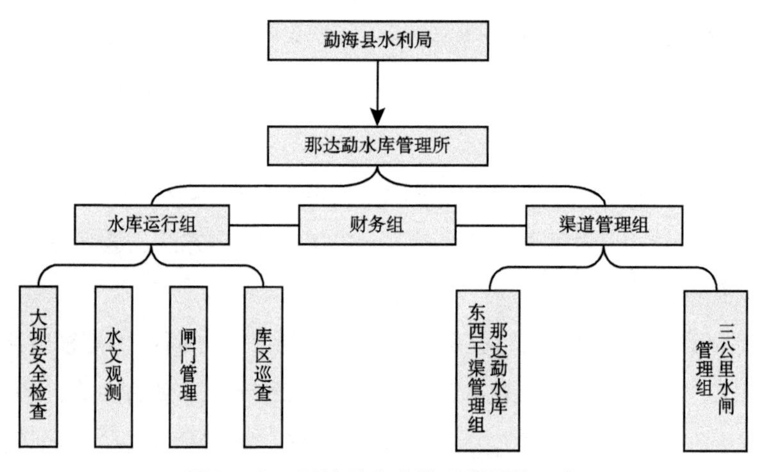


图 3-12　那达勐水库管理所网络示意

① “那达勐水库管理所网络示意”与“那达勐水库各岗位职责”由勐海县那达勐水库管理所提供。

存文 3—3

## 那达勐水库各岗位职责

一、财务人员职责

（1）严格遵守和执行国家规定的财务制度，监督领导把好财务关，不符合财务制度的一律拒绝开支，违反财经制度的即使是领导签字的，也要拒付。今后违反财经纪律的事发生时，一切责任由责任人承担。

（2）财务人员有以下行为的，单位领导有权处罚，并有权调换其工作。①公款私存的；②公款私用的；③挪用公款的；④账目不清的；⑤完不成任务的。

二、大坝安全检查人员职责

（1）每天早8点前对大坝进行全方位的认真检查，充分认识大坝安全检查的重要性和必要性，在大雨、暴雨过后，要重新复检一次大坝的全方位，并做好大坝安检记录台账。

（2）大坝安检人员有权询问登记外来人员，有权制止一切违反大坝管理规定的人和事。

（3）大坝安检人员若不按时或不认真检查大坝造成后果的，按轻重追究责任人的责任，并追究班组长责任。

三、水文观察员职责

（1）水文观察员的工作也是一项重要的工作，要求水文观察人员在观察库容、降雨量时要仔细、认真，记录清楚、精确，发报准时无误，以及做到不看错、不记错、不算错、不发错。

（2）水文观察员必须于每天早8时前完成各项工作，出现1小时降雨量达33毫米时要重新加报，并向县防洪办汇报。

（3）水文观察员在工作时，有误看、误记、误报的情形下，未及时发现造成工作失职者，按轻重追究责任人的责任，班组长也应负一定的责任。

四、闸门放水人员职责

（1）负责检修闸，工作闸的保护及维护保养工作。

（2）负责开闸和关闸放水工作，开闸关闸要由班组长指定专人负责，其他人员不准任意操作，如果发现闸门有不正常的响声和故障时，及时向班组长和单位领导汇报，以免影响正常工作。

（3）工作人员实行24小时工作制，以及接听放水电话，并做好台账记录。

（4）工作人员违反操作规程，不按各程序操作，机电设备被破坏，给单位造成经济后果的，单位根据情况有权作出处罚规定。

五、渠道管理人员职责

（1）渠道管理组长有权安排组员的工作，对不服从组长安排的组员，组长应先对其进行批评教育，如仍不服从组长工作安排的，组长上报所领导，所领导将扣发其当月的全部津贴的50%，所扣金额由组长分配给上班的组员，并停止该组员的工作安排。

（2）渠道人员负责完成每年对东西干渠的清理工作（主要是组织和动员当地受益村寨群众来完成情理干渠任务），同时，还要完成干渠的巡察任务和群众用水分配工作，认真深入地做好宣传水法工作。

（3）对工作不负责任，干渠塌方时，未及时发现清理，造成沟帮冲毁农田以及影响群众的灌溉用水，群众意见大而收不取水费者，单位领导有权扣发当年50%的津贴。

（4）各组员要加大对群众进行水法宣传的工作力度，要让群众充分认识到收水费是取之于民，用之于民，水是农业的命脉。

六、库区巡查人员职责

（1）库区巡查人员每天对库区的水源林、炸鱼情况、森林防火情况以及乱砍滥伐情况进行巡视检查。

（2）库区巡查过程中，发现有破坏森林或炸鱼纵火情况，要坚决予以制止，如发现乱砍滥伐、森林火灾事件，要及时电话通知火警119和森林派出所，并上报主管部门和做好记录台账。

3. 水源林保护法规

傣族非常重视稻作种植与保护生态二者的有机结合，认为“水是稻作的命根子，森林是水的源头，保护好森林就是保护好农田。反过来，种好农田，避免毁林开荒是保护好森林的最好办法”。[①] 土司时期，从“召片领”到各勐土司、头人，均制定过相应的护山、护林条文或公约，尤其是对“垄林”严禁砍伐，对保护山林起到一定的作用。

新中国成立后，尽管没有直接的保护水源林的明文规定，但是从一系列森林保护法规和条例中不难看到对于水源林的保护作用。[②] 1956 年，州二届人民代表大会通过了《西双版纳自治州和平协商土地改革条例》中规定：“大块的山林、荒地、茶园、樟脑林等一律没收归国家所有或农民集体所有”，从此，废除了领主对山林的所有权。1964 年，州人民委员会公布《有关森林及稀有动物保护的布告》，重点是保护全州森林资源、严禁乱砍滥伐等行为。1974 年，州革委会发布《关于加强森林保护和木材采伐管理的布告》，主旨是加强全州森林保护，禁止木材私自交易和无证运输。1978 年，州革委会又发出《关于加强森林保护的决定》，共 9 条。1979 年，州革委会发出关于《贯彻执行“森林法”的具体规定（讨论稿）》，共六章 58 条。1982 年，州人民政府《关于林业“三定”若干政策的补充规定》共 9 条。1983 年，景洪县人民政府发布了《关于保护水库、坝塘安全和江河水资源的布告》（见本章附录 3-4：关于保护水库、坝塘安全和江河水资源的布告），明确了“水库、坝闸、堤防等水利工程所属设施和水文设施以及护堤林木、草皮等，是国家（国营农场）和集体的宝贵财富，必须严加保护，严禁破坏”。并规定“严禁在水库、湖泊、江河炸鱼、毒鱼、电鱼”，“严禁在水库周围 200 至 500 米范围内毁林开荒、破堤扒口、挖穴埋葬、建窑建房、垦殖放牧、取土爆破等危害水利工程安全和有损于水产养殖的活动。不准在溢洪道设施内堆放障碍物和投放有毒污染物，危害水

① 刀国栋. 傣泐［M］. 昆明：云南美术出版社，2007：21.

② 西双版纳傣族自治州地方志编纂委员会. 中华人民共和国地方志丛书——西双版纳傣族自治州志（中册）［M］. 北京：新华出版社，2002：335—336.

产资源。”[1] 1989年勐海县人民政府专门下发了那达勐水库水源林保护带的文件（见存文3-4:《勐海县人民政府关于划定纳达勐水库水源林保护带的批复》[2]）。这些林政管理法规的制定和执行，对水源林的保护起到了积极作用。

## 存文 3—4 勐海县人民政府关于划定纳达勐水库水源林保护带的批复

海政发（1989）17号

县水电局、林业局：

海水电字（89）08号、海林字（89）004号报告收悉。经研究同意将那达勐水库周围附近的国有林5365亩（折合375公顷）划为水源林保护带，由那达勐水库负责保护管理。林权不变，仍为国家所有。对水源林保护带要严禁开垦、砍伐树木或以各种行为破坏森林资源。如有违者、必须按照《森林法》等有关法律和规定从严惩处。

勐海县人民政府

一九八九年七月七日

抄送：西双版纳州人民政府；

抄送：县委办、人大办、政协办、土地管理局、勐混乡政府。

勐海县政府办公室　一九八九年七月二十一日　印发

在实施《中华人民共和国森林法》的基础上，1987年9月，经州人民代表讨论通过，省人大常委会批准施行的《云南省西双版纳傣族自治州条例》明文规定：“自治州的自治机关严格保护原始森林资源和珍贵、稀有、濒危的动物和植物。对破坏森林资源和动、植物资源的违法行为，必须依法惩处。”“自治州的自治机关坚持以营林为基础，普遍护林，大力造林，采育结合，永续利用的方针，保护和发展国家与集体的森林资源，鼓

① 资料来源：西双版纳傣族自治州水利局。

② 勐海县水利电力局．勐海县水利志［M］．昆明：云南科技印刷厂印装，1999：239.

**励农民发展林业，提高森林覆盖率。**”这是依法治林、保护水源林的有力依据。1991年和1992年，由州人大常委会先后公布施行的《云南省西双版纳傣族自治州澜沧江保护条例》《西双版纳傣族自治州森林资源保护条例》和《云南省西双版纳傣族自治州自然保护管理条例》，是根据《中华人民共和国民族区域自治法》和《中华人民共和国森林法》及有关法律，结合本地实际制定的（见图3-13）。其中，《云南省西双版纳傣族自治州澜沧江保护条例》中的“第三章　防护林的保护及营造”[①]明确规定：

图3-13　水资源保护公告（秦莹 摄）

第十三条　澜沧江防护林范围：澜沧江沿岸非平坝段第一道分水岭以内。

第十四条　澜沧江保护范围内的防护带，要认真保护，严禁乱砍滥伐，毁林开垦，严防山林火灾，搞好森林病虫害防治。

第十五条　本条例实施前，一切单位、个人经批准在防护林带内种植的橡胶、茶叶等长期经济林木，维持现有面积，不得扩大。澜沧江防护林带内的经济林木，可按林地权属进行抚育和更新性质采伐，并要编制采伐方案，由县级林业部门审核发放采伐许可证。禁止皆伐。

第十六条　澜沧江防护林带内禁止种植粮食和其他短期经济作物，本条例颁布实施前已种植的，必须退耕还林。对耕种地确有困难的少数村寨，由县人民政府在防护林带以外予适当调整；确需继续耕种的，应在澜沧江非平坝地段1000米以外，坡度在25度以下，并报经自治州人民政府澜沧江主管

① 资料来源：西双版纳傣族自治州水利局。

部门批准。澜沧江防护林带内退耕的土地，由林业部门作出规划设计，能自然还林的实行封山育林，不能自然还林的，按照林地权属，进行人工造林，限期恢复森林植被。禁止在澜沧江的堤坡面从事一切危害及坡体稳定的活动。

第十七条　澜沧江沿岸的重要景观、溶洞、古树名木、文物古迹等，应严格保护，禁止砍伐和破坏。

第十八条　澜沧江的防护林带为禁猎区，禁止一切猎捕和其他妨碍野生动物生息繁衍的活动。

上述条例的制定、公布施行，标志着西双版纳州林政法制建设进一步完善，为水源林的保护和发展提供了有力的法规依据。

## 三、岁修养护除险加固

库渠在使用的过程中，由于受到自然和人为等各种因素的影响，必然会遇到损坏的情况。对此，需要有相应的岁修养护制度来及时除险加固，以确保库渠安全、高效地发挥其应有的作用。

1. 水土保持

全州土地面积 19124.55 平方千米。其中，山区占总面积的 95%。新中国成立初期，西双版纳到处都是青山绿水，水土流失轻微。由于地形、地质构造复杂、岩性破碎、降雨时空分布不均等自然因素，以及 1960 年后的毁林开荒、乱砍滥伐、资源开发和基本建设中忽视水土保持等人为因素的影响，使生态失去平衡，水土流失严重，森林覆盖率急剧下降，由 20 世纪 50 年代初期的 55% 下降到 1975 年的 33.9%。20 世纪 50 年代初，宣慰街前面还有 1000 亩台地，60 年代就被江水冲刷无存。1978 年观测，澜沧江南岸的曼景兰、曼龙匡的黑心树和香蕉芭蕉地被江水冲刷 200 多米宽，毁坏农田千余亩，流沙河景洪坝区段也年年被洪水冲刷，河床改道。这些触目惊心的水土流失问题不仅给农业生产带来了危险，而且其带来的后续生态问题更为严重。1980 年，水土流失面积达到 416.49 万亩，占全州土地总面积的 14.5%，森林覆盖率也降到 29.6%。勐海县的勐满水库在 1980—1985 年的

5 年运行期间，泥沙淤积量达 42 万立方米，相当该水库填坝工程量，输沙模数达 1676.65 米$^{3}$/ 千米$^{2}$，造成 300 多米长的有压式涵管报废。流沙河含沙量也由 1964 年的每立方米 113 克上升到 1980 年的 160 克，1989 年又上升到 230 克。江河两岸冲刷也较突出。据 1987 年云南省水利水电厅及天津勘测设计院提供的《遥感技术调查西双版纳州土壤侵蚀报告》数据显示，全州水土流失面积 5568.76 平方千米，占国土总面积 29.11%；1999 年遥感调查结果表明，全州水土流失面积 5028.29 平方千米，占国土总面积 26.29%；2004 年再次调查，全州水土流失面积为 4499.87 平方千米，占国土总面积 23.52%。①

森林覆盖率直接影响到库渠的容量及其存在的价值和意义，而水土流失面积的大小与农田灌溉又有密切的联系（见图 3-14），随着人口不断增加和工农业生产发展，各级人民政府对水土流失问题高度关注，从 20 世纪 60 年代起开始抓水土保持工作。一是宣传教育广大农民群众，逐步改变刀

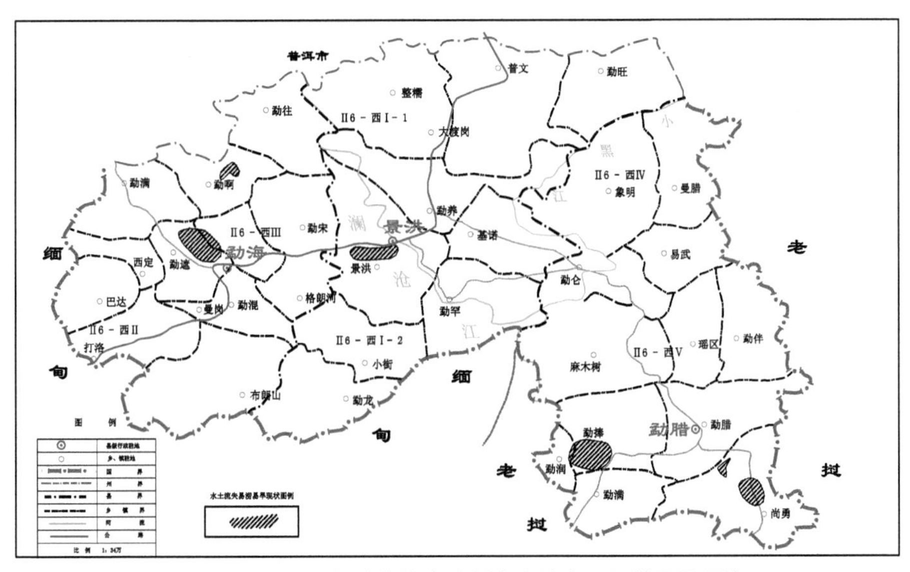

图 3-14　西双版纳傣族自治州水土流失及易涝易旱现状

① 数据来源：西双版纳傣族自治州水利局. 西双版纳傣族自治州水利志（1978—2005）[ M ]. 昆明：云南科技出版社，2012：218.

耕火种、毁林开荒的落后生产方式，固定耕地，开梯田，建台地，实行有计划地轮作和轮歇，在农村中推广节能灶，降低毁林面积，控制水土流失。二是兴修水利，控制洪水，减少冲刷，并抓好水利工程绿化和水源林保护，到 1993 年，水利工程绿化面积达 8936 亩。三是造林绿化美化环境，把水土流失面积降到最低限度。1993 年，全州水土流失面积 317.17 万亩，占全州总面积的 11%，比 1980 年有所下降，治理能力有所提高。[①] 1997 年，西双版纳州成立了水土保持科，各县（市）、乡（镇）相继成立水土保持监督站，依据《中华人民共和国水土保持法》《中华人民共和国水土保持实施条例》《云南省实施〈中华人民共和国水土保持法〉办法》，采用调查措施和观测措施相结合的检测方法开展工作，“以加强植被保护，加大水土流失治理力度，实现绿色经济，促进生态良性循环，实现水土资源的可持续利用和生态环境可持续维护”为目标，落实监督权、审批权、检查权、水土保持方案，加大水土流失治理力度，经过几十年的不断努力，水土流失的问题得到一定程度的解决。1978 年年底，累计治理水土流失面积 38.40 平方千米，1985 年年底累计治理水土流失面积 51.07 平方千米，1990 年年底累计治理水土流失面积 66.07 平方千米，1995 年年底累计治理水土流失面积 94.27 平方千米。1998 年 1 月至 2005 年 1 月，在省水利厅、省计委批准的中央财政预算内专项资金水土保持项目支持下，完成了项目区域流域面积 378.55 平方千米范围内 8 条小流域综合治理工程（景洪市曼灯河小流域一期、二期治理、南阿河小流域治理、南龙河小流域治理工程；勐海县巴拉寨小流域、邦洛小流域、南板河小流域、蚌蛾小流域治理工程；勐腊县龙林河小流域治理工程），通过 6 年的综合治理，治理面积 81.1 平方千米，其中，坡改梯 5583 亩，水保林 32296 亩，经果林 21528 亩，封禁治理 53752 亩，保土耕作 8276 亩，种草 211 亩。拦河坝 12 座，蓄水池 42 个，排灌沟渠 28.53 千米。与此同时，完成了勐腊县龙嘎小流域生态修复试点工程，2004 年初完成治理面积 18.1 平方千米（建设基本农田 483 亩，种植经

① 数据来源：西双版纳傣族自治州地方志编纂委员会. 中华人民共和国地方志丛书——西双版纳傣族自治州志（中册）[M]. 北京：新华出版社，2002：163.

济林 13280 亩，水保林 3700 亩，封禁治理 18400 亩），修建水坝 1 座，配套护墙 10 米，配套灌溉沟渠 410 米，挡土墙 2 道 390 米，取水坝配套护墙 10 米。① 可见，在可持续发展观的指导下，人们保护生态的环境意识不断提高，治理的成效非常显著，也为库渠发挥效用提供了水源及灌溉的条件。

2. 安全检查

库渠安全运行是农田灌溉确保农业生产效益的必要条件之一。除各工程管理所经常观测外，每年汛期前，州县各级政府都要组织以水利部门为主及有关部门参加的防洪大检查，对库渠工程逐件进行检查，复核安全标准，查明病害情况，分类排队，提出处理方案，及时解决，消除隐患。同时，还要根据当年洪水灾害情况，及时发出防洪紧急通知，以使洪涝灾害对稻作生产的危害降到最低。

1962 年春，景洪县委组织 7 个组到各区开展检查，查明了已建和在建工程需及时处理的病险情况。1964 年，贯彻全省水利管理会议精神，对全县水利工程进行“七清查五整顿”，即查工程设施、工程效益、组织管理机构、经营管理、水库淹没及迁移情况、体制落实情况和灌区划定情况，整顿管理组织、工程管理、经营管理、用水管理、水库淹没及迁移问题。1973 年 6 月，州革委农林组对景洪县水利设施进行检查，发现曼飞龙水库因无溢洪道，90 万立方米的设计库容只能蓄水 70 万立方米；勐养回牙麻水库卧管漏水，完全不能蓄水运用。1977 年 5 月，州防洪检查景洪县水利工程，查出曼章水库闸门漏水，坝脚有滚塘，迎水坡未护砌；曼团水库坝体单薄，未开挖溢洪道，涵管进口处有淤积物，属危险工程；曼秀水库启闭钢绳过短，闸门不能全开，溢洪道未挖通；曼岭水库大坝左侧漏水，闸门启闭困难，涵管进口处淤积物多；红色水库临时溢洪道窄而浅，达不到防洪标准，坝脚漏水，列为险库；红宝水库上闸门卡死，下闸门损坏；曼贺纳水库来水量大于库容 20 倍，土渠道不能过水，属危险工程；曼真拦河坝

① 数据来源：西双版纳傣族自治州水利局. 西双版纳傣族自治州水利志（1978—2005）[ M ]. 昆明：云南科技出版社，2012：220，223.

施工质量差，坝身中段漏水。

1980年4月30日—5月18日，全州组织防洪大检查，对16个公社，27件蓄水工程进行检查，将检查出的问题分为3类[①]：第一类，当年截流而坝高，未达到防洪要求的。如小街的前卫水库，基诺的龙帕水库，勐宋的曼西良水库；第二类是多年病害工程处理不及时，大坝漏水，闸门不灵等。如勐海县的曼丹水库，属重大病害工程，坝体渗漏严重，闸门漏水，无通讯设备。第三类是管理力量薄弱和管理不善的工程，如曼满、坝散、八一、国防、下中良、那农等水库以及大树脚大沟。对景洪县水利工程，查出前卫水库、龙帕水库坝高达不到要求；曼岭水库大坝漏水问题未处理完，闸门启闭不灵；曼么耐水库大坝渗漏严重，闸门质量不良，亦不配套；八一水库险情依旧。检查后，分别向工程管理单位提出处理意见，要求认真贯彻“以防为主、防重于抢”的方针。1987年5月中旬，由州、县防洪指挥部、水文站组成检查组，检查小（一）型以上工程，县、乡联合检查小（二）型工程，发现土坝渗漏的有营盘水库、曼岭水库、勐宋水库、曼章水库、红宝水库、龙帕水库、曼团水库、曼秀水库、曼糯水库，涵管漏水的有曼又水库，无溢洪道和溢洪道损坏的有曼糯水库、五七电站水库，水源不足的有回光水库、曼秀水库，红色水库淤积严重。[②]上述情况说明安全检查的工作一直在进行之中，有些问题根据当时的情况作了处理，有些问题因资金等原因一时无法解决的，也列入安全治理的工作范围。

1995年3月，水利部出台了《水库大坝安全鉴定办法》，1997年5月，州水利水电局按云南省水利水电厅的要求，成立了专门的领导小组，州负责中型水库大坝安全鉴定，县（市）负责小（一）型、小（二）型水库安全鉴定。1998年6月，水利部又出台了《水闸安全鉴定规定》，根据上述两个安全鉴定文件精神以及水利部、省水利厅的安全检查要求，2003年，

① 西双版纳傣族自治州地方志编纂委员会．中华人民共和国地方志丛书——西双版纳傣族自治州志（中册）[M]．北京：新华出版社，2002：167.

② 景洪县地方志编纂委员会．中华人民共和国地方志丛书——景洪县志[M]．昆明：云南人民出版社，2000：334—335.

全州组织病险水库普查。数据显示，全州已建成的中型、小型水库有病险水库 115 座，占全州（2005 年底中小型水库）179 座的 64.24%；中型病险水库 2 座，小（一）型病险水库 24 座、小（二）型病险水库 89 座。[①] 不同类别的水库，安全问题的轻重程度不同，需要投入的治理力度也因此有别，在“防患于未然”观念的指导下，安全检查从上到下年年抓、月月抓，始终将其作为库渠制落实的一项重要任务。

3. 岁修养护

“板闷制”时期，即形成沟渠岁修制度。每年傣历新年（傣历 6 月，阳历 4 月中旬）后，各村寨便动手整修水利，先由宣慰司署议事庭和各勐土司发布修水利命令。命令下达后，由各勐渠道“板闷”传达命令，通知灌区村民每户出工 1 人，自带工具、粮食、整修划定的沟段（见图 3-15、图 3-16）。整修完毕，要进行检查验收。民国时期，除了战争动乱年代，整修水渠一般都是每年或隔年进

图 3-15　自然沟渠（秦莹 摄）

图 3-16　三面光沟渠（秦莹 摄）

① 数据来源：西双版纳傣族自治州水利局．西双版纳傣族自治州水利志（1978—2005）[M]．昆明：云南科技出版社，2012：123.

行一次。据《解放前西双版纳土地制度》记载："1937年春，征用一千多民工修理这个水渠，这条水渠给9个村供水，在9个村子里有大量的纳召"，"1939年2月10—25日，征用500民工维修11千米长的景洪水渠。"①

新中国成立后，各级人民政府都非常重视岁修工作，把岁修养护作为水利工程管理的一项重要任务，而且把冬、春两季作为经常性的兴修农田水利，整修水沟的时间，称为冬春修。每年州、县、乡各级每年都要制定岁修计划，组织劳力，派技术员作指导，发动群众进行岁修。1958年前仍按照历史惯例，之后，随着耕作制度的改变，改在晚稻收割后早稻种植前的时间进行，谓之冬修。比如，1954年，景洪、勐龙、勐养、勐旺4个版纳共整修水沟985条。其中，版纳景洪共投入劳力14375个工日，全面整修8条干渠，61条支渠，曾经失修40多年的闷谐濑全线疏通，版纳勐龙整修了曼栋、城子、曼掌、曼坎湾等4条干渠，解决了坝区一半村寨的农田灌溉。对此，世居于此的傣族老人感动地说："自古以来没听说过政府帮助百姓修沟。我命长，才能见到这样的好事。毛主席共产党真正是为我们各族人民办事。"1961年12月20日，中共景洪县委发布了《景洪坝区水利工程灌溉管理工作暂行条例（草案）》，其中第八条明确规定："每条水沟岁修，每年一次岁修是受益区的主要任务，由受益乡、社发动群众来岁修，其经费、工具由受益区自己负责。在用水季节沟道上出现塌方倒缺，专管人员又无力进行抢修时，受益单位在分段包干内及时发动群众进行抢修，不能影响下游用水；如果包干单位不积极抢修，发动其他单位抢修，包干单位应付给合理的劳动报酬。防洪抢险也是受益区主要任务，在大雨到来之前，包干单位事先应做好防洪准备工作，如果发现山洪暴发，工程出现险情或受损失时，应发动群众及时进行抢修。"② 1962年，为了满足农田用水的要求，景洪县人民委员会专门印发了对景洪区曼沙大沟进行整修的通知（见存文3-5：景洪县人民

① 转引自：魏学德，景洪县水电局．景洪县水利志（评审稿，下册）[M]．打印稿，1993年9月：292.

② 资料来源：魏学德，景洪县水电局．景洪县水利志（评审稿，下册）[M]．打印稿，1993年9月：294.

委员会《关于整修景洪区曼沙大沟的通知》[①] ）。1986 年，全州新挖和修理旧沟 7200 多条，长 973963 米。1993 年，全州新挖和修理旧沟 3500 多条，长 486662 米。[②]

## 存文 3—5 景洪县人民委员会关于整修景洪区曼沙大沟的通知

根据州人民代表大会提议案，要求对景洪区曼沙大沟进行整修，以满足农田用水的要求。州人委、县人委接受这一提案，决定由农水科于 5 月 9 日组织查勘小组对全沟进行了查勘，提出初步意见。5 月 29 日，县人委召开景洪区曼沙乡、曼景兰乡、曼迈乡、景德街、景洪农场、农科所、试验场和学校等有关受益单位负责同志会议。会议由段世泽副县长主持，各单位一致认为目前整修这条大沟是非常必要的。通过整修要求达到增大水量，减少损失，赶上节令，满足农村、农场各单位用水的要求。在认识一致的基础上，对以下问题进行了讨论，并作出决议。

（一）组织领导方面：组织领导小组，由刀国栋县长任组长，荫松、景洪区委书记常福才、县农水科科长董好义担任副组长，州农水科农科科长刀荫松、景洪农场党委书记张尊、试验场吴维兴、农科所长王文铨为组员担任这次整修工作的领导，布置任务、安排劳力、进行检查等，在领导小组的指导下，各单位、各乡成立施工小组，指定专人负责，具体领导施工。

（二）任务分配和时间安排：根据多受益多负担，少受益少负担的原则，采取分段包干的办法，经各单位充分讨论，最后确定分配给各单位的任务附表，完成后经技术人员检查、领导小组验收认为合格，劳力方得下马。

① 资料来源：魏学德，景洪县水电局修纂. 景洪县水利志（评审稿）下册［M］. 打印稿，1993 年 9 月：298—299.

② 西双版纳傣族自治州地方志编纂委员会. 中华人民共和国地方志丛书——西双版纳傣族自治州志（中册）［M］. 北京：新华出版社，2002：169.

在时间安排上，为赶节令，总的要求6月10日以前全部通水，各单位根据这个原则安排劳动力及上阵时间，最好争取本月底上马突击十多天完成任务。

（三）技术力量及物资运输：技术干部由县农水科抽出水工干部5人成技术小组，同样分段包干的办法要求深入工地和群众一起完成任务。有关技术施工由曼飞龙水库抽出10人专门负责石方工程。所需物资如水泥、炸药等和购买物资的经费由水利部门负责，在运输方面由曼飞龙水库抽出一部马车协助运输。

（四）建立管理委员会，订立管理公约：以曼迈、曼沙、曼景兰3个乡为主，其他单位参加组成管理委员会，县农水科抽1名干部参加，以上3个乡每个乡抽专职人员1人，专职管理水沟，报酬由受益单位分摊付给。管理委员会在整修期间的任务是根据各受益单位面积大小把放水竹管安起来，并制定管理公约，经领导批准后发各受益单位执行。施工结束后经常检查执行情况，贯彻合理用水。若有临时需要小修时，可由管列到理委员会决定，把任务分配给受益单位。

1962年5月29日

以景洪县为例，1953年，景洪、勐龙、勐养、勐旺4版纳发动群众7901人，整修水沟98条。1954年，4版纳整修干、支水沟985条。1955年版纳景洪发动曼飞龙、曼占宰、曼迈3个乡（现行政村）5605人重点整修5条水沟和3座挡水坝。版纳勐养出工6601个，整修大小水沟118条，挡水坝88座。1957年，版纳勐养整修水坝14座，水沟233条。版纳景洪投工1.5万个，彻底整修曼磨协大沟，并延伸渠道2500米。1958年，重点开展江北两个版纳的岁修，版纳勐养整修水沟156条，坝15座，版纳勐旺整修水沟256条。1958年，版纳勐龙全面整修大小水沟580条。1960年，全县整修小型水利1073件。1961年，全县整修小型水库600件。1962年，贯彻中央“以灌溉管理为中心”的指示，全县用工12.27万个工日，共整修水利1777件。其中，水沟1688条，坝塘11座，拦河坝98座，蓄水290万立方米，增加灌溉面积6500亩，提前20

天完成栽插，粮食当年获得丰收。1963 年，全县共整修水利 3411 件。其中，水沟 1411 条，水库 10 座，坝塘 1572 个，拦河坝 418 座。1964 年，全县整修水利工程 1636 件。其中，水沟 1321 条，水库 10 座，水塘 208 个，拦河坝 97 座。1965 年整修小型水利设施 800 余座，增加灌溉面积 8610 亩。1966 年整修水沟 952 条。1967 年以后，由于受“文化大革命”的影响，岁修工作时兴时废或马虎了事，有的水沟数年失修，有的渠道层层设障，过水量减少，效益下降，全县因岁修不善而减少的灌溉面积达万亩。1982 年，县人民政府鉴于全县仅岁修不好、管理不善所减少的灌溉面积就达 1 万亩，使农业生产受到一定影响的实际问题，为了确保完成 8 万亩双季稻的任务，专门下发了《加强水利管理工作和岁修工作的通知》（详见本章附录 3-5），重申“岁修是群众的义务，每年必须进行 1—2 次”，“岁修中要健全管理机制，落实管理人员，建立健全必要的规章制度，订立灌溉用水公约；管水员也要落实生产责任制，要承包具体的任务，包灌溉面积，包工程安全，包节约用水。也可以分段承包，总之，任务要落实到人，对管理的好的，要进行表扬，完成或超额完成承包任务的，可以按产量分成的办法，给予奖励。具体做法，各公社根据情况制定，总的原则是要坚持按劳分配，奖惩分明”[①]。1987 年，岁修用工 8.9 万工日。1988 年，用工 26.6 万工日，整个工程 152 件。1990 年，全县岁修工程 372 件，用工 28.8 万工日。1991 年，岁修工程 693 件。历史的数据说明一个道理：岁修是确保水利灌溉设施安全运行的必要环节。

目前，库渠的岁修养护遵循“经常养护、随时维修、养重于修、修重于抢”的基本原则，根据问题的大小分为不同的级别：最低一个级别的是经常性的养护维修，即对于经常性的检查过程中发现的问题，进行日常的保养维修和局部修补；较高一个级别的是岁修，即一年一度对库渠相关建筑物进行全面检修；再高一个级别的是大修，即对库渠建筑物遭到较大程度损坏，需要进行工程加固，才能恢复正常工作能力的维修；最高一个级

① 资料来源：魏学德，景洪县水电局. 景洪县水利志（评审稿，下册）[M]. 打印稿，1993 年 9 月：302.

别的是抢修，即库渠工程建筑物遭受突然破坏，造成险情、危机水利工程安全的紧急抢护。4 个级别的养护维修中，岁修和大修必须向主管部门上报项目计划，大修必须报可行性研究报告，管理单位根据上级主管部门批准的计划、工程项目组织设计和实施。在养护维修时，通常采用专业组织与群众突击相结合的方式。专管人员担负常年专业养护、履行维修工程设施、保障安全、监督规章制度贯彻执行等职责。

4. 除险加固

工程的养护修理是经常性工作，发现工程及其建筑物有蚂蚁洞穴、小塌坑、小滑坡、阻水、漏水、小裂缝及泥沙淤积等危害工程安全的现象，必须及时进行修理，把一些小毛病、隐患及时消除在萌芽之中。[①] 当工程出现病害时，工程管理所要针对具体情况提出专项处理意见。1999 年，水利部建设与管理司向全国各流域机构和各省、自治区、直辖市水利（水电）厅发出《关于组织做好病险水库、水闸除险加固专项规划有关问题的函》，云南省水利水电厅发出《关于开展全省病险水库、水闸除险加固规划工作的通知》，西双版纳州 1999 年 9—10 月组织开展病险水库、水闸规划工作，通过分析研究，编制上报分类病险水库规划。

比如，勐海县勐邦水库于 1960 年完工后，1961 年发现主坝左右两侧坝肩出现横向裂缝 9 条，缝长 9—12 米不等，是结合部夯压不实，产生不均匀沉陷所致，采用沿缝挖槽，用黏土回填夯实的办法解决。此水库完工后，没有及时开挖溢洪道，年年用限制蓄水防洪度汛，管理不方便，且危险，1970 年补修溢洪道，1973 年完工（见图 3-17）。

又如，景洪县曼岭水库于 1974 年竣工后，发现大坝后面两侧山脚接头处有两处漏水，1976 年经州防洪指挥部安全检查，每天渗漏量达 300 立方米，被列为病害工程之一。渗漏的成因主要有：一是地质不良，左岸为冲击层，右岩为片页风化层；二是施工清基不彻底，未清到原生岩层；三是土质与碾压质量差。1979 年 5 月—1981 年 1 月，对水库大坝进行帷幕灌浆

① 西双版纳傣族自治州地方志编纂委员会. 中华人民共和国地方志丛书——西双版纳傣族自治州志（中册）[M]. 北京：新华出版社，2002：167—168.

处理。由于大多数钻孔不进浆或漏浆，只有14%的孔效果良好。1983年在坝后平台和坝脚作导滤体导流，防阻坝体土粒流失。1985年又第二次作灌浆施工。经两次灌浆处理，除险加固，漏水情况基本控制，增强了大坝的安全性。曼飞龙水库从1960年截流蓄水到1989年，因工程质量优良，安全运行29年没有出现病害和险情，得益于1963年2月适时除险加固，当时发现大坝13米高的平台上出现裂缝，当即进行了人工黏土浆填塞处理，后又补作压力灌浆加固，及时解除了病害（见存文3-6：曼飞龙水库坝身裂缝灌浆处理情况报告[①]）。

图3-17 勐邦水库溢洪道（秦莹 摄）

## 存文 3—6 曼飞龙水库坝身裂缝灌浆处理情况报告（摘要）

1963年，在水库坝高筑到17米时，于2月发现13米高程的平台上有205米长，3—10厘米宽，深2.5米的裂缝，在施工过程中进行了人工处理：在裂缝处开挖1米见方的土槽，然后用清水将其下部冲洗，用较稀的黏土浆填缝，最后用土将1米见方的土槽夯压密实。这种处理虽起一定作用，但在无压力的情况下，要使黏土浆达到密致裂缝是不可能的。6月，会同专、县领导及有关人员研究，决定进行压力灌浆处理。在裂面上布置了8个钻

① 资料来源：魏学德，景洪县水电局. 景洪县水利志（评审稿，下册）[M]. 打印稿，1993年9月：282.

孔，经过1月11天的施工，完成了56.5米长的裂缝压力灌浆处理。对重新压灌的裂缝部分，质量基本确保：

（1）裂缝总长56.5米，平均宽度2厘米，灌浆平均深度1.5米，设计应灌浆值1295升，实灌值1540升，除10%损耗外，还有5%的周界接密作用；

（2）经3号孔检查，浆已充满最大影响半径之裂隙。每孔的压力均达到每平方厘米0.4—0.43千克，基本达到要求。

对进行人工处理部分，这次试管证明不能压进，以后如有开裂再行处理。

杜宽仁（思茅专属农水局水工队工程师）

1963年7月24日

再如，勐腊县勐润小（一）型蓄水工程国防水库，1975年12月动工修建，1980年8月竣工投入运行，库容175万立方米，设计灌溉面积为4000亩，除灌溉外，还负担下游勐润乡、农场、边防站及国防公路的防洪安全任务。1987年后，水库大坝出现病险，多年带病运行。2006年，西双版纳州水库大坝安全鉴定专家组编报《勐腊县国防水库大坝安全鉴定报告》，经省水库大坝安全鉴定专家的认真审查，水利部大坝安全管理中心认真复核，确认了《安全鉴定报告》，确定国防水库并列为云南省小（一）型病险水库。2006年5月开始除险加固，2007年8月完工，12月通过验收，[①]保证了灌溉用水。

## 四、管用结合调控用水

库渠建成后，最关键的还是要发挥其服务农业生产的作用。这就既涉及库渠的管理问题，也涉及灌溉用水的管理问题。

### 1. 库渠管用

经过20世纪60年代和70年代全民性水利建设，在大搞农田基本建设

① 勐腊县水利局. 勐腊县水利志［M］. 昆明：云南科技出版社，2012：242.

中，不仅兴建了中型水库，而且新修了许多小型水利工程，特别是加强了水利管理工作。根据水利工程分级负责、分级管理的原则，库渠供水管理包括：中型水库或跨乡（镇）受益的水库、灌区由县（市）人民政府负责组织；小（一）型水库、跨村（办）受益的小（二）型水库或引水沟渠供水由所在乡（镇）人民政府负责组织；受益一个村（办）的小（二）型水库或跨越村民小组受益的水利工程由村委会（办事处）负责组织协调；受益一个村民小组的供水由村民小组负责组织。[①] 对已建成水库普遍地进行了整险加固，大力配套挖潜，在灌区内开展园田化建设和灌溉计划用水等工作，进一步提高了工程质量，确保水库安全扩大了灌溉效益，促进了农业增产。水库在抗御洪水和干旱灾害，保证农业丰收中发挥了巨大作用。

水库建成以后，为防御水旱灾害，促进农业增产提供了物质基础。但能否达到增产的目的，还要看能否管好、用好水库。水库的“建”与“管”是密切联系的，“建”与“管”的关系是辩证的关系，建是基础，管是关键，增产是目的。实践证明，只有加强水库管理工作，才能确保工程的安全，充分发挥水库的效益。管理运用好的水库，每亩水稻仅用库水 200—300 立方米，就可以抗旱保丰收；管理运用差的水库，每亩水稻用水量达 1000 余立方米，不仅浪费水量，而且达不到增产目的。本着“建好一处，管好一处，用好一处”的原则，西双版纳州明确了水库管理的任务，即在确保工程安全的前提下，充分发挥水库的灌溉效益，达到农业增产的目的。根据这一任务，水库管理的内容包括：第一，加强工程管理，确保工程安全；第二，合理控制运用，妥善解决防洪、灌溉矛盾，做到有计划的蓄水、用水，充分利用水利资源，不断扩大灌溉效益；第三，在灌区内开展以改土治水为中心的农田基本建设运动，完成灌排渠系配套，行土地平整，建设高产、稳产农田；第四，实行合理灌溉，计划用水，节约用水，促进农业的高产、稳产。州内各县市根据所辖灌区的实际情况，出台了相应的库渠管用结合规章制度和工作办法，比如，勐腊县勐润区 1985 年 3 月 15 日

① 西双版纳傣族自治州水利局. 西双版纳傣族自治州水利志（1978—2005）[M]. 昆明：云南科技出版社，2012：125.

出台了《勐润区勐润大沟、国防水库工程灌区管理规章制度》(详见本章附录3-6),不仅规定了“区水利管理站,在区公所直接领导下,要负责把应征收得来的水费及水粮费收好,保管好,做到收支账目清楚,按规定支付管理人员的报酬及本灌区水利设施的维修费用,不准用于其他费水利项目以外的开支”,而且明确了“各受益用水村寨、单位、个人应交的水费及水粮费由本单位会计按收水费及水粮费标准,统一负责征收上交到水利管理站”。[①] 再如,勐海县勐邦水库灌区遵照中央“调整、巩固、提高”的方针和修、管、用并重的原则,为了充分发挥水利工程的灌溉效能,管好用好水,于1962年2月10—12日召开了勐遮坝区第一次水利代表会议,经过民主讨论、协商,不仅通过了《勐遮区勐邦水库灌区水利代表会议决议》(详见本章附录3-7),而且制定了一个符合边疆实际,适当照顾民族用水习惯特点的、合理的、行之有效的管理规章制度——《勐遮区勐邦水库灌区农田水利管理工作暂行意见(草案)》(详见本章附录3-8),要求大家共同遵守。该草案既明确了勐邦水库的所有权、使用权,也明确了在县委领导下由农水部门和勐遮区公所主持工作,还专门用3条内容明晰地规定了管用的主要任务[②]:

第九条 所有工程为了粮食增产,必须保证库塘水蓄好,渠(沟)畅通,又要确保安全度汛。凡关系到农田灌溉用水坝塘,非灌溉期间不得随便撤塘坝放水捕鱼。

第十条 对工程经常进行检修,库、渠、涵、闸放水后和关闸前都要认真检查,经常保持启闭灵活,非专职人员不得擅自搬弄。水库的大坝应定期进行沉陷、位移、开裂或渗漏水量变化、雨量、库水位等观测。费工不多,能力所及的及时进行处理,处理不了的由管理所提出整修计划,及时上报水利委员会和县调配劳力处理。经常进行水文观测和资料整理工作,

① 勐腊县水利局. 勐腊县水利志[M]. 昆明:云南科技出版社,2012:241.

② 勐海县水利电力局. 勐海县水利志[M]. 昆明:云南科技印刷厂印装,1999:231—232.

建立档案制度，为工程的管理、养护、调洪、蓄水、巩固发展积累资料。

第十一条 提高警惕，加强保卫工作，加强教育管理人员，深入灌区密切联系群众，根据受益单位灌溉面积大小、作物种类、用水时间等具体情况制定用水计划，组织群众护沟补漏，捶好埂边，水到田糊好田埂，教育群众先用长流水，后用库塘水，合理节约用水，想尽一切办法，扩大灌溉面积，总结群众丰产经验，不断提高单位面积产量。

此外，在管好用好库渠的前提下，州内水库普遍按照汛期拦蓄洪水、削减洪峰，枯水期根据灌区适时开闸放水原则进行控制运用，发挥水库防洪、灌溉、养殖和个别水库兼发电的综合功能。州县抗旱防洪指挥部和水利主管部门，每年都要在不同时期对主要水库提出蓄水和用水控制指标，汛期控制各水库的蓄水位。调控程序为：每年汛前，全州有防洪保护任务的中型水库和小（一）型水库首要及时制定防汛调度运行计划，再报州人民政府防汛抗旱指挥部办公室逐件进行审批，确定汛期限水位；县（市）防汛抗旱指挥部根据汛期雨情、水情、工情作好适时调度，重大情况及时向州防汛办公室报告，听从指挥调度，以保证汛期库渠调控及时到位，基本农田旱涝保收。比如，曼飞龙水库在7月底的蓄水位控制在15米以下，留出较大库容蓄洪。州防汛指挥部1991年根据10月份单点暴雨较多，超过蓄水控制指标仍在高水位运行的个别工程出现险情的情况，及时发出《关于加强后期控制水库需水量的紧急通知》，决定对各县主要蓄水工程进行限制蓄水。

进入21世纪，伴随水利科技的发展，在库渠调度运用方面开始引入现代科技，比如，2003年建立了景洪市曼飞龙水库建立了水情自动测报系统；建立了覆盖景洪市曼飞龙水库、曼么耐水库、曼戈龙水库、红跃水库，以及流沙河、南七河、南爱河在内的晴雨自动测报和检测系统；建立了州第一个防汛自动化会商系统。这些项目极大地提高了景洪市及全州防汛调度自动化程度，提升了洪水预报精度、时效性，洪水调度科学管理以及促进了州（市）防汛抗旱办公室的软硬件设施建设，也为降低人工观测强度奠定了基础。同年，勐腊县大沙坝水库也建立了水情自动测报系统。曼满水库、勐邦水库、那达勐水库3座中型水库自水库投入运行就开始建立人工水情测报及上报制度。2004年4月，勐邦水库建立了大坝安全自动化检测系统，应用传感、自动检测、通讯及计算机等技术，实现自动数据采集、传输、处理入库等，主要检测：大坝渗流、大坝浸润线、上游水位、降雨量，实现对水库雨情、水位等水文要素的自动化采集报送。这套系统对水库管理所准确、及时了解大坝情况提供了重要依据，特别是对防渗墙的检测、安全运行提供了保障，确保勐遮灌区的生产安全。

2. 灌溉控水

全州的供水工程按照设施划分，主要有蓄水工程（包括中小型水库、坝塘等）、引水工程、提灌工程，以及管理输水等其他供水设施。修建水利工程的目的，主要是为了蓄水兴利，发挥灌溉效益，促进农作物的高产稳产。水库工程建成了，为蓄水兴利提供了物质基础，但可以说我们的目的只达到了一半，能否充分发挥灌溉效益，促进灌区农作物的高产稳产，关键还在于做好农业供水理工作。

灌溉用水管理工作的好坏，直接影响着灌溉效益和农业增产。管理比较规范的水库，用水有计划，放水有制度，不仅节约了水量，而且改善了用水秩序，团结用水精神得到不断发扬。但管理差的水库，用水没有计划，“要水就放，用完就算”的现象依然存在，每到抗旱季节，用水十分紧张，甚至发生抢水、截水现象。从田间用水情况来看，比较先进的灌区，大搞平整土地，开展园田化建设，进行合理灌排，节约了用水，改良了土壤，促进了农作物的高产稳产；而有的灌区，土地不平整，缺乏田间灌排工程，水稻是深灌、串灌，旱作物是大水漫灌，既浪费水量，又招致土壤条件恶化，影响作物的生长。从库水的利用率来看，比较先进的灌区，由于加强用水管理，采取渠道防渗等措施，浪费、损失水量大大减小，库水的利用率可达70%—80%，而有的水库，用水不当，渠道渗漏损失严重，库水放到田间沿途就损失一半，甚至一半以上。

新中国成立后的1954年，在传统“板闷制”用水制度的基础上，人民政府提出“民主管理，合理用水”的口号，在较大的水渠灌区成立由村长、板闷代表组成的民主管理委员会，制定合理的用水办法和用水公约，共同遵守。1958年以后，为适应合作社集体生产和解决上下游用水矛盾，多采用定期轮灌的办法，渠道建立放水闸门，合理分水灌溉和提倡铲埂、糊埂、节约用水。1959年3月，中共景洪区委会召开坝区6个行政村的水利会议，主要解决合理用水管理制度，通过了如下行政村水利管理公约：

（1）各乡所管理的本段水沟如有坍塌，由该乡负责修理。

（2）从开始宣布放水以后，不准任何人堵塞水渠，若有特殊情况需增加水量者，可向专管水利委员汇报，由专管水利委员酌情分给。

（3）违反上述规定者，是社员的第一次教育，第二次批评，第三次根据情节轻重给予处分（罚修沟）；是干部的第一次批评，第二次处理。

（4）对水利管得好、能节约用水的村寨和个人，给予表扬和鼓励。

1959年6月，中共景洪区委会为解决用水问题，专门向县委呈递了《关于解决合理用水的情况报告》[①]（见存文3-7）。

## 存文 3—7 关于解决合理用水的情况报告

县委：

我区较大的水沟有4条，各条水沟串联灌溉着几个乡的水田。如闷班法水沟，沟头在曼飞龙乡、沟尾在曼景兰乡，它灌溉着4个乡19个寨子4546.25亩水田。其中，曼飞龙乡灌溉着6个寨子837.5亩，曼占宰乡3个寨子430亩，曼龙枫乡7个寨子2228.75亩，曼景兰乡3个寨子1050亩。

① 资料来源：魏学德，景洪县水电局．景洪县水利志（评审稿，下册）[M]．打印稿，1993年9月：304—307.

从此条水沟灌溉面积来看，沟头田少，沟尾田多，水利管理工作就更显得重要。闷湝濑灌溉着曼达乡、曼占宰乡的水田，其沟的摆布是沟头在曼达乡、沟尾在曼迈乡。闷南辛灌溉着曼达乡、曼占宰乡、曼飞龙乡，沟头在曼达乡、沟尾在曼占宰乡。闷纳永水沟灌溉着曼沙乡、曼迈乡、曼景兰乡、沟头在曼沙乡，沟尾在曼景兰乡。这4条水沟除闷南辛水沟外，其他3条中有机关、农场利用着水，总灌溉面积（农场在外）23275.75亩，占坝区水田面积4万亩的58.19%，而且是很复杂的交叉灌溉。在封建领主统治时期，各条水沟都有2—3人的"板闷"（"板闷"之意是宣慰专管水的人）。这些人用宣慰的名，掌握了水利管理职权。其具体管理方法是：根据田占有多少，1份田安上1个竹筒，1000纳给1000水，500纳给500水，板闷有1个木刻，一刻比一刻大，最大的是2000水，有一手掌宽；最小的是50水，有二指多宽。竹筒安了以后，农民如将竹筒的口抠大了，板闷去查水时，用木刻去量，如果扣放大了，"板闷"二话不说就去找田主进行罚款。所以，过去水利管理并没有什么民主管理。几年来，在党和人民政府的领导下，实行了水利管理委员会的民主方法，有事找大家商量。因此，水利管理制度在不断地随着变化，总的看来，水利管理制度是不断地向民主管理发展。过去是在阳历6—7月才开始栽秧，时值降雨季节，水源充足。在这种情况下，水利管理工作薄弱，不糊田埂，不塞漏洞，不安水口，放任自流。近几年，由于群众生产积极性不断提高，提早了生产节令，5月初就开始栽秧，而犁田的时候恰巧是天气最热、最干燥、地面蒸发最大的时候，农民思想没有足够的认识，不采取积极措施来解决水利问题，加上用水单位增加，水利建设跟不上，水源就更加不足，水利纠纷不断发生，影响了农民的生产积极性和群众内部的团结。

我们认为合理用水对增产有重要意义，为了把这个问题解决得更好，使今后不致发生或少发生纠纷，区委在3月24日召开了坝区6个乡的水利会议，到会人数10人。其中，有乡干、工作组、水利委员会参加。会议主要解决合理用水管理制度，健全组织机构，通过汇报研究，达到思想统一，成立水利委员会。从汇报的情况看，思想上还没有转到春耕生产上来。当然，一方面是领导抓得不紧，有的反映了旧思想和旧的管理方式。如曼达乡岩罕利（党员）说：“防水问题最好按过去老办法，1000 纳给 1000 水，500 纳给 500 水，这样水田要有就大家有，要不有就大家都不有。”有一种反应要轮流放水。这两种意见是反映了两个地区的情况，沟头的主张按过去的办法安竹筒，沟尾的主张轮流放水，在会议中争论不休。经过研究分析，大家感到普遍安竹筒放水，不容易很快放满，影响节令，研究结果是：

1. 在犁谷茬时实行轮流放水，待谷茬犁完后再安水平，并决定了放水时间。闷湝濑水沟由 3 月 26—28 日由曼达、曼占宰两个乡放；3 月 29 日—4 月 2 日由曼龙枫、曼景兰两个乡放。闷南辛水沟灌溉曼达与曼占宰两个乡，插花田多，田地连片，故仍按水平灌溉。闷纳永由于机关用水较多，因此单独成立水利委员会。

2. 对水沟实行分段管理，专人负责，一个乡管一段，加强对水沟的检查和管理责任。闷班法水沟，从曼龙枫乡到曼真由曼龙枫乡负责；从曼真到曼岛由曼占宰乡水利委员负责；从曼岛到沟头由曼飞龙乡负责。闷湝濑水沟从曼迈到曼坝过由曼迈乡负责，从曼坝过到曼广瓦由曼占宰乡水利委员负责；从曼广瓦到沟头由曼达水利委员负责。闷南辛从曼占宰到曼勐水平出处由曼占宰水利委员负责，从曼勐水平水平处到沟头由曼达水利委员负责。

3. 通过讨论了水利管理公约。

（1）各乡所属自己管理的本段水沟如有坍塌，由该乡负责。

（2）从开始宣布放水以后，不准任何人堵塞，若有特殊情况不放不得，可向专管水利委员汇报，由专管水利委员酌情分给。

（3）违反上述规定者，是社员的第一次教育，第二次批评，第三次根据情节轻重给予处分（罚修沟），是干部的，第一次批评，第二次处罚。

（4）对水利管理得好，能节约用水的村寨和个人，给予表扬和鼓励。

4. 健全组织机构，成立由区委会、曼占宰等 6 个乡的乡、社干及工作组、农场等方面 21 人组成的水利管理委员会，其职权是：

（1）负责水利整修，动员人员上阵；

（2）负责召开有关水利问题的会议，建立汇报制度；

（3）负责处理水利纠纷事项。

中共景洪区委会

1959年3月26日

1962年，景洪坝区成立灌区委员会，统一管理5条大沟的灌溉用水，遇特殊情况由人民政府出面召开专门会议，协调供用水。20世纪70年代以后，引水、输水干渠上一般都设有混凝土分水斗门，支渠上则砖砌分水口与竹筒并用。70—80年代，各乡和工程管理所每年都要制定用水计划、供水方法、放水时间。

随着供水管理水平不断提高，农业用水供求矛盾解决的途径逐渐步入正规化、制度化的轨道。农业供水管理大致经历了两个阶段。

第一阶段：计划安排。即每年在农业生产用水前，根据水利工程蓄水情况和农业生产种植作物分布及用水时间，由各级召开灌区代表会议提出供用水计划安排。县（市）供水工程安排到各乡（镇）的供水量、供水的具体时间、主要放水渠道；各乡（镇）又召集用水的各村委会贯彻县（市）的供用水安排意见，安排乡（镇）供水区的供水量、供水时间等。各村委会根据乡（镇）安排的沟渠清淤任务及完成时间，各村民小组又具体安排落实到各家各户。在放水前供水单位及各村民小组派专人检查沟道清淤完成情况、用水前栽种的准备情况。如果渠道清淤工作没有完成，供水单位有权利不予供水。

第二阶段：合同配比。20世纪90年代中、后期，随着市场机制的建立健全，逐步实行了用水乡（镇）、村（办）与供水单位签订供水合同，推行计量供水，按亩配方。农业用水由用水单位提出年度用水计划报送水利工程单位。中型水库管理单位及各乡镇水利工程管理单位，对用水计划调查核实，根据本单位及本乡（村）现有的小型水利设施供水量和各种作物的灌溉面积，作物灌溉用水量，在用水紧张季节，如春旱、秋旱以及水稻生育过程中用水量最多的时期，进行供需水量平衡计算，在此基础上编制分次供水计划，确定年度计划内的供水量。全州中型水库管理单位与用水单位签订供水协议，按协议供水。小型水利工程未签订供水协议。

1978年，全州有效实灌溉面积41.30万亩，农业年供水量21350万立方米；1985年，有效实灌面积45.76万亩，农业年供水量37981万立方米；1990年，有效实灌面积49.15万亩，农业年供水量58775万立方米；1995年，有效实灌面积55.68万亩，农业年供水量65301万立方米；2000年，有效实灌面积59.39万亩，农业年供水量68752万立方米；2005年，有效实灌面积63.60万亩，农业年供水量69774万立方米。[①]

综上所述，从“板闷制”到“库渠制”的现代转型是一种来自国家政治变革基础上的西双版纳农业生产领域中的制度变迁。对于国家来说，这是支援边疆建设繁荣民族经济的具体体现；对于西双版纳“召片领”来说，则是一场政权易手之后的制度改革；对于绝大多数当地傣族民众来说，又是一场历史性的所有权和经营权的革新。三者都参与了“板闷制”到“库渠制”的转型过程，经历了新建水库、修建沟渠的农业水利灌溉建设事业，各自尽管在其中的地位和作用不同，但有一点却是一致的：他们共同见证了傣族传统灌溉制度的现代变迁，推动了西双版纳稻作生产力的发展！

## 附录 3—1 景洪县人民委员会关于成立曼飞龙水库管理机构的决定[②]

我县曼飞龙水库自1958年10月开工到现在，经过4个年度的施工，已完成回填土方13万多立方米、放水涵洞两座。自1960年开始蓄水。

① 西双版纳傣族自治州水利局．西双版纳傣族自治州水利志（1978—2005）[M]．昆明：云南科技出版社，2012：125—126.

② 资料来源：魏学德，景洪县水电局：景洪县水利志（评审稿，下册）[M]．打印稿，1993年9月：259—260.

目前，上游坝坡已筑至13米，1961年年底蓄水至10米，水量260万立方米，在大春栽插中发挥了它的积极作用。但因该工程目前还在施工阶段，管理机构未建立起来，用水上没有一套制度，造成大量浪费。根据中央“调整、巩固、充实、提高”的八字方针和建管并重的原则，曼飞龙水库必须建立管理机构，做到边施工、边管理、边修建、边受益，为此作出以下决定。

一、所有权和管理使用权

该工程属县有，受县和区的双重领导，在灌溉管理及维修本工程等方面由景洪区负责；县责成农水科进行业务方面的指导；景洪坝区的曼飞龙、曼占宰、曼龙枫、曼景兰4个乡及飞龙农场、南联山农场等受益单位有维修本工程之义务。

二、组织机构

根据《云南省农田水利灌溉管理中心工作暂行规定》综合本工程情况，定员10人。

设管理所长1人，水利技术员1人（由农水科抽调），管理所会计1人，土坝、水文观测1人，总务保管1人，管理所工作人5人，以上人员除所长、水利技术员外，其他由常年施工队伍中抽调。

在水库管理所领导下，组成收益区代表会，根据需要，定期召开会议，解决用水、安排工作岁修的大问题。

三、管理的主要任务

（1）根据工程情况，制定调洪蓄水的运行计划。

（2）对工程常进行检查维护，保证正常运转；对土坝的沉陷、移位、裂隙及渗漏、水量变化等进行观测。

（3）经常的水文观测和资料整理工作，为工程的管理、养护、调洪、蓄水、巩固发展积累资料。

（4）经常总结管理经验，密切联系群众，与群众商量制订用水计划，做到合理用水、扩大灌溉面积。

（5）进行必要的灌溉试验研究工作，总结群众的经验，不断提高单产。

（6）提高警惕，加强保卫工作，严防敌人破坏。

（7）在管理好工程，保证蓄好水，搞好水库四周的水土保持的前提下，开展副业生产。

（8）在工程未完工期间，负责工程的施工及配套工作。

四、经费来源

（1）贯彻以水养水，以水利管理发展水利的方针，积极开展副业生产，如养鱼、养鸭、种植果木等，以增加收入。

（2）管理所人员报酬，干部实行工资制，工人可采取固定工资加奖励的办法，工资来源原则上由副业收入开支，目前施工期间不足者，由水利事业费补助。

（3）建立严格的财会制度，实行经济核算。

1962 年 4 月 28 日

## 附录 3—2 景洪县革命委员会关于保护水利工程的布告①

新中国成立以来，我县兴建的水利工程，为战胜水旱灾害，保障工农业生产和人民生命财产安全，发挥了巨大作用。但是由于林彪、“四人帮”极“左”路线的干扰破坏，致使一些水利工程抗旱和防洪能力降低，安全受到威胁，效益不能完全发挥，水文测站不能正常工作。为保护水利工程，发挥灌溉效益、保障防洪安全，特布告如下：

一、河道、水库、闸坝、提防、沟渠、排灌设备等水利工程和附属设施，都是社会主义公有财产，每个公民都有责任保护，不准破坏。

二、在水利工程规定范围内，严禁毁林开荒、铲草皮放火烧荒等破坏水土保持的活动。在堤坝以及规定的安全范围内，严禁破堤扒口、挖穴埋

① 西双版纳傣族自治州水利局编．西双版纳傣族自治州水利志（1978—2005）[M]．昆明：云南科技出版社，2012：346.

葬、建窑、建房、垦殖放牧和取土爆破等危害水利工程的活动。

三、抗旱防汛的经费和物资、器材以及通讯、照明设备等，要妥善管理，任何单位和个人不准挪用、转让或盗卖。

四、不准在行洪、排洪河道内设置任何阻水障碍和种植阻水林木。为抗旱所需设置的挡水建筑物，汛期影响排洪的，汛前应彻底清除。

五、认真执行水产条例，保护水产资源，严禁在水库、湖泊、江河炸鱼、毒鱼、电鱼、未经主管部门许可不准在水库钓鱼、捕鱼。

六、严禁向河道、水库、湖泊、渠道内倾倒矿渣、炉渣、垃圾以及含毒的废水和污水，对造成上述情形的，应责成阻水和污染单位负责清理，对危害严重的，必要时停产处理。

七、严禁在水库、湖泊内乱围乱垦，凡是影响蓄水、泄洪的已建垦区，应由原建单位负责处理。

八、对于拦洪、蓄洪、分洪、引水、泄水等水利工程的操作运用，必须由水利工程管理部门按照上级主管部门的命令和运行计划执行。任何单位或个人，不准擅自或强令启闭。

九、对于水文站的测量标志、测量设备、过河建筑物、船只及物资，不准破坏，不准挪用测量专用船只，不得妨碍、干预水文站的日常测验工作和拍报水情工作。

十、各级革命委员会对保护水利工程设施、水文设施和防洪安全有功人员和单位，应予表扬奖励。各级水利工程管理部门、水文部门及人民群众有权对破坏水利工程设施或水文设施的单位和个人上告、起诉。对违反上述规定，破坏水利工程设施或水文设施，危害抗旱和防洪安全造成一定损失的案件，公安、司法部门应予以严肃处理，情节严重者，应依法惩办。

特此布告

云南省革命委员会

1979年9月13日（印）

附录 3—3

## 勐遮灌区水利管理条例[1]

为加速农业现代化建设，切实搞好勐遮灌区水利工程配套和灌溉管理，达到旱涝保守，稳产高产，为“四化”做出贡献，特制定本条例。

一、总则

（1）必须明确，新中国成立以来党和政府帮助边疆各族人民，兴修中型、小型水利工程，为战胜旱涝灾害，发展农业生产，提高人民生活发挥了重要作用，为实现“四化”打下了基础。

（2）必须认识，水利是农业的命脉，是国家和人民的宝贵财富，一定要认真建好、管好、用好、充分发挥效益。

（3）必须坚持党的领导，凡属公社范围内的中小型水利计划、施工、灌溉等，必须在公社党委的统一领导下进行工作。

（4）必须贯彻执行“建管并重”的方针，坚持以小型为主，管理配套为主，自力更生为主，依靠人民群众的智慧，充分发挥工程技术人员的作用，搞好现有工程配套。

（5）必须发扬团结互助精神，本着以受益区为主，非受益区团结协作，付给合理报酬的原则，共同建设水利。

二、组织领导

为加速水利建设，公社革委报经县革委批准成立“勐遮灌区委员会”，由黎明农工商联合公司参加 1 人，西定、巴达公社各 1 人、勐邦、曼满水库和所属灌区大队干部各 1 人，勐遮公社 3 人，共 15 人参加组成。各水库管理所在县水电局和勐遮灌区管理委员会的双重领导下进行工作，应固定一位领导同志主管灌区工程配套及灌溉管理；每条干渠分段设“水利管理站”，固定 3—4 个亦工亦农水利管理员，工资、口粮由水库管理所解决。

---

[1] 西双版纳傣族自治州水利局．西双版纳傣族自治州水利志（1978—2005）[M]．昆明：云南科技出版社，2012：347.

各大队、生产队建立“水利管理小组”负责维护水利工程建筑和灌溉管理，管理小组人员的报酬由生产队负责。

三、职责范围

（一）勐遮灌区管理委员会职责

（1）负责勐遮地区水利规划和提出本公社水利工程实施方案，并督促检查验收工程质量。

（2）宣传贯彻执行党和政府制定的水利、水产、水土保持的通令、布告、条例及规定，教育干部群众自觉遵守。

（3）各条干渠划段分到生产队（包括联合公司）保护维修管理，每年整修两次，进行检查验收。

（4）根据农事活动，通知水库开闸关闸。

（5）积极帮助社、队发展水产事业。

（6）审批水利工程所需经费开支和物资使用。

（二）水库管理所职责

（1）保证堤坝、闸门、涵洞、溢洪道主体工程安全。

（2）切实搞好工程配套、维修管理及灌区合理用水。

（3）保护库渠范围内的森林、水产等自然资源。

（4）搞好水文、蓄水量的观测、记录。

（5）坚持以水养水，积极发展多种经营，做到自负盈亏，减轻国家负担。

（6）积极支持社、队发展养鱼。

（三）水利管理站职责

（1）保护管理好水利工程设备。

（2）经常巡回检查渠道，清除障碍，保证流水畅通。

（3）管理好沟堤两旁的森林，要求每人每年种植20—30棵各种经济林木，收入归管理站。

（4）检查各生产队合理用水情况，用水不合理的应及时调剂。

（5）凡属水库配套工程的灌区，不论是国家、集体都应按规定缴纳水费及水利粮，每年由管理站负责征收。

四、工程、灌溉管理

为保证水利工程安全和灌区用水，特规定“十不准”。

（1）不准在水库主体工程和沟堤附近爆破，影响工程建筑。

（2）不准在协商规定的水库范围内放火烧山、毁林开荒、种短期作物，造成水土流失。

（3）不准在沟渠和渔塘内倒垃圾、废渣、玻璃片、筑堤打坝、泡木材、挖黄鳝。

（4）不准在沟堤上挖缺口放水，需要放水需报水库管理所同意后，统一安排。

（5）不准在沟堤的上下10米内开荒种地和开垦小渔塘。

（6）不准炸鱼、电鱼、毒鱼、破坏水产资源。

（7）不经灌区管理委员会同意，不准任何单位和个人随便启闭闸门。

（8）管好水利是每个公民的权利义务，是水管员的职责，发现违反本条例的行为，有权批评教育。任何人不准破口大骂和殴打水利管理人员和干部群众。

（9）不准利用职权巧立名目、调用、挪用水利工程器材，物资、经费和搞以物易物、损公肥私。

（10）水利管理人员要有高度的政治责任感，坚守岗位，不经领导同意，不准擅离职守。

五、奖惩制度

为保证本条例贯彻执行，特制定如下奖惩办法。

（一）奖励

（1）水利兼职干部积极负责，保质保量完成水利工程任务，善于依靠群众，实行科学管理用水，受到群众称赞者。

（2）水利专职干部、管理人员（包括公社水利辅导员），热爱本职工作，积极钻研业务，密切联系群众，有一定的业务技术和管理水平者。

（3）发现违反本条例，敢于大胆批评教育或向管理人员反映的干部群众和水管员，经查实处理后，从罚款中抽出50%—70%给予奖励。

（二）惩罚

（1）破坏水利主体工程造成严重损失者，由管理委员会配合管理站进行调查落实，经公社革委和主管部门提出意见报上级有关部门处理。

（2）破坏沟渠配套工程（闸门、闸阀、涵洞、桥闸、挖沟堤等），除赔偿损失外，罚款 20—100 元。

（3）在水库、水坝、沟渠、河流炸鱼、电鱼、毒鱼破坏水产资源者，根据情节轻重，罚款 30—100 元。并没收全部鲜鱼，奖给发现并及时追查的干部群众和水利管理人员。

（4）在沟渠内筑堤坝、泡木材、竹子、倒垃圾、挖黄鳝，在沟堤附近挖鱼塘影响灌溉者，发现后通知用水单位拆除，3 天后不拆除，所拆用费每个劳动日除付 2 元报酬外，罚款 5—10 元。

（5）在划定的保护区放火烧山、毁林开荒种地者，除禁止不准种地外，视其危害程度罚款 50—200 元。

（6）不听劝阻违反本条例，无理取闹、谩骂、诬陷和打人者，除付给医药费、营养费、误工补贴外，根据认错态度罚款 10—100 元。

六、附则

（1）违反“（二）惩罚”条款中的（2）、（4）、（5）条，罚款均由用水单位支付，由单位负责调查落实后，除批评教育外，收回支付罚款。

（2）以上罚款金额由管理所决定，责成管理站收缴灌区委员会并开给收款单据（此款作奖励经费开支）。

（3）今后灌区每年召开一次灌区代表会议，总结交流建设、管理、使用经验，表彰先进。

（4）本条例从勐遮灌区代表会议传达贯彻后于 4 月 1 日开始执行。望各有关单位广泛宣传教育，干部群众自觉遵守。

勐遮灌区水利管理委员会

1980 年 3 月 30 日

## 附录 3—4 景洪县人民政府关于保护水库、坝塘安全和江河水资源的布告[①]

新中国成立以来，我县兴建了大量的水库和坝塘，对战胜水旱灾害、保障工农业生产，调节气候，保护自然资源以及水产养殖事业，发挥了重要的作用。为保护我县的水库、坝塘和水产资源不受侵犯和破坏，使其发挥更大效益，为我县各族人民造福，特布告如下。

一、水库、坝闸、堤防等水利工程所属设施和水文设施以及护堤林木、草皮等，是国家（国营农场）和集体的宝贵财富，必须严加保护，严禁破坏。

二、认真执行国务院《关于保护水库安全和水产资源的通令》和省政府《关于保护水利工程的布告》，严禁在水库、湖泊、江河炸鱼、毒鱼、电鱼，国家和集体修建的水库和坝塘，除经营或管理单位进行水产生产外，其他任何单位和个人一律不准入内钓鱼、网鱼以及采取其他方法的捕鱼活动。违反者除没收鱼和渔具外，视情节轻重论处。

三、严禁在水库周围200—500米内毁林开荒、破堤扒口、挖穴埋葬、建窑建房、垦殖放牧、取土爆破等危害水利工程安全和有损于水产养殖的活动。不准在溢洪道设施内堆放障碍物和投放有毒污染物，危害水产资源。

四、水利工程管理人员和水警，必须严格遵守国家政策、法令和有关规章制度，坚守岗位，做好管理和保护水利工程及水产资源的工作。任何人不得干预、阻挠水利工程管理人员和水警执行公务。

对执行和维护本布告有成绩者，应给予精神和物质的奖励。对违犯本布告的单位和个人，视情节轻重给予批评教育或赔偿损失，没收鱼获、渔具及罚款等处分。对严重损害水利和水产资源，造成重大破坏和损失的，

① 资料来源：西双版纳傣族自治州水利局。

或抗拒管理、行凶打人的，要追究查办。

特此布告

1983 年 9 月 3 日（印）

## 附录 3—5 景洪县人民政府文件景政发（1982）81 号加强水利管理工作及岁修工作的通知[①]

解放以来，在党和人民政府的领导下，我县已建成一大批中小型水库，总库容达 6000 多万立方米，但每年蓄水 4000 多万立方米。除水库工程外，还修了一大批水沟，比较大的水沟都修了拦河坝。由于大批水利工程的建成，有效灌溉面积已由解放前的 2 万亩增加到 16 万余亩。保证灌溉面积 13 万余亩。这批水利工程，国家投资一千多万元，是国家和集体的财富，也是我县农业生产的重要条件。在当前国民经济调整时期，如何保管好这些工程，更好地发挥经济效益，是目前水利建设的重要任务，也是必须解决的首要问题。

近年来，由于管理不善，工程效益逐年下降，少数工程无人管理，才建成就遭破坏；有些工程虽有人管，但责任制不落实，机构不健全；有的公社水管站还未建立，有的建立了，但只是空架子，领导人员没有配备，无法展开工作；每年岁修工作非常马虎，有的好几年不修一次；水沟中层层设障，沟中搭鸭棚、泡木料、挖小渔塘，倒垃圾，过量水大为减少，水通不到沟尾，因此，灌溉面积逐年下降。全县仅岁修不好、管理不善所减少的灌溉面积就达 1 万亩，使农业生产受到一定影响。同时，今年雨量偏少，河道水量显著减少。全县水库蓄水比去年减少很多。1981 年，水库蓄水达 4400 多万立方米，今年到目前为止只蓄了 3000 万立方米，到年底估

① 资料来源：魏学德，景洪县水电局. 景洪县水利志（评审稿，下册）[M]. 打印稿，1993 年 9 月：300—302.

计也达不到去年的水平，对明年农业生产，尤其是双季稻生产极其不利。

为确保完成我县8万亩双季稻的任务，解决好水的问题是一个关键。我们一定要认真对待这一情况，切实加强领导，管好、用好现有的水利设施，抓好蓄水和工程整修，合理用水。各公社镇一定要在早稻生产前安排一定的时间，动员群众，集中力量，把各条水沟彻底地岁修一次，要求质量合标准，不要走过场。从全县来看，勐龙的城子大沟、曼肯大沟，小街公社的曼别大沟，景洪公社的曼飞龙水库的右干渠、曼磨协大沟，允景洪公社的曼沙大沟，勐罕公社的曼岭水库干渠及三乡曼贺科的渠子，勐养公社的曼景坎大沟，景讷公社的云盘大沟等，都应作重点进行岁修。

岁修是群众的义务，每年必须进行1—2次，不能依靠国家，更不能认为已经交纳了水费，岁修就不管了，应该给群众讲清楚，国家投入大量资金的水利工程，收水费只是维持管理人员的工资，岁修费用是没有征收的，岁修只能是组织灌溉区的群众进行。

岁修中，要健全管理机制，落实管理人员，建立健全必要的规章制度，订立灌溉用水公约；管水员也要落实生产责任制，要承包具体的任务，包灌溉面积，包工程安全，包节约用水。也可以分段承包，总之，任务要落实到人，对管理得好的，要进行表扬，完成或超额完成承包任务的，可以按产量分成的办法，给予奖励。具体做法，各公社根据情况制定，总的原则是要坚持按劳分配，奖惩分明。

要在这次岁修中把已下达的水费水利粮征收好，以解决管水人员的工资、口粮。

当前正值秋收大忙季节，各公社应把这一工作妥善安排好，要有具体措施，不能一般号召。要看到组织好群众上阵岁修，必须做大量的思想工作，要层层发动，首先要解决好认识问题，落实组织的办法。各公社水管站、水利辅导员应该积极主动当好公社的参谋，做好这一工作，在半月左右的时间内，集中力量完成水利工程的岁修任务，为完成我县的农业生产计划，打下坚实的基础。

1982年10月25日

## 附录3—6 勐润区勐润大沟、国防水库工程灌区管理规章制度①

一、为认真贯彻执行调整时期中央水利管理方针和政策，加强管理，切实做到“以水养水，以水利发展水利”，更好地发挥经济效益，发展生产，改善人民生活，进一步管理好现有水利工程，1985年3月15日，区公所主持召开灌区受益单位代表会议，讨论制定了对勐润大沟、国防水库等水利工程管理规章制度。

二、水利及水费粮暂行征收标准规定如下（普遍低于上级有关征收水费粮文件）。

（1）每年每亩水稻面积征收水费2元，孰非粮1千克谷子。

（2）每年每亩渔塘征收水费5元。

（3）每年每亩菜地、饲料地征收水费2.5元。

（4）每年每亩经济作物，包括西瓜、甘蔗收水费3元。

（5）每年每亩苗圃地，征收水费4元。

（6）每加工1吨干胶片用水，征收水费5元。

（7）每烧1万块砖用水，征收水费4元。

（8）每解1立方米木板用水征收水费5角。

（9）建盖房屋钢筋、砖木、土木结构均按建筑面积，每平方米征收水费2角。

（10）每烤50千克酒用水，征收水费2元。

凡属大沟、沟线以下各用水单位及个人，都应按照上述规定标准，在每年3月1日以前征收、交清水费及水粮费。过期不交或隐瞒面积数字者，经查实后，应按交纳水费及水粮费加倍罚款处理。

各受益用水村寨、单位、个人应交的水费及水粮费由本单位会计按收水费及水粮费标准，统一负责征收上交到水利管理站（会计按征收标准面

① 勐腊县水利局. 勐腊县水利志［M］. 昆明：云南科技出版社，2012：240—241.

积征收上交水费、水粮费后，应由区水利管理站按征收上交水费2%提成，付给代收者作为报酬）。

三、区水利管理站，在区公所直接领导下，要负责把应征收得来的水费及水粮费收好，保管好，做到收支账目清楚，按规定支付管理人员的报酬及本灌区水利设施的维修费用，不准用于其他费水利项目以外的开支。

对水利工程设施安全及保护规定：勐润大沟左右干渠、国防水库都是国家和人民的宝贵财产，国家机关、各人民团体、国有农场、各村寨，人人都有保护水利工程设施的责任，现规定在上沟帮10米，下沟帮20米，国防水库库区以分水岭为界，属于水库管理保护区，在该范围内，严禁下列行为。

（1）严禁开荒种地、种农作物。

（2）严禁建盖房屋和建造瓦窑烧砖瓦。

（3）严禁开挖渔塘养鱼。

（4）严禁开挖沟帮缺口和破坏水利工程设施建筑物。

（5）不准在沟心内和水库工程范围内堵水拿鱼、毒鱼、炸鱼、偷鱼、电鱼、挖黄鳝。

（6）没有区公所和管理站同意，严禁增加防水口。

（7）不准在沟心内堆放浮运木料、竹料，不准在沟内种植植物，影响水流畅通。不准在上下沟帮乱砍伐森林，乱砍育种的花果树木，不准在沟内乱倒垃圾，乱挖内外沟堤边坡土方，避免造成沟道淤积、阻塞、塌方、垮沟损失。

（8）不准在国防水库上游乱砍、乱伐水源森林，不准在库区12.6千米径流面积内，破坏森林，造成水土流失，并由水库管理人员在蓄好水、养好鱼，管理好灌溉用水的前提下，在水库周围最好水面线起500米范围内，水库管理人员应有计划、有规格、有步骤地发展多种经营，绿化，种果树，种植经济林木（如橡胶），种花草美化环境，坝脚下游500米内（至农场四队小路为界）按原林权土地划定为水库职工管理使用，作为种田、种地生活用地，任何单位个人不得占据使用，已占用的土地应归还水库。

四、勐润大沟管理所、国防水库管理所和区水利管理站人员，对违反者视情节轻重给予一次性罚款15—30元；拒绝处罚，态度恶劣者加倍罚款；对工程设施安全造成损失者，按水法规论处。

五、每年工程岁修时间的规定：每年在秋收结束后，2月由区公所主持召开一次灌区代表大会，总结、检查落实、研究水利工程管理、岁修计划问题，发动受益村寨群众，布置落实水利岁修任务，清挖沟心淤泥、塌方、杂草、危险地段和加固治理。

上述水利工程管理制度，自通过之日起执行生效。

## 附录3—7 勐遮区勐邦水库灌区水利代表会议决议[①]

为了具体贯彻省委关于水利应以群众性小型水利为主，以灌溉管理为中心，确保危险工程安全度汛的水利方针和贯彻县委对我县水利工作以修、管、用相结合，充分发挥现有水利潜力的指示精神，在刀副县长和勐遮区公所的主持下，于1962年2月10—12日召开了勐遮坝区第一次水利代表会议。出席会议的有勐邦水库受益的曼根乡、景真乡、曼弄乡、勐遮乡、曼养龙乡、黎明农场等受益乡、社、队代表35人，还有勐邦水库非受益的曼勐养乡、曼伦乡、曼燕乡、允龙乡、曼洪乡、曼恩乡、曼拉乡和专、县、区等有关单位的水利代表42人。出席会议的共有代表77人，大家对会议的召开和解决的问题表示很满意。

会议听取了勐遮区委书记作《关于勐遮坝区1953年以来水利建设及今后任务的报告》和刀副县长作《关于水利灌溉管理暂行意见》的报告，代表分组对报告都作了热烈认真的讨论，到会代表认为召开这一次水利代表会议很重要，非常必要，一致认为4年来在党的领导、国家的帮助下，在

① 勐海县水利电力局. 勐海县水利志［M］. 昆明：云南科技印刷厂印装，1999年11月：233—237.

三面红旗的指引下，群众性的大办水利取得了很大的成绩，这对勐遮坝区的粮食能逐年增加，发挥了很大作用。4年来共建成较大型小型水利工程21件，灌溉农田2万亩，基本建成大型骨干工程1件，可灌溉农田4万亩（1961年已受益1.4万亩），现在共可灌溉农田4.7万多亩，因而使勐遮坝区的农田水利建设打下了良好的基础。会议在充分肯定水利建设成就的同时，也提出了许多亟待解决的问题，近3年来由于集中力量忙于兴建勐邦水库大型工程，我们还没有掌握灌溉管理的一套经验，所以在充分发挥水利灌溉方面，计划合理用水方面，较大小型水利的管理养护方面，还需待继续摸索、总结和改善。勐邦水库的溢洪道扫尾配套工程还很多，迫切需要完成。为了安全度汛和保证农田即时灌溉，不影响生产节令，地委指示，勐邦水库应该尽快把多余的水放出来。

会议着重讨论了今后的方针任务，特别是具体讨论了如何完成当前勐邦水库施工存在的问题与解决工分报酬，加强政治思想教育，建立健全水利管理机构，受益单位对于今后修行任务的分段包干等问题，作出正式决议贯彻执行，甚为重要，为了充分发挥水利潜力，更好地为农业生产服务，会议作出如下决议。

一、坚决贯彻省委指示的“当前水利以小型为主。以灌溉管理为中心，确保危险工程安全度汛的方针”，加强政治思想教育工作，明确中央指示的今后几年内农业增产的主要措施仍是“一水二肥”的指导思想，明确水利为农田灌溉服务，发动群众，继续挖掘所有大、小水利的潜力，为农业增产发挥更大的作用，在用水上应有全局观点，克服过去无人管浪费水的现象，在具体放水安排上，用水的先、后、多、少，应根据各用水单位需水的先、后、缓、急、田亩数量，秧苗情况。由勐邦水库管理所及放水专业队，统一负责安排放水，非放水员不得随便放水。应有领导、有计划地具体进行用水情况的调查研究，不断摸索总结经验，教育各单位注意管理用水、节约用水。

二、为了确保勐邦水库安全度汛，保证灌区农田即时用水，并保证小秧用水，腾空库容，会议决定尽早地把库内多余的水放出，因此需要整修渠道，任务具体分配到各单位，保证3月20日完工通水，并将主要干渠划段由今后受益单位负责包干，常年维护兴修（具体划段包干各单位任务附表）。

三、为了管好用好水，必须制定一个符合边疆实际，适当照顾民族用水习惯特点的、合理的、行之有效的管理规章制度，作为共同遵守的行动依据，会议经过民主讨论、协商、制定，并一致通过了《勐遮坝区勐邦水库灌溉管理工作暂行意见》，要求大家共同遵守，并将执行中群众的反映意见、要求及存在问题及时向管理委员会反映，使其不断改进。

四、会议通过成立一个常设组织机构，以加强群众性的管理工作。

（一）成立灌区水利代表会，作为群众对水利的民主管理机构，在党委和政府的领导下，由各受益灌区有关单位选举代表组成，灌区代表会议的决议经党委和政府正式批准后，具有行政效力。

灌区水利代表会议每年定期召开一次，必要时可召开临时代表会议。

（二）成立水利管理委员会，为灌区代表会议的常设机构，勐邦水库灌区第一次水利代表会议，正式选出“勐邦水库灌区水利管理委员会”委员名单如下。

主任委员：刀文昌（副县长）

副主任委员：岩依烘（副区长）、邢小柱（管理所长）、陈沛章（黎明农场办公室主任）

委员：岩三么（曼根乡长）、康朗三（勐遮乡长）、岩望（景真乡长）、玉香（曼弄乡长）、唐开尧（黎明农场9队队长）

秘书：邢小柱（管理所长）兼。

灌区代表会议闭会期间委托水利委员会承担以下职责。

（1）经常研究和即时贯彻执行党和政府的方针政策和上级的指示。

（2）加强水利工程管理机构及人员的督促和领导。

（3）安排工程兴修及审核经费收支。

（4）处理各个时期出现的重大问题，当前主要整修和溢洪道的开挖。

（5）经常调查研究，收集群众反映，检查督促决议的贯彻执行，定期向代表会议报告工作，水利管理委员会每年至少开会两次，必要时召开临时会议，办公地点在勐邦水库管理所。

五、会议决议：根据中央"以水养水，以水利发展水利"的方针，凡由国家投资兴建的工程，实行收水费。省委指示，当地兄弟民族暂不收水费，国营农场实行收水费，具体办法见《勐邦水库灌区管理工作暂行规定》。

从今年起，水库周围、干渠边，应该有计划有指导地进行绿化工作，并大量种植蓖麻和水果，收入归水库掌握。

应有领导、有计划地在不影响管理工作的原则下，进行鱼副业生产，水库的鱼由水库管理所派人捕捉，供应市场，收入归水库掌握，非管理人员，未经许可，不得在水库乱捕鱼，并禁止在水库内及分水坝干渠内爆炸鱼。

六、会议认为对寨子的搬家户的生产、生活问题，应该负责帮助春耕前后妥善安置，困难者应报请上级给予帮助扶持，加强与勐邦寨子群众的团结与合作，准许勐邦群众适当合理时参与勐邦水库捕鱼。

勐遮区勐邦水库灌区水利代表会议全体通过

1962年2月12日

## 附录3—8 勐遮区勐邦水库灌区农田水利管理工作暂行意见（草案）①

一、总则

第一条 在党的总路线、大跃进、人民公社三面红旗指导下，勐遮坝区各族人民兴建了大型、中型水库两座（勐邦水库、曼海坝塘），兴修和扩建小型坝塘、引水灌溉等26件，共可灌溉4.7万多亩，改变了几千年来等雨栽秧、靠天吃饭的落后面貌，促使农业大发展，对农业增产起了巨大作用。但由于管理维修工作跟不上，在蓄水、调洪、输水、用水等各个环节

① 勐海县水利电力局. 勐海县水利志［M］. 昆明：云南科技印刷厂印装，1999：229—233.

上存在不少问题。遵照中央“调整、巩固、提高”的方针和修、管、用并重的原则，为了充分发挥这些工程的灌溉效能，更好地服务于当前农业生产，对这些水利工程的所有权和使用权，管理养护责任制、管理机构、任务和经费等方面，作明确规定如下。

二、所有权、使用权和管理

第二条　各工程的所有权、使用权和管理权规定如下。

1. 勐邦水库属国家所有，属曼弄乡的曼掌、曼冷、曼西里、曼卡赛、曼弄、曼扁、曼勒；曼根乡的曼根、曼倒、曼满、曼怀、曼裴；景真乡的曼养、召庄、景代、曼海；勐遮乡的曼吕、老街、凤凰、曼别、小新寨、曼木中、曼宰龙、新街；曼央龙的曼光、曼勐；曼拉乡的曼贺龙；曼恩乡的曼杭混；黎明农场的5队、8队、9队和巴达区的曼来乡、团结乡等受益乡、社、队共同使用，由县人民委员会农水科派人管理。

2. 南咪细宰引水沟灌溉工程属曼洪乡所有。属曼洪乡、黎明农场4队、5队使用。有曼洪乡和黎明农场共同派人管理。在优先满足曼洪乡受益社农田灌溉用水的同时兼顾曼海坝塘的引蓄用水。

3. 曼海坝塘属国家所有，属黎明农场4队、5队使用，由黎明农场管理。

4. 小型坝塘、引水沟工程原则上谁修谁受益，属谁所有和管理使用，属两个社以上受益的乡管乡用或有关公社共有共用。

第三条　各工程的管理和使用单位均有责任组织劳力对工程进行维护整修的义务。

第四条　所有权划分后和其他农业生产资料一样，应予固定。在所有制没有变之前，任何单位不得侵犯。使用单位用水时应根据互利原则，向所有单位商定用水办法，并尊重管理部门的制度。如发生双方争执，应协商解决或由上一级调解；如发现无理侵犯所有权的事件，所有权所属单位有权依法控告。

三、组织和管理责任制

第五条　在县委领导下由农水部门和勐遮区公所主持，以勐邦水库灌区为核心，定期召开勐遮坝区水利代表会议，代表会议闭会期间，由它所选举的水利委员会负责行使代表会议委托的职责。水利委员会的责任的统一领导和督促检查勐遮坝区水利灌溉使用、管理、养护、维修及政策执行，每年至少开会两次。

第六条　管理机构和人员设置：勐邦水库工程管理人员11—15人，曼海坝塘3人，其他小型库塘由所属单位指派专人（专职和兼职）负责管理，属几个单位共有或共用的由所有权所属单位或主要使用单位为主，组织管理小组共同管理使用。管理人员须由政治可靠，责任心强，有一定工作能力的人员担任，管理人员名单一经上级批准，应固定下来，不要轻易变动，如有变动，须经上级批准。

第七条　管理人员按照本规定“（四）管理的主要任务”的要求，根据各工程的具体情况，实行明确的分工责任制，管理机构及人员，接受当地党委领导，对主管单位及群众负责，接受水利委员会主管单位及群众的督促、检查。管理成绩良好应受到表扬和奖励，管理失职者应受批评或处分。

第八条　勐邦水库的灌溉渠道或小型水沟工程，根据其渠（沟）长短大小和沿线地质、地形情况及管理难易，由受益乡、社、队按受益比例分段包干。在管理所统一指导下，经常维护整修，保证正常通水。勐邦水库灌溉渠道暂按现有挖好渠道划分维修、整修，以后渠道配成套，延长渠线，再根据情况，逐年调整划分。勐邦水库除管理所外，视情况还应组织受益区代表会议解决用水、安排整修、经费开支等重大问题，每年的12月或1月各召开一次，在大春用水紧张期间，视情况需要，可分片召开受益单位座谈会或会议研究有关用好水和加强工程管理事宜、组织放水小组，设置配水员，调配水量。勐邦水库东西干渠各设1个放水大组，由水利委员会兼任大组长，下设曼弄、景真、曼根、勐遮和黎明农场小组，各受益社队各选出1人参加本乡放水小组。配水原则上早栽早配水，后栽后配水，少栽少给水，反对平均主义，做到合理用水。

四、管理的主要任务

第九条　所有工程为了粮食增产，必须保证库塘水蓄好，渠（沟）畅通，又要确保安全度汛。凡关系到农田灌溉用水坝塘，非灌溉期间不得随便撤塘坝放水捕鱼。

第十条　对工程经常进行检修，库、渠、涵、闸放水后和关闸前都要认真检查，经常保持启闭灵活，非专职人员不得擅自搬弄。水库的大坝应定期进行沉陷、位移、开裂或渗漏水量变化、雨量、库水位等观测。费工不多、能力所及的及时进行处理；处理不了的由管理所提出整修计划，及时上报水利委员会和县调配劳力处理。经常进行水文观测和资料整理工作，建立档案制度，为工程的管理、养护、调洪、蓄水、巩固发展积累资料。

第十一条　提高警惕，加强保卫工作，加强教育管理人员，深入灌区密切联系群众，根据受益单位灌溉面积大小、作物种类、用水时间等具体情况制定用水计划，组织群众护沟补漏，捶好埂边，水到田糊好田埂，教育群众先用长流水，后用库塘水，合理节约用水，想尽一切办法，扩大灌溉面积，总结群众丰产经验，不断提高单位面积产量。

1. 专人放水，非放水员不得放水，放水时须经放水员统一配水，经管理所同意，不得乱开缺口或设挡水板、木桩、暗洞等。

2. 渠道外堤埂和山坡 50 米内禁止开荒种地，由负责管理养护单位逐步种植果木。

3. 库、塘、坝禁止放牧，渠道内禁止乱倒垃圾，堆积肥料，渠道边 50 公尺以内禁止设牛马猪圈，以免牲畜践踏破坏渠道，影响通水。

4. 水库分水岭 1000 米以内，大坝以下东西干渠沿线和水库公路两侧 500 米内，林木禁止砍伐开荒。

五、经费

第十二条　贯彻“以水养水，以水利发展水利”的方针，根据上级指示精神，凡由国家投资的大型、中型工程供给农田灌溉和工矿等，用水应一律征收水费（边疆民族地区暂不收）。除少数民族农田外，国营农场灌溉用水与内地一样照收水费，每亩收水费 5 角。

为了充分利用水源，曼洪农田灌溉，曼海大坝塘引用南咪细宰河水，经过曼洪乡南咪细宰水沟，曼洪乡不应向黎明农场增收水费。但农场应出劳力参加修建。每年所收水费和水库养鱼等副业收入，首先用于该工程岁修养护和管理人员的工资开支，如有多余由县上调剂使用，也可用于改善和扩大工程，若遇不足由县调剂解决。

管理人员的报酬：国家管理的工程一般实行工资制，干部按等级；由各乡调往水库的常备民工工资及管理人员工资应该给予合理报酬；乡社管理的工程，亦应给予合理报酬。

第十三条　本规定经灌区代表会议讨论通过报县人委批准后正式执行。

第十四条　本规定若需要修改须经过代表会议出席代表人数2/3以上通过方有效。

本规定经勐遮坝区勐邦水库灌区代表会议于1962年2月2日全体会议通过。

傣族作为一个具有较强民族性特征的民族，千百年来耕耘在西双版纳的大地上，形成了适合当地自然环境的独特生产方式和生存理念，创造了独具特色的热带雨林稻作文化和民族文化，其传统水利技术和灌溉制度也有它的特异性和优异性。在国家经济社会现代化进程中，傣族传统农业文明也走上了现代化之路，新型“库渠制”取代传统“板闷制”已成为无可争辩的事实。反思历史，并不在于要幻想重写历史，而是为了寻找在现代化语境下如何保护和合理运用傣族传统稻作文化和灌溉制度的良策。傣族稻作

# 第四章 傣族传统灌溉制度的保护与开发

文化和传统灌溉制度具有非常强烈的地域性，作为典型的农业文化遗产在当今建设民族文化大省的进程中，要体现其民族文化多样性的特质，必然需要寻找传统“板闷制”与现代“库渠制”之间的平衡点，以期在适应现代农业发展的需求中既发挥“库渠制”的优势不断提高西双版纳人民的生产技能和生活水平，又利用“板闷制”的合理因素建设生态农业走人与自然可持续发展的道路，探索二者双赢的“在保护中开发，在开发中保护”之路就成了历史的必然。

# 第一节 傣族传统灌溉制度的优异性

制度体现其制定者的意志，但更主要地服务于制度赖以存在的内容。就西双版纳传统灌溉制度而言，如前所述，我们采用的是广义界定，即包括“板闷制”的灌溉制度及其制度支撑体系。因此，在论及傣族传统灌溉制度时为了叙述时更加明确地表达灌溉系统中的具体内容，会采用“水利技术”和“灌溉制度”等不同的称谓，这里的“水利技术”指的是傣族灌溉制度系统中的水利支撑体系；这里的“灌溉制度”既可以理解为狭义上的“板闷制”，也可以理解为整个传统灌溉制度。在人类历史上，由于农业的地域性特征造就了农业文化的地域性和民族性。傣族传统水利技术和灌溉制度作为一种地域性农业文化，有其优异性和特异性。特异性是进行保护的基础，优异性是进行开发的缘由。只有充分认识这些优异性和特异性，我们才能找到有效的保护与开发的意义和途径。

## 一、傣族传统灌溉制度的特异性

无疑，傣族传统灌溉制度是傣族人民在长期的生存实践中发展出来的民族性技术和制度，它融合了当地自然环境、社会发展历史和本民族的心理、思维、民俗、信仰等多种因素，是一种独特的民族性技术，它是农业文化和民族文化之结合。一方面，它是本民族历史悠久的农耕活动直接结晶，成为本民族的农业文化（农耕文化）。农耕活动是农业文化的直接展示，表达了农业文化的本真状态。这里，有一个观点值得重视：农耕活动与农业文化二者之间是不可分割的，离开农耕活动这个活水源头，农业文化就变成今天的各种娱乐性质的文艺活动，它是一种表演，农业文化也就“异化”了。另一方面，农耕活动也是民族文化的一个最重要来源。而农耕活动中的技术发明和创造，成为民族文化的重要组成部分，而且是其光辉灿烂的一部分。

世界上不同的民族生活于不同的地域，大自然赋予的条件千差万别，农耕活动是各民族为解决具体的人与自然矛盾的活动，是其民族发挥聪明才智、建构本民族人与自然和谐关系的实践。农业文化是其长期历史发展中形成的历史文化富集，具有不可再生、不可重复和不可替代的特性，每一个地域之民族都有它的独特性。同时，傣族传统灌溉制度还聚合着该民族独有之思维、习俗、自然宗教信仰、神话、民族心理等大量的民族元素，是其原始族群在早期就产生的文化分类元素。作为一个特有的少数民族，傣族传统灌溉制度是其传统农业文化和民族文化的结合。

传统农业技术活动具有较强的民族性差异性和地域差异性，这种多样性的文化生态使人类的世界变得丰富多彩。一方面，它为我们认识人类自身的历史而留下大量的历史线索。另一方面，也为人类解决未来大量未知的矛盾预留下充分的文化基因和可能途径。再有，还为人类文化发展开启了多个领域或多个发展方向，就像一幅画卷，可以从多个方面展开变化万千的图画。而现代技术活动以其“标准化”格式正在大量消灭着这种差异性。这种现代技术活动和技术创造的千篇一律，则如海德格尔所说，“变成了技术的白昼的世界黑夜”。现代化以其强势的力量，使各民族丰富的农业文化和民族文化被迫走向衰亡。作为一种特有的、独特的农业文化遗产和民族传统文化之精华，傣族传统的水利技术是需要进行保护的。

特别值得重视的是，傣族传统灌溉制度与他们的宗教信仰有关。历史上农业文明常常与农业信仰有关，这些信仰的存在对于维系社会秩序，净化人类心灵，保护大自然等都曾发挥过十分重要的作用。傣族的水神崇拜和水文化以及对垄林的敬畏，修沟护渠、放水仪式和赕佛，整个宗教信仰、民俗活动、技术活动融为一体，对维护水资源的永续利用是其他一切手段都无法比拟的。因此，对傣族传统农业灌溉文化遗产要抱有一种更加宽容的态度。

## 二、傣族传统水利灌溉技术的优异性

傣族传统灌溉制度在当前西双版纳地区已处于消亡状态，被现代水利技术所替代，但是这并不表明传统技术就是落后的、无效的。从我们对当地技术演变历史考察看，这种取代有复杂的社会历史因素，而不是技术本身优劣的因素造成的；同时，现代技术取代传统技术之后，也带来一些问题，特别是用水的矛盾，而这些矛盾在传统灌溉制度中却能很好地解决，这恰能说明传统技术和制度体系的优异性，也是我们保护和开发傣族传统灌溉技术的可行性。

### 1. 现代化进程中传统灌溉技术消逝

站在21世纪回看20世纪，20世纪是中国社会大革命、大裂变、大破坏、大建设的“大时代”。生活在这个时代片段的精英分子对这一时代有一定感悟。他们说“**我们现代处在一个亟待毁灭，也亟待新生、创造的时代。一切东西、一切生命和艺术，都是达到未来的桥梁**”。[①] 也有的说，“**旧的历史，带着它的诗，画。与君子人，必须死！新的历史需由血里产生出来**”。[②] 这些感悟，不仅对20世纪40年代，对整个20世纪都是恰当的。在这样的时代背景下，傣族传统水利技术和灌溉制度随着傣族传统封建农

① 张志平．中国二十世纪“四十年代”乡土小说研究［M］．北京：中国社会科学出版社，2006：9.

② 张志平．中国二十世纪“四十年代”乡土小说研究［M］．北京：中国社会科学出版社，2006：9.

奴社会的消逝而消逝，其所依附的傣族传统社会消失了，这种技术和制度也就消亡。民国时期，国民政府在当地实行郡县制，其“改县之后，流官之势焰突张，其中良莠不齐，以为夷民可欺，又长官之耳目不及，举动既不厌人意，所受着公布又名土……夷性多疑，又向来畏见汉官，虽有怨亦无可呼，于是纷纷向英属之地景栋及大勐养等处迁移，以致户口迅见减少。土司问以人户多寡为贫富。见此情形，咸起恐慌”。[①] 当时，土司呈请中央政府维护土司制。然历史不可违也。1950 年，西双版纳和平解放，对土司权力给予了短期保护。1958 年，当地进行了土改，土司制彻底消亡。

1958 年，新中国发展人民公社，傣族传统农村公社制社会被彻底改造，随同水利技术在制度方面消亡了。然而在“技术”层面上，由于新的人民公社与传统农村公社还有一定类似之处，加之当时我国现代技术力量十分薄弱，新技术应用还十分有限，在相当一段时期，传统具有较强使用价值的水利技术还获得一定应用的空间。如传统测量技术、传统挖沟技术、传统渡槽技术、传统筑坝技术、传统沟渠质量检验技术、传统分水技术等。50 年代末 60 年代初，新建水库、改建库渠的大生产运动，使传统水利技术和灌溉制度遇到了前所未有的被替代的危机，80 年代以后，随着我国改革开放的发展和中国现代化进程的提速，传统水利技术快速地消亡了。如今，当地群众中的年轻一代对本民族传统水利技术和灌溉制度都不甚了解。2007 年 9 月，我们对当地调查时明显体会到，40 岁以下群众对此都不认识了，40 岁以上中老年人才有所认识，但也是片断的、零碎的，已无人能把整个传统技术的全貌进行全面描述了。

在传统水利技术消亡之时，新的、现代的水利架构网也在不断建立：①水库、塘坝建设。1950 年以前，西双版纳没有水库，仅有塘坝 100 余个，1958 年“大跃进”时期，开始建水库（当时建了 4 个中型水库），自 1993 年全州有 5 个中型水库，而小型水库全州有近 200 座。②对原有沟渠进行了全面地改造，并新建了几条引水沟渠。曼沙大沟被修建后现在称之为

① 《民族问题五种丛书》云南省编辑委员会. 西双版纳傣族社会综合调查（一）[M]. 昆明：云南民族出版社，1983：185.

“创业大沟”，曼迈大沟（即闷南哈）、曼老大沟、勐腊的富蜡河水沟等均被进行了新的修建。新建的大沟有大树角大沟、曼别大沟及三公里引水工程。③建设了地方水电站。到 1993 年，全州建有水电站 53 座，装机容量 61003 千瓦。④建立新的水利管理网络。旧的“板闷制”已被完全抛去，新中国成立后，建立起了新的管理制度：1953 年自治州成立后，建立县、乡、村三级水利工程分级管理；同时，对原有的管理法规、安全检查、控制应用、岁修养护等进行了全面改造，建立起管理的现代体制。

### 2. 现代水利灌溉技术及用水的矛盾

建立在西方科技理念的现代技术，在展现人的无穷力量之时，却毫不顾及自然界的承受能力，把自然界当作异己的对象进行征服，在短期获得了巨大成效，然而也埋下了危机的种子。

#### （1）工程水利对水源林的破坏恶性循环

现代水利技术和灌溉制度是以大型水利工程修建为中心。其中，水库的修建为重中之重。每一次水库的修建都要动用大型工程机械，要修路，对森林进行大肆砍伐。公路的修通却也为不法之徒乘机盗伐木材提供了便利，从而加大了对森林的破坏。而水库的修建又不是一劳永逸的，由于森林遭到破坏，其蓄水功能急剧下降。社会及生产发展又有更高的蓄水要求，不得不进行二期、三期的开发引水，使森林破坏进一步加大。

以景洪坝区曼飞龙水库为例，1958 年建立时库区水面积为 48.1 平方千米，库容量为 1500 万立方米，灌溉面积 1.5 万亩。1958—1988 年，艰苦奋斗了 30 年。由于用水增加，1989 年开始一起引水入库工程，引水库以上流经面积为 15.86 平方千米，因流量为 1 米$^3$/ 秒，水利工程竣工不到 3 年时间，1993 年起引流量下降至 0.7 米$^3$/ 秒，不得不进行第二期引水工程，让工程竣工之时旧剧又重演。当时一位水利官员忧虑地说：“曼飞龙水库已无第三期工程可引水了，如此下去，不需 20 年，景洪 2 万多亩水田，唯一的中型水库将报废。”①

---

① 高立士. 西双版纳傣族传统灌溉与环保研究［M］. 昆明：云南民族出版社，1999：138—139.

尽管当地每年降雨量较大，然而森林资源的破坏致使大量的雨水无法保存下来，反而加大了当地水土流失。传统技术在使用千年中还完好无缺的自然生态环境，在短短的 50 年中就遭到前所未有的破坏。这种现代技术支持的工程水库的不可持续性就已暴露出来。

（2）社会生产的变化加大对水资源（森林）的掠夺和破坏

50 多年来，西双版纳地区社会经济发生了天翻地覆的变化，人口激增、经济与社会发展，景洪已成为全国有名的旅游城市，每天平均进出的流动人口达 1 万多（2008 年国内外旅游达 503 万人次），全州常住人口更是增至 100 多万（1953 年只有 23 万，1999 年统计为 84.8 万）。城市化的发展、经济的发展一方面导致用水需求的激增，另一方面引起用水方式的变化。这一切有赖于现代水利技术和灌溉制度给予支持。然而，与此相伴的是水资源的急剧减少。当地水资源大量贮藏在森林之中。据 1958 年勘察，全州有森林 81.2 万公顷，占全州面积 42.3%，其中大部分是原始森林；算上灌木林，当时森林占全州面积 70% 以上。到 1980 年时下降为 56.93 万公顷，减少 24.27 万公顷，不少原始森林变成了人工林地，如橡胶林，其保水功能几近丧失。1980 年以后，当地开发加速，森林锐减。以当地具有民族特色的“垄林”来说，1958 年全州有 1000 多处，总面积约 10 万公顷，如今大多数都遭到不同程度的破坏，几乎消失殆尽。

（3）社会关系变化带来水资源协调利用困境

新中国成立以来，傣族社会结构发生了全面变化，约束传统民众的各种思想、文化和制度、封建的或落后的东西被抛进历史尘埃中。一些合理的、也是具有民族特色的制度、思想和文化也一并被抛弃，取而代之的是新的文化、思想、制度建构的社会关系。这是一个被现代化“同化”了的人与人、个人与社会及人与自然的社会关系。

首先，傣族传统农村公社的解体与现代农村关系建构，特别是进入改革开放以来，农村实行家庭承包经营，村民个体力量及其欲望得到释放。这种“释放”也包括一种对自然和对社会关系的心理释放，譬如对“垄林”敬畏消弭和个人私欲的膨胀。以工程水库为标志的现代水利技术，在思想和文化层面反映出的是把自然界动植物统统变成可资利用的对象，打破了傣族民众对自然界的传统敬畏和禁忌，“垄林”的消失、破坏就不可避免了。以此相应的村寨作为集体的力量却被弱化，特别是村寨作为群体社会力量对村民个体行为的约束乏力，一些破坏当前水利行为以及用水过程中出现的矛盾很难得到及时处理，其处理方式也由于现代法治的不同很难有实效。农民很多行为是大法不犯，小法不断，依靠现代法治难以给予有效惩处。缺乏乡村有效力量的约束，民众心理的变化以及当地社会经济、自然环境带来的变化关系切不可小视。

其次，现代水利制度虽然是县、乡、村三级管理，但是其制度根本已游离出村寨社会之外。村寨对水利技术设施及其制度建设和管理都被排斥在外，村寨已无多大话语权，村寨虽然还保留有管水员，但是其职能已产生了质变。管水员多是由水利局负责聘任，其工作由上面考察，当地村民和村寨没有真正决定权。2007 年，我们对嘎沙调查中，一些村民对管水员就颇有微词，存在着一些不满情绪。同时，传统村寨之间分时、分段用水协调也不存在了。

最后，现代水利技术制度重心偏移、功能上移。其中，保证城市用水、工业用水成为现代水利技术的重中之重，农业用水往往被排在末端，处于边沿化状态。现代社会重视水库和大型沟渠修建而忽视农村水利灌溉制度体系建设，在最后 50 米阶段往往成为断点，在抛弃传统板闷制之时切合农村实际的新的水利制度一直未能很好地建立起来，导致农村用水矛盾突出；另一方面，农田水利设施多年失修，沟渠淤塞，在田边地头的沟渠也变成了“三面光”的水泥硬渠，在一劳永逸地思想下，忽视了农民用水制度的构建；再有，传统分水技术被抛弃，附属在传统技术层面的水文化也被抛弃，一年一度的放水仪式远不及现代水库的开工、竣工仪式隆重而备受冷落。现代水利技术（工程水库为标志）也给用水带来了便利，在短期内似乎解决了用水的困境；在水田灌溉技术上采用更为粗糙的没有任何分级的引水管，对每一块田用水不能做到任何控制，村寨之间也不再采用分时、分期、分段的用水制度，水资源的浪费往往不受重视。

## 三、传统与现代之间的调适

尽管传统灌溉制度受到现代灌溉制度的巨大冲击，但仍有其值得现代灌溉制度借鉴的价值和意义。这就需要我们对传统灌溉制度进行现代调适，使现代灌溉制度更加完善。

### 1. 建设“垄林”水源保护系统

傣族传统的农业生态系统以“垄林”—坟林—佛寺园林—竹楼庭园林—人工薪炭林—经济植物种植园林—菜园—渔塘—水稻田组成。“垄林”在整个农业生态系统中，地理位置最高，占地面积最大，功能最多。它既起到保持水土、涵养水源的功能，又有制造有机肥料的作用；既有调节地方性小气候空调器的功能，又有预防风灾、火灾、寒流冻害自然屏障的功能。[①]正如著名的民族学家马曜先生所说，“垄林”是西双版纳傣族水利灌溉事业的基础建设，西双版纳“垄林”是保持人与自然和谐关系的一种文化。只有“垄林”的所有功能得到充分发挥，才能启动整个傣族传统农业生态系统的正常运转，良性自然循环。因此，重新设计和规划“垄林”来防止水土流失是极迫切和必需的。

### 2. 汲取传统灌溉制度的精华

传统灌溉制度有其合理性与科学性，在对传统灌溉制度的现代调适中，可汲取传统灌溉制度的精华，使现代灌溉制度更加完善。首先，在管理体系上，汲取传统灌溉制度的灌溉管理办法，对现代灌溉制度的分级管理进行细化，各部门责权明确，使管理体制与实际紧密结合，真正满足农户的意愿。其次，在现代灌溉制度有偿使用水资源的基础上，汲取传统灌溉制度的分水办法，按照各户田地的多少给予供水，避免出现在水资源短缺的年份农户不够用水的情况，这在一定程度上也可以避免水资源的浪费。再次，汲取传统灌溉制度下严格的治水法规，对现行的治水法规进一步完善，

① 高立士. 高立士傣学研究文选［M］. 昆明：云南民族出版社，2006：32—33.

加强其权威性和现实性。最后，传统灌溉工具和现代灌溉设施相结合，在条件允许的地方充分的发挥现代灌溉设施的功效；在条件不允许的地方沿用传统的灌溉工具。

3. 实行灌溉管理制度的改革

具体做法如下：①理顺管理体制。建立起“公司＋用水者协会＋农户”的新型管理体制，提倡用水户参与灌溉管理，即建立起农户参与型灌溉管理体制。公司即供水总公司（沟渠管理单位）；农民用水者协会即农户自愿组织起来的群众管水组织，实行民主管理。对沟渠管理可采用承包、租赁、股份制、拍卖等形式。同时，改善工程状况，落实工程的管护责任，调动职工和用水户的积极性。②激活经营运行机制。坚持以人为本，以提高效率为目的，改革人事制度，实行定编定员，以岗设人，精减人员，通过多种方式分流人员，鼓励职工到基层承包经营沟渠和发展多种经营；分配机制上实行绩效工资等激励机制，提高职工工作的积极性。③实行水价改革。以成本来核定水价，逐步实现按供水成本供水；在水费的收费机制上，强化依法收费，建立完善的收费机制，树立起经营和市场经济的观念。

西双版纳传统灌溉制度是傣族人民智慧的象征。在现代灌溉制度的介入和作用下，传统与现代之间虽有矛盾但也存在调适中发展的可能，取长补短，协调发展，既有利于保护和弘扬傣族传统农耕文化，也有利于促进现代农业科技的进步和持续发展，习行践履，实现双赢。

# 第二节 保护与开发模式探讨

傣族传统水利灌溉制度不是单一的存在物，它是整个傣族文化的一个组成部分。傣族传统水利灌溉制度在现代科学技术背景下的保护和开发利用与整个傣族文化的保护是相同的、一致的。当然，水利技术有它的特殊性，它与农业生产直接相连，离开农业生产是很难独立存在。研究、保护和发展是其面临问题的主要方面，结合它自身的特点和当前状态，我们认为可以有 4 个思路（也可以说是 4 种模式）进行保护和开发：研究保护模式；保护开发模式；保护区模式；旅游开发模式。

## 一、研究保护模式

研究是对历史文化保护最基本的一种方式，也是一种最基本的并可以广泛使用的方式。对一切的历史文化首要的保护模式就是研究，只有在研究的基础上才会有其他模式的发展。该模式基本思想是：加强研究，深入调查、收集资料、深入分析、挖掘内涵，提升认识。这里提出研究保护模式不是因为这是一种放之四海而皆准的模式，而是因为傣族的传统水利灌溉制度当前处于这样一种困境：一方面，当地社会经济发展和现代化的提速导致其快速消亡；另一方面，人们对它的认识还很浅。长期以来，傣族传统水利灌溉制度在傣族历史文化研究总中都是处于边缘的边缘，一直被忽视，很长一段时间都没有纳入学者的研究视野，即使在今天，其研究者也是寥寥无几。提出研究保护模式，是与时间赛跑、与历史赛跑，是一个与现代化变异赛跑的历史文化抢救过程。同时也说明，对傣族传统水利灌溉制度的保护，需要我们基本上是从零做起，从最基本的环节做起。

1. 历史资料搜集

历史资料的搜集是研究的基础，也是保护的基础。水利技术具有物质文化和非物质文化的双重属性。以“根多”和“楠木多”以及沟渠等形态存在的技术器物是一种物质存在形式，他们受到现代科技的水库、三面光的沟渠等影响较大，传统的水利技术器物今天已面目全非。今天，40岁以下的本地农民对“根多”基本无人能识，原有的器物也没有保留，留下的只是静静流淌的水沟，但已是荒草丛生，或者已成“三面光”的水泥沟，没有了全村总动员的岁修。而原有水量的度量标准，如斤、两（荒）、钱（提）以及百水、千水、斤，作为一种观念的存在体更是难觅踪迹，只有在当年历史调查文献中才能找到。现代科技以其新的科学概念框架将其完全替代了。水文化中对水的那份敬意、对“垄林”的敬畏在当地也逐渐淡漠。由于傣族这些技术本身理论形态的缺失，也没有完整的文献记录，这些非物质文化只留在人们的记忆中，而随着一些老人的去世而消亡。至今，傣族传统水利灌溉技术及其制度的有关只言片语的文字难窥全貌，而图片、音像和实物资料留存几近为零，长期以来更没有专门的收集和整理。傣族传统水利技术及其制度大多是散乱存在于各种历史文献中和田野中以及人们的片断记忆中，有的已经永久地丧失了。

少数民族本身文献资料较少，直接的傣族传统水利技术及其制度有关文献在汉文献中基本没有，在傣族文献中也难得一见。傣族文献的描述大多数是水利制度方面（治水法规等），加之文字的限制、语言的约束，使今天对其资料的收集十分困难。傣族历史文献的翻译在今天还很少，对不懂傣文者基本没有作用。所以，傣族水利灌溉技术及其制度的历史资料收集是一个重建过程，有太多的工作要做，而且要从点点滴滴做起，需要长期坚持才会有所收获。

水利灌溉技术及其制度是一种实在的生产技术，随生产活动的发展而变化，其消失速度很快。新中国成立以来，云南少数民族区域发展很快，受外来文化的冲击也十分巨大，本民族传统的科学文化受到冲击，现代科技以一种全新的生产力对传统民族科技文化形成一种替代关系。所以，各种形式的资料收集是保护的重中之重，是首要的也是紧迫的环节。同时也说明对傣族水利灌溉技术及其制度的资料收集需要的是大量的田野调查，以口述史方式来建构起第一手的资料。

此外，由于大量的实物原型已经丧失或变异，对一些技术的关键环节应做成实物模型进行复原，将其再现出来，通过其功能的再现展示其技术的原理和内容。如分水技术的“根多”等就可以此方法做成模型展示。对沟渠也可以做成一定的缩微模型进行展示。

### 2. 传统文化再认识

传统水利灌溉技术及其制度本身就是一种文化现象，而且是一种综合性的文化现象，其技术与制度的边界是模糊的。跳出狭隘的技术观念来看水利灌溉技术和制度，傣族传统水利灌溉技术及其制度与傣族社会历史、民俗、宗教和文化是融为一体的，有着有机的联系，而在傣族的有关研究中，却一直被边缘化。人们重视傣族的社会史、政治史、经济史和一般文化史研究，傣族的科学史（科学文化史）是在进入 20 世纪 80 年代才出现的。少数民族的科技史在我国直到 20 世纪 80 年代才逐步形成研究领域，中国少数民族科技史学术会议是 90 年代才兴起的。直到近几年，国内才有少数学者开始关注傣族的传统水利灌溉技术问题。在此之前，在 20 世纪 50 年代新中国成立初期，我国政府对少数民族社会历史进行了广泛的调查，给我们保留下了丰富的社会历史资料，对傣族历史文化起到一种很好的保护作用。这本身也就证明，研究、调查本身就是一种保护的手段，也是一种保护模式。50 年代的调查资料到 80 年代才公开出版，形成今天的《民族问题五种丛书》，是今天民族问题研究的最基本资料。然而，当时的调查受历史的局限，许多技术文化史料未被收集，而且所收入的史料有些也不是当时调查的内容，仅有的记录是作为一种客观事实被记载下来，极不完整，一些缺失环节至今已无法补齐，永久的丧失了，相关器物也散落村野田间。对这些不完整的文献记录资料在今天需要细心研读、认真辨识和补充，对有关器物更应该到田间收集。

当前，需要对傣族水利灌溉技术及其制度展开全面的田野调查，广泛收集资料，运用人类学、历史学、民族学等方法进行研究，再利用工程学、地理学等方法和手段才能对水利灌溉技术及其制度有全面认识。水利灌溉技术及其制度涉及政治、经济、文化、宗教和民俗等多个领域，需要进行多学科研究，只有多学科研究才能更好地提升认识。

就目前的认识和理解来看，当前对西双版纳傣族传统水利灌溉技术及其制度的研究还存在着一些盲点和误区。盲点主要在于对这种灌溉技术及其制度的功能，人们只注重单一的也是直接的水利灌溉、饮水功能，而对其生态、文化功能认知还很少，对这种传统灌溉技术及其制度与傣族文化之间的内在关联研究很少。而对比现代水利灌溉技术及其制度来看，传统水利灌溉技术活动与当地民族文化有密切的关联，功能具有多元性，并且可以持续。反观现代水利灌溉技术，其功能强大，短期内效率高，但是却给当地的生态环境带来一系列不利影响，人们看到它的不可持续性，也看到它对当地生态、民族文化的破坏性。误区在于，在中国一定历史时期，把科学、技术当作纯之又纯的理性产物，只摘出其中的逻辑性和功利性的东西来认识，弃语境化、弃价值化，其余的都被抛弃。这样把传统都统统否定了，认为传统的东西都是落后、低效率、阻碍社会发展予以抛弃。在传统灌溉技术及其制度中一些似乎迷信、巫术的东西从理性和功利角度无法理解，然而却含有很丰富的文化意义，包含着一定的价值观念，实为技术知识的硬核部分。离开了这些硬核，传统的技术便无法获得合理理解。所以，只有通过研究，加深认识，全面把握傣族的传统水利灌溉技术及其制度，才能充分认识其保护的价值和意义，也才能起到保护的真正作用。

## 二、保护开发模式

现代社会是一个工业化、城市化发展的社会，显然傣族传统水利灌溉技术及其制度是不能够支撑当地现代化发展的。在技术发展的历史上，后来的技术似乎都要全面替代传统技术，从傣族地区发展来看也是如此，而其发展的效果却包含着深深的危机。而且在农村地区，传统技术的经济、简便、实用也是有优势的，所以，我们认为可以在一些地区，政府在推动发展过程中、在现代技术推广应用中，应恢复或鼓励传统灌溉技术及其制度的使用，更不应该用强制的手段将其消灭。西双版纳地区，在 20 世纪 50—80 年代，一些传统技术都还在使用，改革开放后，农村水利建设中人们过度地信任现代技术而否定传统技术才造成今天现状。当然，简单地恢复传统技术或是否定现代水利灌溉技术都是不可取的；同样，用现代技术完全取代、消灭传统技术也是不可取的，要做的是寻找二者的一个结合点。

### 1. 部分地区恢复“板闷制”

城市化、工业化是现代社会不可阻挡的历史潮流，傣族地区、傣族民众仍然要享受人类社会发展的积极成果——现代科学技术。所以，傣族社会的发展是不可避免的。单一的傣族传统的水利灌溉技术及其制度不能承担当地社会现代化的发展，水库肯定是要建设的，现代水利灌溉技术及其制度也肯定要广泛应用。问题的矛盾在于不要以城市的用水方式替代农村，而是农村和农业的用水方式与管理技术还应该考虑农村和农业的实际。在用水制度上，农村地区传统的“板闷制”还是具有它的实用性、合理性的。傣族农村地区村民之间有千丝万缕的联系，人与人之间的相互影响、思维习惯等都是与城市不同，与汉族不同。传统傣族“板闷制”就是充分应用这种社会关系进行有效管理。现代水利灌溉制度中现代管理制度是建立在完全经济学“经济人假设”下的管理制度，任何人之间只有利益，没有其他关系。这种假设对城市、对汉族可能更为适合（主要是对商品经济发展的社会适合），而对少数民族不大适合。傣族的“板闷制”水利制度，对比经济人假设，可以认为是一种“关系人假设”，它有着傣族社会传统的封建或原始的人生依赖关系。而这种依赖关系在短期内是不会改变的，这种关系造就了傣族社会的传统和谐。

一个好的管理制度一定要考虑它的社会环境，与环境相融洽才能获得最大效益。在傣族农村地区恢复“板闷制”，不是要农村社会恢复原始公社状态，而是充分运用农村社会资源建构符合现代需要的水利制度。历史上，板闷制与农村公社有直接联系。从本质上说，它只是利用农村社会关系资源建立起的乡村制度，符合农村社会之现实。制度本身就是一种社会关系的反映，“板闷制”就是傣族传统农村现实社会关系的反应，而现代水利灌溉制度是城市社会关系的反映，不要用城市社会关系取代农村社会关系，更不要用它取代少数民族社会关系。这里，我们需要把农村社会关系与农村原始公社相剥离。农村社会关系会长期存在，人与人之间的亲情和相互依存关系，农业生产活动中对水直接依赖关系，乡里乡亲相邻关系是城市无法比拟的。

显然，今天傣族社会各村寨发展也是参差不齐的，在城镇附近、工业发展较快较好的地区，“板闷制”可能并不适用，还是要用现代水利灌溉制度来协调；而在保持传统农业生产活动地区，恢复“板闷制”，利用农村社会关系管理水利也是有可能的。恢复建构“板闷制”也不能一刀切，而应把选择权交给村民。

恢复、发展“板闷制”，对傣族具有多重意义。“板闷制”与当前内地农村广泛建立的用水协会有相似，它们同样都是把用水的权利和责任交给村民自己，大家一起参与管理，让农民自己协调用水者之间的矛盾关系，及时处理水事纠纷，并对村寨的水利设施进行维护。但是，“板闷制”采用的是一种民族元素，有其历史的渊源，更能被当地群众接受，对继承历史、延续和繁荣民族文化，保持和发扬民族特色有其基本作用，是其他方法不可替代的作用。

### 2. 发展传统用水灌溉技术

傣族传统水利灌溉技术中，传统分水、用水技术具有一定合理性、科学性，是傣族传统水利灌溉技术体系中的合理内核，应该将其发扬光大、推广应用。现代水利灌溉技术在高端是滴灌、喷灌技术，它们仅适用于高效的精细农业，在园艺、花卉等高经济作物种植已广泛使用，在小区域范围内如在大棚种植中可以使用，且有进一步发展之势。但是，这种技术在普通大田作物中却不实用，也极不经济，特别在水稻种植中这种精细化是一种技术浪费。现在，在当地农田水利灌溉使用普通漫灌方式，现代水利灌溉技术主要用于沟渠建设上，灌溉技术又把传统的也是适用的技术抛弃。其结果造成水资源浪费，也使灌溉技术管理粗放化。傣族传统分水、用水技术简便实用，在一个合理的范围内对灌溉进行管理，它不是精确的，也不是粗放的，而是处于二者之间。傣族传统用水、分水技术对水田首先进行了初步的分类，确定每块水田的需水量，利用分水器进行分水灌溉，对每个村寨、每块田还可以做到分时、分期和分段灌溉。

当前，在西双版纳地区，大田种植不再是单一的水稻，也有西瓜和其他蔬菜等，呈现出种植多元化态势，用水也呈多样化，进而造成一定的用水矛盾。传统的水利灌溉技术主要针对于水稻作物，① 对其他作物是否可行？以及多种作物需求之间的矛盾如何解决？这说明传统灌溉技术还需进一步发展。这里，我们认为，只要能保证沟渠有水，传统的分水器——“根多”和“楠木多”——正好有它优越性。当然，今天不一定要用竹、木质器械来做，还可以采用其他现代材料来做。技术环节上也可以作进一步的改进。所以，我们认为，只要对传统分水技术稍做修改就可以在今天广泛使用。在大田作物灌溉技术上，传统技术正好能发挥其优势。

在另一个层面上，傣族传统用水、分水技术同时又融合了傣族的水文化理念，民众也比较容易接受。传统水利灌溉技术的使用，对延续传统傣族水文化的观念有积极作用。而现代水利灌溉技术形成的观念，是对传统水文化的反动，对水资源不再珍惜、爱惜，其结果会导致傣族传统水文化的灭失。

① 李伯川. 西双版纳地区水利灌溉技术体系研究［J］. 古今农业，2008（3）：43—49.

3. 发挥用水协会组织协调机制

建立农民合作经济组织是当前我国农村社区的发展大趋势。在西双版纳地区，农民组织也有一定的发展，然而在用水协会建立方面还是空白。2005 年，在《水利部、国家发展和改革委员会、民政部关于在加强农民用水户协会建设的意见》中明确指出：“在农村水利建设与管理的改革中，鼓励和引导农民自愿组织起来，互助合作，承担直接受益的农村水利工程的建设、管理和维护责任，可以解决农村土地家庭承包经营后集体管水组织主体‘缺位’问题；解决大量小型农田水利工程和大中型灌区的斗渠以下田间工程有人用、没人管，老化破损严重等问题；是适应农村取消‘两工’（劳动积累工和义务工）新形势，建立农村水利建设运行新机制的需要；是巩固灌区续建配套节水改造成果，保证灌区工程设施充分发挥效益的需要。加强农民用水户协会建设，对培育和提高农民自主管理意识和水平，明晰农村水利设施所有权，建立现代高效的管理体制和运行机制，具有十分重要的意义。”

从内地发展的经验看，建立农民用水协会组织，就是把用水的权利和责任交给村民自己，大家一起管理。农民用水协会使政府对农村水利的投入少了后顾之忧，水利设施得到了比较好的维护，很少被盗窃、毁坏，村民的水费也好收。费用好收，设施得到保护，政府就放心地拨款做更多的事情。实行农民自管、自修、自用，充分调动农民参与建设和管理水利设施的积极性，农民用水协会的建立，从根本上消除了群众因用水引发的其他矛盾，也为农业生产和多种经济的发展打下了基础。这与傣族传统的“板闷制”有许多类似之处，在一些地区也可以借鉴使用这种形式。

建立农民用水协会组织，是采用现代组织形式解决当前农村用水矛盾。作为一种外来之组织形式，在文化观念上与傣族传统文化有一些矛盾。在建设农民用水协会时，要从大处着眼小处着手，一定要加入一些傣族的传统文化因素。传统傣族农村水利制度如“板闷制”中一些合理的东西也可以结合进来，如在引入傣族传统水法中简便的一些处罚措施、加入傣族传统水文化元素，尊重并重塑村民对“垄林”敬畏，就能为建设和谐现代新农村增添活力。

“板闷制”是采用傣族传统组织形式，农民用水协会组织是采用现代组织形式，两种形式形成互补关系，相辅相成，无论采用哪种形式，其抉择权应交给傣族人民。让当地百姓自己作出合适选择。不需要外来者、也不需要政府官员“为民做主”。中国农村改革的历史证明，农民只会做出最佳决策。

### 4. 借傣族水文化传统之力

傣族传统水文化具有多重的意义。笔者认为在傣族有两种水文化：一种是日常生活中表现出的水文化，一种是生产活动中存在的生产性水文化。一般，人们看到傣族爱干净、好洗浴，有的每天达到三四次，各种生活习俗与水有关。傣历新年又是以著名“泼水节”开始，泼水节是傣族全民的狂欢节，有各种美丽动人的传说，与水有关，具有傣族水文化的标志性意义。所以，人们一般从日常生活中来认识傣族的水文化。生活化的水文化与当地气候有关，傣族生活在干热河谷坝区，一年四季十分酷热，无论是国内的西双版纳傣族、德宏傣族，还是如国外的泰国，都有相同的气候和生活化的水文化，形成与其他民族不同的文化类型。从我们对傣族传统水利灌溉技术及其制度研究看，傣族还存在着以传统农业生产活动息息相关的生产性水文化，它表现在对水源林“垄林”的保护与禁忌中，存在于放水仪式中第一股清水用于赕佛的神性活动中，同时在傣族水沟修建维护、分水、用水、管水活动中，表达出在整个传统水稻种植活动中对水的爱护、崇拜、珍惜。生产性的水文化才是傣族水文化的灵魂。这里没有傣族对水的狂热和狂欢，有的只是一种深深的敬畏、冷凝的禁忌和发自内心的无语崇拜。如果说生活化的水文化反映出傣族对水的热爱和感激，那么生产性的水文化反映的是傣族对水的本质性理解和体认。生活化的水传统文化，借助于当前社会经济的发展和旅游事业的推广，成为当地一项程式化的全民狂欢节活动，是一种生活化的表演娱乐，获得了较大发展。但是，生产性的水文化却被掩盖、遮蔽了，不但外人难识，其自身也在快速消逝。这里所说的维护水文化传统指的就是生产性的水文化传统。

农业生产活动是傣族传统水文化的真正来源。农业生产方式是农业文化之源，农业生产方式变化对农业文化产生直接的影响。现代水利灌溉技术及其制度割断了现代水利灌溉技术及其制度与传统水文化之间的有机联系，傣族传统水文化呈现出衰退趋势。关于水的神话传说、礼仪、崇拜、仪式、信仰、禁忌等都出现了变化。傣族传统水文化与傣族传统水稻种植生产活动相连接，现代生产活动不再有传统的、隆重的放水仪式，不再有一年一度的修水沟活动，也不再有百分水、千分水，不再有“根多”和“楠木多”，不再有传统“板闷”手执“根多”来监督一家一户的放水情况，相关的礼仪也就消失了，“垄林”也不再成为禁忌，传统水的信仰和对水的理解也早已被抛弃。这些反映出傣族传统水文化在现代技术下的“危机”。

维护传统水文化，不是要完全抛弃现代农业生产技术，回到传统农业生产，而是在现代灌溉技术及其制度模式与传统灌溉技术及其制度方式之间寻找一个结合点和平衡点。现代水利灌溉技术及其制度是一个大科学体制下的一个大系统，传统水利灌溉技术及其制度却是一个小科学状态下的系统，传统水利灌溉技术及其制度在农业灌溉这一环节上是可以连接在现代水利灌溉技术及其制度这个大科学体系，成为一个子系统。传统用水、分水技术，是完全可以融入现代水利灌溉技术及其制度中的。加之传统用水制度的一定恢复，如“板闷制”等实行，使傣族传统水文化观念延续和发展是有可能的。应用是最好的保护，在运用中傣族水文化就是活的，具有生命力。一旦离开农业生产这个活水源头，傣族水文化就是死的，没有生命力，是一个静止的历史，对傣族水文化的保护是不能够真正实现的。

## 三、保护区模式

俗语说：“活鱼还要水中看”。作为农业生产经验的农业文化遗产，通常都是以鲜活的状态存在并服务于民间社会的。将某些农业文化遗产原原本本地记录下来，或是将它们做成标本放进博物馆固然是重要的，但这并非是我们保护农业文化遗产的最终目的。我们的最终目的是想让这些人类历史上所创造的农业生产经验在新的历史条件下得到弘扬，并让它们以鲜活的状态传承于民间。否则，保护农业文化遗产真的会失去它应有的意义。

傣族传统水利灌溉技术及其制度是傣族人民的物质和非物质文化综合体，是傣族文化的一个组成部分，它的传承却需要在现实的物质生产过程才能真正实现。因此，在现代水利灌溉技术及其制度不断扩展背景下，建立傣族传统水利灌溉技术及其制度运用保护区，是一个较好的途径。建立传统文化保护区，是有效保护特定的、特殊的文化的一个有效途径，也是解决传统保护和现代发展的一种有效手段。正如傣族竹楼一样，傣族传统水利灌溉技术及其制度也应该运用建立保护区的方式给予有效保护。

### 1. 保护区内恢复传统灌溉技术及其制度

建立传统水利灌溉技术及其制度的保护区会不会影响当地社会经济的发展？会不会影响傣族人民的发展？我们认为是不会的。现代水利灌溉技术及其制度是一个庞大的社会技术工程体系，傣族传统的水利灌溉技术及其制度的特色主要在灌溉技术方面，而且还具有一定的技术运用价值，灌溉技术在整个水利技术体系中只涉及其中一个较小范围，在不改变现代技术广泛运用的条件下，建构傣族传统水利灌溉技术运用保护区域是可以做到的，也是可行的。设立传统灌溉技术运用保护区就是要实现在当代大技术背景下传统技术与现代技术有效对接，这样对传统技术就留下了生存的空间。正如前面所述，傣族传统用水、分水技术对傣族传统农业生产具有重大意义，也有相应的利用价值，它是傣族传统水文化的源泉。保留傣族这种用水、分水形式，是保存傣族水文化，同时传统水利灌溉技术也得以继承和利用。

建立传统灌溉技术运用保护区，展示傣族传统水文化，弘扬傣族水文化中人与自然相和谐、保护生态环境的意识，在今天还具有广泛的社会意义，也符合人与自然协调发展的人类发展的根本宗旨。而且是全面地、完整地保护傣族文化的重要环节。因此，传统水利灌溉技术运用保护区应以傣族其他文化一起保护，保护区本身就是傣族文化综合性质的保护区域，而不是独立的、单项的文化的保护。同时，建立保护区能强化傣民族的地方意识和自豪感，在当前世界文化不断同化的大趋势下，保持地方的身份认同和民族特色，推动地方性特有文化持续发展，也为人类保留下特有的文化基因。

由于傣族传统水利灌溉技术主要针对水稻种植，所以在保护区内对产业发展需要有一定规划，否则难以显示传统灌溉技术的优越性。而传统农业生产又可与傣族传统习俗文化、节庆、民俗等结合起来，为综合性开发傣族文化旅游提供一个活的样本。

2. 保护区内恢复传统农业生产

傣族传统农村公社建构起的社会关系结构，是傣族传统水利灌溉制度运行的社会基础。这种特殊的社会结构，能综合性地留存传统文化因素。如在四川九寨沟风景区内，就完整保留有当地藏族的村寨，让其完全按传统方式生存，外界不去打扰。要保护傣族传统水利灌溉技术和水文化，建立类似的保护区，让傣族人民恢复传统社会结构和传统农业生产方式，让傣族人民按自己的生存方式生存，就是最好的办法。

恢复傣族传统农村公社形式的村寨具有多方面的文化内涵。首先，它反映了我们对传统文化价值的承认，并能与今天现代社会和平相处。傣族传统社会是一个相对和谐的社会，安详而平和，阶级矛盾、社会矛盾并不突出，与当今构建和谐社会及新农村建设没有太大的制度冲突。其次，它能展现中国民族政策，弘扬中华民族多民族杂居的相处艺术。中国自古就是一个多民族国家，各民族社会发展和文化差距很大，在不影响整个社会进程的基础上，应最大限度地保护民族文化的持续生存和发展状态，为其提供生存条件。再次，对我们今天认识傣族农村公社具有标本的文化价值。对传统农村公社，今天人们认识较少，人们只能从古老的历史记述中略知一二。内地特别是中原地区有封建地主和封建剥削，对此的社会批判较多，因此形成一种思维定式：阶级斗争。阶级斗争曾经是我们观察传统社会的唯一视角，且认为社会越古老，阶级斗争越复杂、阶级矛盾越尖锐。而傣族传统农村公社却给我们另一种社会认识，虽然也有土司、有头人或地主，然而农村公社的基本形式却历经千年而被保留至今，如果不是50年前的特殊年代，被外在的力量强制改造，相信这种社会形式或社会模式也一定能延续至今。

傣族传统水利灌溉技术及其制度与傣族传统农业生产和传统农村公社的村寨社会关系相连，如能重建传统农业生产和传统社会关系，对保护传统水利灌溉技术及其制度会起到积极作用。

恢复原始公社，重建傣族传统村寨，是不是社会历史的倒退？我们认为不能单一地以社会制度优越论作评判，而应以生产力作为标准。就像我国经济体制的改革一样，对农村社会历史和发展还应与生产力发展和社会和谐为标准，以民意、民心为准，这就是一种实事求是的态度。

## 四、旅游开发模式

傣族传统水利灌溉技术及其制度是一种典型的农业文化遗产，要在传统农业生产中才能展示出这种农业技术及其制度文化。在现代社会、现代科技发展的背景下，这种农业文化如何发展是一个世界性的难题。西双版纳地区本身具有丰富的旅游文化之源，2007 年国内外入境旅游人次达 503 万之多，是我国有名的旅游地区。然而，傣族传统水利灌溉技术却一直未被开发成旅游产品，反而被逐步遗忘、消失。当前，发展旅游是促进（农业文化）遗产的保护的有效途已成为一个共识。我们认为，把传统傣族水利灌溉技术开发成一个特色旅游产品，对傣族传统水利灌溉技术这一文化遗产仍然可以作为旅游项目开发，借旅游智力进行有效的保护。

### 1. 保护农业文化遗产

对农业文化遗产，学者们已有较多的研究。2008 年 6 月 14 日是我国第三个“文化遗产日”。中国科学院的地理科学与资源研究所、比利时努汶大学（K. U. Leuven）、比利时“力斯通跨文化企业关系研究培训中心”（Living Stone Center）等部门召开了遗产保护和旅游发展“自然遗产保护论坛”，其讨论的重点就是农业文化遗产问题。农业文化遗产的旅游资源是一种复合型的资源，不仅包括农业文化遗产系统本身，而且包括与系统相关的物质与非物质文化遗产，如建筑、美食、民俗、服饰、山水等融为一体。迈里曼 · 维伯克（Myrian Verbeke）教授认为，农业文化遗产是一种较为特殊的一种类型，其遗产旅游资源密度和人口密度较低，而且需要乡村景观、复合遗产、非物质文化遗产等资源的配合。①

农业文化遗产包含传统农业耕作技术与经验、传统农业生产工具、传统农业生产制度、传统农耕信仰、当地特有农作物品种等几方面内容，它们与农村生活融为一体，形成农村社区特有的生活风貌。有学者提出对农业文化遗产的保护主要有以下 5 个方面。

第一，对传统农业耕作技术与经验的保护。主要对育种、耕种、灌溉、排涝、病虫害防治、收割储藏等农业生产经验的保护。作为传统农业生产经验实质，它所强调的是天人合一和可持续发展。它在尊重自然的基础上，巧用自然，从而实现了对自然界的零排放。可见，这一方面包括了我们一直在谈论的灌溉，无论灌溉技术还是灌溉制度的执行都可以成为其中的一个重要组成部分。

第二，对传统农业生产工具实施全面保护。传统农业生产工具代表着一个时代或是一个地域的农业科技化发展水平。传统农耕技术所使用的基本动力来自自然，几乎可以做到无本经营。它在满足农村加工业、灌溉业所需能量的同时，也有效地避免了工业文明所带来的各种污染和巨大的能源消耗。我们没有理由随意消灭它，也不应该简单地以一种文明取代另一种文明。从农业生产工具的角度看，傣族传统水利灌溉中使用的“根多”等用具均可归入此类，而且应当在应用的过程中体现它对农业生产的积极作用和合理效能，这为活态性农业文化遗产保护提供的一个可以依据的前提。

第三，对传统农业生产制度实施有效保护。农业生产制度是人类为维护农耕生产秩序而制定出来的一系列规则（包括以乡规民约为代表的民间习惯法）、道德伦理规范以及相应的民间禁忌，等等。它的建立为人类维护农业生产秩序发挥了重要作用。历史已经证明，只有农业生产技术，而没

① 闵庆文，孙业红. 发展旅游是促进（农业文化）遗产的保护的有效途径 [M]. 古今农业，2008（3）：82—84。

有一套完备的农业生产制度，农业生产是不可能获得可持续发展的。傣族传统灌溉制度的运行机制及其实现方式都是中国传统农业生产制度中宝贵的遗产，合理利用并在现今发挥其功能是传统文化与现代科技交融并行的内在需求。

第四，对传统农耕信仰、民间文学艺术等非物质文化遗产实施综合保护。农业信仰是农业民族的心理支柱。这些神灵在维系传统农耕社会秩序、道德秩序方面，都曾发挥过十分重要的作用。没有信仰做依托，传统农耕文明就不可能实现稳定发展。前已述及傣族传统灌溉制度的运作体现了傣族人民对农耕文化的独特认识及其价值呈现，有效发挥其现代功效是“小传统”走向“大传统”过程中必然要经历的嬗变。

第五，对当地特有农作物品种实施有效保护。在经济全球化的今天，随着优良品种的普及，农作物品种呈现出明显的单一化倾向。从好的方面来说，这种优良品种的普及，为我们提高农作物单位面积产量奠定了基础。但从另一方面看，农作物品种的单一化，不但为农作物病虫害的快速传播创造条件，同时也影响了当代人对农产品口味的多重选择，更为重要的是农作物品种单一化还会影响到全球物种的多样性，从而给人类带来更大灾难。为避免类似情况发生，可以考虑在建立国家物种基因库保护农作物品种的同时，还应明确地告诉农民有意识地保留某些农作物品种，为日后农作物品种的更新，留下更多的种源。特别是当今提倡发展特色农业，这为西双版纳傣族人民弘扬传统的糯米文化提供的很好的机遇，而且可以满足当地粮食安全和饮食需求多样化之需。

显然，傣族传统水利灌溉技术及其制度完全符合以上农业文化遗产的种种规定和要求，它既融合了傣族传统农业耕作技术与经验、融合了傣族传统农业生产制度和社会制度以及传统农耕信仰与傣族民族文化，民族特色和地区特色十分鲜明，开发成旅游产品是很适合的。今天，人们提出对传统傣族水利灌溉技术及其制度的保护问题，实际上就是想通过这样一种方式，将传统傣族等少数民族农业知识与经验系统地整理出来，并为今后的农业文明发展提供一份有益的参考和样本。长期以来，在中国一直认为，中原汉族最发达，对四周民族起名为“夷”，只认可汉族农业文化，史书中也有很多文献记录，而对边疆少数民族农业文化则知之甚少。人们一般只对其少数民族民俗文化感新奇，而对农业文化、农耕技术等却认为落后的，似乎没有多少可以学习之处。从旅游文化的意义上来看，发展旅游可以消除不同民族之间的偏见和误解，促进民族和谐。在此具体表现为，开发傣族传统水利灌溉技术旅游资源，通过对傣族传统水利灌溉技术的展示，可以颠覆长期以来形成的这些偏见。不但更有利于我们认识农业文化遗产内部间的文化联系，同时，也更容易通过综合保护，使我国少数民族传统农业文化素质得到整体提升。

2. 旅游开发促进遗产保护

开发遗产地旅游资源和对农业文化遗产进行保护，重要的手段是社区参与。对傣族传统水利灌溉技术及其制度而言也是如此。一个地方的意识和自豪感构成了一个地方的身份，也构成了对地方的关心和奉献感。地方身份的强化可以增强原居民对本地和本民族文化遗产的自豪感，产生身份认同、文化认同和地域认同，同时能在外来文化的不断侵入下尽可能地保持自我。就目前现实的语境而言，一个普遍情况是，当前农业文化遗产中许多重要内容，如这些传统智慧与经验主要保存在60—70岁以上的老庄稼把式手中，随着他们的离世就很难再现出来。社区要把这些老农的经验、智慧保留下来，要鼓励年轻人向老农学习，要组织力量对这些经验、智慧进行搜集整理，使其能够流传下来。这些工作，外来的专家参与固然重要，但是不能过分依赖外界少数专家，大量的、基本的工作和最终的传承还是要当地人去完成。社区参与就是社民的全体参与，才能构建完善保护的空间和技术框架。整个社区都动员起来，让人人都成为传统农业文化的宣传员、解说员和甚至是继承人，也让每一个家庭都享受到这种传统农业文化保护的果实。

西双版纳地区本身具有较好的旅游文化资源，傣族人民也有较强的民族认同和地域认同感，当地已建有有傣族园，对傣族民俗、建筑、文化进行综合展示，发展旅游文化。我们认为，把傣族传统水利灌溉技术这一特色鲜明的农业文化遗产纳入其中，将使其旅游资源更加丰富，定能为当地旅游经济发展和传统民族文化的保存锦上添花。

水利灌溉技术及工程设施作为旅游开发项目早已有成功的案例，如四川成都都江堰、新疆的坎儿井都是成功的案例。因此，把傣族传统水利灌溉技术开发成一个旅游产品也应成为当地旅游发展的一个方向。这里我们认为，可以有两种方案：其一，在上述的傣族传统水利灌溉技术运用保护区，让村寨恢复传统水利灌溉技术使用，以一种鲜活的方式来展示其功能，并结合其他乡村民俗农耕文化旅游一起发展。其二，在现有傣族园内建立傣族传统水利灌溉技术专项民俗博物馆，建立各种模型和各种分水器具，结合功能的展示阐释其内在原理，起到宣传和保护的作用，同时也展示出傣族人民的聪明才智。

上述 4 种模式各有利弊，但都是对在保护傣族传统农业文化遗产中寻找适合现代化语境下的开发模式的探索。保护是文化多样性和民族多样性的体现，也是人类宝贵文化遗产得以存留的目的性追求，至少在未来若干年或几个世纪之后，我们这一代人不会因历史曾经的失误而无法面对后代对文化的追溯。保护中开发的难度虽大，但只要我们本着上下而求索的不懈努力，终将能在开发中实现有效保护傣族传统水利灌溉技术及其制度的目的。

# 结 语

傣族是世界上最早栽培水稻的民族之一，西双版纳的景洪、南糯山等地曾发现疣粒野生稻、药用野生稻和普通野生稻 3 种野生稻种。这为我们追溯西双版纳傣族稻作文化漫长的历史提供了重要的依据。悠久的稻作历史使傣族与水结下了不解之缘，傣族也在利用水的过程中形成了独特的灌溉制度。尽管早期的傣族先民种植水稻最初只是一种模仿自然现象的自发行为，但是随着生产规模的逐渐扩大，开始出现了开沟挖渠的水利灌溉，它成了傣族稻作文化得以生发及成熟的决定性因素。作为傣族经济生活的命脉、政权组织稳固的保障，以水稻种植为基础的水利灌溉不啻为西双版纳傣族传统农耕文化最集中的体现，研究在此基础上形成的傣族传统水利灌溉制度及其现代变迁不仅具有历史意义，而且对于挖掘和保护傣族传统文化具有现实意义。

本课题运用文献分析法，梳理了历史维度中的傣族灌溉制度的变迁，认为傣族种植水稻的历史虽然长，但灌溉制度的历史却并非与水稻种植完全同步。在长期的生荒耕作时期，灌溉制度尚不具备。唐代以后，由于熟荒耕作制度的形成以及以一季中晚稻为主的“连作制”的出现，傣族人民总结生产经验形成了独特的“寄秧”技术和“告纳”生产方式，为了耕作的需要，水利灌溉事业才逐渐发展起来。至 12 世纪末（公元 1180 年）“召片领”一世帕雅真统一了西双版纳 30 余个部落，建立起以景洪为中心的“景龙金殿国”，西双版纳步入封建农奴社会。经过了几个世纪的努力，在西双版纳地区，各勐均建成了蛛网状的灌溉水渠系统，不但发展出具有本民族特色的水利技术，还建立起具有自身民族特色和适合其社会发展程度的传统水利灌溉制度。以“垂直的行政管理体系和‘家臣’管理体系并列、行政命令与治水法规并行、‘科学’严格的检查验收制度、公平合理的分水制度”为核心的“板闷制”不仅维系了景洪坝、勐海坝和勐腊坝三大水利灌溉系统的正常运作，而且使其逐渐发展完善。如傣历 1140 年（公元 1778 年），西双版纳最高政权机构议事庭发布过一个兴修水利的命令，内容具体，辞令坚决，如命令说：“**作为议事庭大小官员之首领的议事庭长，遵照议事庭、遵照帕翁丙召之意旨颁发命令，各勐当‘板闷’和全部管理水渠管理的‘陇达’照办。**”另有“**各勐当板闷官员，每一个街期要从沟头到沟尾检查一次，要使百姓田里足水，真正使他们今后够吃、够赕佛。**”这些都说明统治者对水利建设事业非常重视，更反映出水利灌溉的重要地位。①“板闷制”在傣族封建领主制的社会生产中长期推行，对于发展农业生产、解决水地矛盾起到了积极作用。伴随新中国前进的步伐，西双版纳于 1950 年 2 月获得解放，1953 年建州，伴随农合互助组和人民公社的历史脚步，在采用内地农业科技的基础上，在西双版纳大地上掀起了兴建、修建水库、渠道的热潮。20 世纪 50 年代末直至 60 年代中后期对于傣族传统灌溉制度来说是颠覆性的历史时期。支援边疆建设的大军改变了传统的傣族社会人口结构，人口数量剧增，而所有的新增人口都是现实的消费者，巨大的粮食需求对傣族传统的农业生产力提出了严峻的考验。要用原有稻作耕地面积养活几十倍增长的人口，唯一的途径就是发展生产，提高单产数量。而传统每年一熟靠水渠灌溉的农田贡献率远远满足不了新增人口的需求，在政府的推介和支持下，全民投入水利事业建设中，不仅运用现代水利工程技术修建了中型、小（一）型、小（二）型水库，而且对原来的沟渠进行了大范围改造，新增的沟渠是原来的十几倍。在水利事业的支持下，西双版纳稻作生产力水平极大提高，水利灌溉管理制度也随之而发生了实质性

① 刘荣昆．傣族生态文化研究［D］．昆明：云南师范大学，2006.

变革，适应新时期稻作生产的现代“库渠制”应运而生，翻开了傣族传统灌溉制度从“板闷制”到“库渠制”现代转型的新篇章。

在历时性研究的基础上，本课题还运用共时性的对比分析法比照了“板闷制”与“库渠制”各自的优势和局限。从二者的建制上看，“板闷制”不仅直接依附于封建“召片领”独享土地所有权和“平分土地，平分负担”的土地使用制度，而且间接地受傣族人与自然和谐相处的粮食观、洗塔求雨祭水神的水文化、祭“谷魂奶奶”的稻谷崇拜、稻作生产所依赖的天文观、重视稻作生产的人生观等影响，尤其是原始宗教信仰中对“垄林”的敬畏产生了一种无形管理的效力。而“库渠制”建立在社会主义公有制基础之上，以县、乡（镇）、村三级管理为主的管理方式，虽然标准化的特征更加明显，管理的政府力度和规范性得到很大增强，职责明晰，分工合作，但却少了许多传统文化无形管理的底蕴，特别是西双版纳地方性知识的利用方面在现代管理模式的冲击中几近消失。从二者的运作模式看，“板闷制”有一套“垂直的行政管理体系和‘家臣’管理体系并列、行政命令与治水法规并行、‘科学’严格的检查验收制度、公平合理的分水制度”运作机制，并辅之以垄林管理制度和土地管理制度。“库渠制”建立在高支持率、科学化、标准化的基础之上，形成了“引水、蓄水、提水”相结合的现代灌溉系统，以“灌溉工程分级管理、管理法规相继出台、岁修养护加固除险、管用结合调控用水”为其运作方式。二者实质上都在管水用水。但前者更多依靠的是具有民族性、地域性和历史性的地方性传统，而后者更多依靠的却是全国性的标准化的普遍模式。从二者的价值取向上看，“板闷制”在彰显个性的同时也内蕴了“兴水利”的目的，无论是“板闷”管理系统、“甘曼”组织系统还是“怀罢滇”惩罚系统等都体现了不同的价值理想。而“库渠制”则既有“兴水利”的主旨，也有“除水害”的功能，调控作用更加突出，尤其是蓄水工程建设打破了原来傣族传统灌溉基本依天时地利而丰歉的状况，提高了丰水年和缺水年的自觉调节能力，增强了水利灌溉的稳定性和对粮食增产丰收的贡献率，极大地促进了农业生产力的发展。

当我们感谢现代“库渠制”带来的农业丰产时，也需要看到工程水利对水源林破坏造成的恶性循环、社会生产的加大对水资源（森林）的掠夺和破坏、社会关系变化带来水资源协调利用困境等问题。反思是克服局限的前提，进行历史的梳理和现实的比照是为了找到传统向现代转型中的平衡点。我们认为，傣族作为一个具有较强民族性特征的民族，千百年来耕耘在西双版纳的大地上，形成了适合当地自然环境的独特生产方式和生存理念，创造了独具特色的热带雨林稻作文化和民族文化，其传统水利技术和灌溉制度也有它的特异性和优异性。在国家经济社会现代化进程中，傣族传统农业文明也走上了现代化之路，新型“库渠制”取代传统“板闷制”已成为无可争辩的事实。本课题组根据“在保护中开发，在开发中保护”的原则，提出了建设“垄林”水源保护系统、汲取传统灌溉制度的精华、实行灌溉管理制度的改革的设想，并进一步探讨了傣族传统灌溉制度保护与开发的模式，认为傣族传统水利灌溉制度不是单一的存在物，它是整个傣族文化的一个组成部分，对其可采取以下 4 种基本的保护模式：第一，研究保护模式，是与时间赛跑、与历史赛跑，是一个与现代化变异赛跑的历史文化抢救过程；第二，保护开发模式，是借傣族水文化传统之力，发挥用水协会组织协调机制，部分地区恢复“板闷制”发展传统用水灌溉技术的模式；第三，保护区模式，是在现代水利灌溉技术及其制度不断扩展背景下，选择条件适合的地方建立傣族传统水利灌溉技术及其制度运用保护区，在保护区内恢复传统灌溉技术及传统农业生产，以活态文化的形式进行保护；第四，旅游开发模式，是借旅游事业的发展开发具有科技内涵的傣族传统稻作灌溉文化项目而进行有效的保护的模式。

上述 4 种模式各有利弊，但都是对在保护傣族传统农业文化遗产中寻找适合现代化语境下的开发模式的探索。保护是文化多样性和民族多样性的体现，也是人类宝贵文化遗产得以存留的目的性追求。保护中开发的难度虽大，但只要我们本着上下而求索的不懈努力，终将能在开发中实现有效保护傣族传统水利灌溉技术及其制度的目的。

# 参考文献

## 一、著作

[1][美]V. 奥斯特罗姆，等. 制度分析与发展的反思[M]. 王诚，等，译. 北京：商务印书馆，1992.
[2][法]列维－布留尔. 原始思维[M]. 北京：商务印书馆，2007.
[3]马克思，恩格斯. 马克思恩格斯选集（第1卷）[M]. 北京：人民出版社，1972.
[4]西双版纳傣族自治州水利局. 西双版纳傣族自治州水利志（1978—2005）[M]. 昆明：云南科学技术出版社，2012.
[5]勐腊县水利局. 勐腊县水利志[M]. 昆明：云南科学技术出版社，2012.
[6]江应樑. 傣族史[M]. 成都：四川民族出版社，1983.
[7]张公瑾. 傣族文化研究[M]. 昆明：云南民族出版社，1988.
[8]郭家骥. 生态文化与可持续发展[M]. 北京：中国书籍出版社，2004.
[9]刀国栋. 傣族历史文化漫谈[M]. 北京：民族出版社，1992.
[10]刀国栋. 傣泐[M]. 昆明：云南美术出版社，2007.
[11]杜玉亭. 传统与发展. 云南少数民族现代化研究之二[M]. 北京：中国社会科学出版社，1990.
[12]尹绍亭. 云南与日本的寻根热[M]. 昆明：云南省社会科学院，1985.
[13]尹绍亭，唐立，等. 中国云南德宏傣文古籍编目[M]. 昆明：云南民族出版社，2002.
[14]高立士. 西双版纳傣族的历史与文化[M]. 昆明：云南民族出版社，1991.
[15]高立士. 西双版纳傣族传统灌溉与环保研究[M]. 昆明：云南民族出版社，1999.

[16] 朱德普. 泐史研究 [M]. 昆明：云南人民出版社，1993.
[17] 董恺忱，等. 中国科学技术史 · 农学卷 [M]. 北京：科学出版社，2000.
[18] 黄泽. 西南民族节日文化 [M]. 昆明：云南教育出版社，1995.
[19] 曹成. 傣族农奴制和宗教婚姻 [M]. 北京：中国社会科学出版社，1986.
[20] 马曜，缪鸾. 西双版纳份地制与西周井田制比较研究 [M]. 昆明：云南人民出版社，1989.
[21] 李君凯. 水稻栽培 [M]. 北京：农业出版社，1982.
[22] 华东水利学院. 水利工程测量 [M]. 北京：水利电力出版社，1979.
[23] 水利部水利管理司. 运行管理 [M]. 北京：水利水电出版社，1994.
[24] 张志平. 中国二十世纪“四十年代”乡土小说研究 [M]. 北京：中国社会科学出版社，2006.
[25] 高立士. 傣族谚语 [M]. 成都：四川民族出版社，1990.
[26] 高立士. 高立士傣学研究文选 [M]. 昆明：云南民族出版社，2006.
[27] 傅光宇. 傣族民间故事选 [M]. 上海：上海文艺出版社，1985.
[28] 祜巴勐. 论傣族诗歌 · 附录 [M]. 岩温扁，译. 北京：中国民间文艺出版社，1981.
[29]《傣族简史》编写组. 傣族简史 [M]. 昆明：云南人民出版社，1985.
[30]《西双版纳傣族自治州概况》编写组. 西双版纳傣族自治州概况 [M]. 昆明：云南民族出版社，1986.
[31] 西双版纳傣族自治州地方志编纂委员会. 西双版纳傣族自治州志（上、中、下册）[M]. 北京：新华出版社，2002.
[32]《民族问题五种丛书》云南省编辑委员会. 西双版纳傣族社会综合调查（一）[M]. 昆明：云南民族出版社，1983.
[33]《民族问题五种丛书》云南省编辑委员会. 西双版纳傣族社会综合调查（二）[M]. 昆明：云南民族出版社，1983.
[34]《民族问题五种丛书》云南省编辑委员会. 西双版纳傣族社会综合调查（五）[M]. 昆明：云南民族出版社，1984.
[35]《民族问题五种丛书》云南省编辑委员会. 西双版纳傣族社会综合调查（六）[M]. 昆明：云南民族出版社，1984.
[36]《民族问题五种丛书》云南省编辑委员会. 西双版纳傣族社会综合调查（八）[M].

昆明：云南民族出版社，1985.
[37]《民族问题五种丛书》云南省编辑委员会. 西双版纳傣族社会综合调查（十）[M]. 昆明：云南民族出版社，1987.
[38] 景洪县地方志编纂委员会. 景洪县志 [M]. 昆明：云南人民出版社，2000.

## 二、论文

[1] 王懿之. 傣族农业发展简论 [J]. 云南社会科学，1994（2）：60—63.
[2] 王懿之. 傣族源流考 [J]. 云南社会科学，1996（2）：68—75.
[3] 杨文伟. 傣族古代农业的起源与发展 [J]. 云南林业，2002，23（2）：28.
[4] 高立士. 西双版纳傣族传统水利灌溉及其社会意义初探 [J]. 云南民族学院学报（哲学社会科学版），1994（3）：28—31.
[5] 马曜. 傣族水稻栽培和水利灌溉在家族公社向农村公社过渡和国家起源中的作用 [J]. 贵州民族研究，1989（3）：1—5.
[6] 高立士. 西双版纳傣族竹楼文化 [J]. 云南社会科学，1998（2）：75—82.
[7] 张旭昆. 制度的定义与分类 [J]. 浙江社会科学，2002（6）：1—7.
[8] 李伯川. 西双版纳地区水利灌溉技术体系研究 [J]. 古今农业，2008（3）：43—49.
[9] 张公瑾. 西双版纳傣族历史上的水利灌溉 [J]. 思想战线，1980（2）：64—67，70.
[10] 崔明昆，陈春. 西双版纳傣族传统环境知识和森林生态系统管理 [J]. 云南师范大学学报，2002（5）：123—126.
[11] 汪春龙. 景洪县森林遭受严重破坏的调查 [J]. 云南林业调查规划，1981（2）：40—44.
[12] 吴建勤. 傣族的山林崇拜及其对生态保护的客观意义 [J]. 湖北民族学院学报（哲学社会科学版），2006（1）：16—18.
[13] 武弋，谢家乔. 西双版纳傣族传统“水文化”的生态伦理思想 [J]. 边疆经济与文化，2008（1）：72—74.
[14] 修世华. 傣族社会研究的一组学术观点述评 [J]. 云南社会科学，1990（1）：71—72.
[15] 胡绍华. 土地制度是西双版纳领主制迟滞发展的根本原因 [J]. 西南民族大学学报（人文社会科学版），2003（11）：1—4.
[16] 闵庆文，孙业红. 发展旅游是促进（农业文化）遗产的保护的有效途径 [J]. 古今农业，2008（3）：82—84.

[17] [日] 青木昌彦. 什么是制度？我们如何理解制度？[J]. 经济社会体制比较，2000 (6)：29—39.

[18] 刘荣昆. 傣族生态文化研究 [D]. 昆明：云南师范大学，2006.

## 三、论文集

[1] 谭乐山. 西双版纳傣族传统社会的变迁与当前面临的问题 [C] // 云南多民族特色的社会主义现代化问题研究. 昆明：云南人民出版社，1986.

[2] 张宇燕. 制度经济学：异端的见解 [C] // 现代经济学前沿专题（第二集）. 北京：商务印书馆，1996.

[3] 李昆声. 亚洲稻作文化的起源 [C] // 云南省博物馆学术论文集. 昆明：云南人民出版社，1989.

[4] 张增祺. 滇王国主体民族的族属问题 [C] // 云南省博物馆建馆三十周年纪念文集，1981.

[5] 诸锡斌. 傣族传统水稻育秧技术探考 [C] // 中国少数民族科技史研究，呼和浩特：内蒙古人民出版社，1992.

[6] 诸锡斌. 试析傣族传统灌渠质量检验技术 [C] // 李迪. 中国少数民族科技史研究（四），呼和浩特：内蒙古人民出版社，1988.

[7] 云南大学贝叶文化中心. 贝叶文化论集 [C]. 昆明：云南大学出版社，2004.

[8] 杨胜能. 西双版纳封建制地方性法规浅析 [C] // 首届全国贝叶文化学术研讨会论文集（下册），西双版纳报社印刷厂印刷，2001.

## 四、其他

[1] 西双版纳州农业志 [Z]. 打印稿.

[2] 景洪市农业志 [Z]. 打印稿.

[3] 甘自知. 西双版纳景洪地区丰富多彩的稻种资源 [Z]. 景洪农业参考资料，1962.

[4] 李铭基. 漫谈“黑纳”与冬耕晒垡 [Z]. 景洪农业参考资料，1962.

[5] 勐海县人民政府. 云南省勐海县地名志 [Z]. 1984.

[6] 魏学德，景洪县水电局. 景洪县水利志（评审稿，上、下）[Z]. 打印稿，1993.

[7] 石富. 勐海县水电志（评议稿）[Z]. 打印稿，1992.

[8] 勐海县水利电力局. 勐海县水利志 [Z]. 云南科技印刷厂印装，1999.

# 索引

## A



## B



## C

## D



## F



## G

## H



## J

K



L



M

## N



## P



## S

## T



## W



## X

## Y



## Z

# 后　记

本课题的研究是 2006 年国家社会科学基金项目（项目号 06XMZ035）“傣族传统灌溉技术的保护与开发”中的一个子项目“傣族传统灌溉制度的保护与开发”。2006 年 6 月，在获知课题申请立项后，项目主持人诸锡斌教授遂组织课题组成员展开了工作，明确了课题的重要价值，并根据各成员的特长作了相对明确的分工。在经过前往西双版纳实地调查后，对成员的任务进行了一定调整，后由秦莹和李伯川共同负责完成该子课题。

在为期两年多的研究过程中，经多次商讨，该子课题报告的提纲逐渐明朗化。课题组成员在深入西双版纳进行调研的过程中得到相关部门和群众的大力支持，在获得阶段性成果的基础上，子课题报告于 2009 年上半年成稿。其中，秦莹负责子报告的全文统稿和第一章、第三章的主体内容撰写，李伯川负责第二章、第四章的主体内容撰写，李应春参与了第一章、第四章相关内容的资料收集工作，董云峰参与了第二章第四节的部分撰写工作。在课题主持人的努力下，拟于 2013 年出版课题研究成果。为此，课题组成员又专程到西双版纳傣族自治州水利局进行后续补充调研，在沈永源局长的亲切指导下，不仅收集了更为全面的史志资料，而且实地考察了几座中小型水库。最终，在大家齐心协力的共同努力下，完成了子课题报告。在此，对所有直接和间接参加该子课题的人员道一声真诚的“谢谢”！

❶ 曼飞龙水库（秦莹 摄） ❷ 那达勐水库（秦莹 摄）

❶ 曼满水库（秦莹 摄） ❷ 曼兴水库（秦莹 摄）

❶ 勐邦水库主坝（秦莹 摄） ❷ 勐邦水库副坝（秦莹 摄）

❶ 曼飞龙水库干渠（秦莹 摄） ❷ 曼飞龙水库泄洪闸（秦莹 摄）

❶ 那达勐水库纪念碑（秦莹 摄） ❷那达勐水库干渠（秦莹 摄） ❸ 三公里水闸（秦莹 摄）

❶ 曼满水库灌区（秦莹 摄） ❷ 那达勐水库灌区（秦莹 摄）

①流沙河及其灌区（秦莹 摄） ②③曼兴水库灌区及开发（秦莹 摄）

❶ 曼满水库管理所（秦莹 摄） ❷ 曼满水库（秦莹 摄）

❶ 输水竹管（秦莹 摄） ❷ 传统沟渠（秦莹 摄）

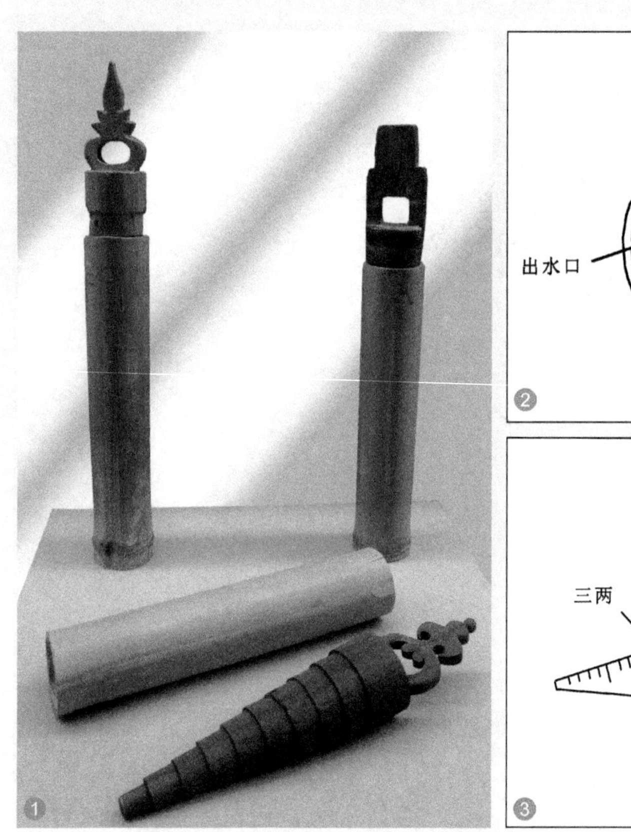

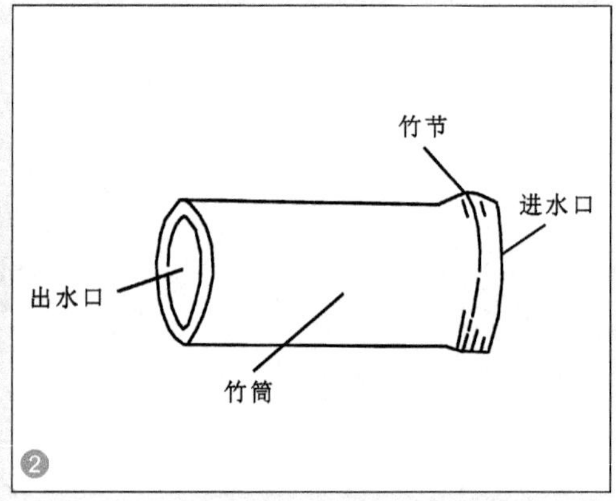


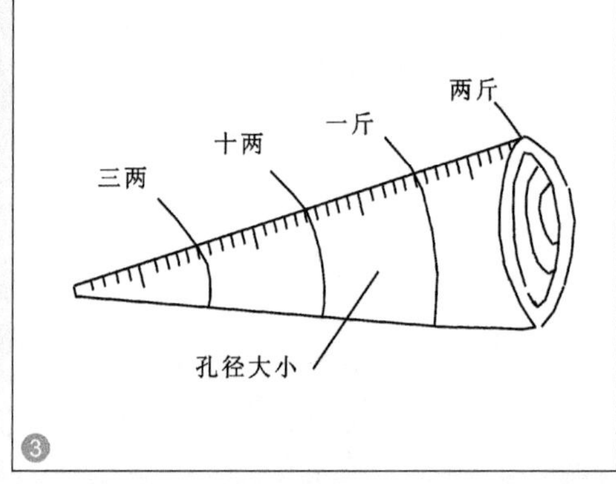


❶ 分水器（秦莹 摄） ❷❸分水器结构示意图（李云 绘图）

❶ 育秧（秦莹 摄） ❷ 插秧（图片来源：西双版纳傣族自治州水利局）